前　言

本书根据独立学院教学现状，结合日常教学经验编写而成，其中包括行列式、矩阵、线性方程组、矩阵的特征值、二次型等知识. 本书体现教学改革及教学内容的优化，针对独立学院的办学特色及教学需求，适当降低理论难度，强化概念与实例的结合；突出运算方法，强化基本技能的训练而不过分追求技巧，突出解决问题的思想方法，强化基本题目的训练，从而提高学生对数学学习的兴趣，有利于学生能力的发展，体现新的教学理念.

本书由李秋颖和王娟编著而成，第一、二章由李秋颖完成，第三、四章由王娟完成，在编写过程中张银生教授、张智广副教授、姚静副教授给予了很多的建议与帮助，教研室邓铁婧老师对于题目的搜集付出了辛苦的劳动，王天宝老师对于促成本书的出版提供了支持，在此一并感谢.

由于本书作者水平有限，如有不妥之处，敬请广大师生不吝指正.

前 言

目　录

第一章

行列式

行列式是 n^2 个元素按 n 行 n 列排成数表并按指定规则计算得到的一个数值或表达式，它源于解特殊的线性方程组（方程个数与未知量个数相等），1750 年，瑞士数学家克莱姆将它总结为解线性方程组的重要方法——克莱姆法则. 本章我们将系统介绍行列式的概念、运算并在最后给出方程组解的一般理论——克莱姆法则.

§1.1 二阶与三阶行列式

中学我们就学过解二元一次方程组、三元一次方程组. 我们用到的主要方法是：消元法. 但当未知量个数较多时，消元法的运算量明显增加. 能不能找到一个求解二元一次方程组、三元一次方程组等 n 元线性方程组的一个公式形式的解法呢？

我们先从二元一次方程组入手. 利用加减消元法，我们很容易得到二元一次方程组

$$\begin{cases} a_{11}x_1+a_{12}x_2=b_1 \\ a_{21}x_1+a_{22}x_2=b_2 \end{cases}, \tag{1.1}$$

其解为
$$\begin{cases} x_1=\dfrac{b_1a_{22}-a_{12}b_2}{a_{11}a_{22}-a_{12}a_{21}} \\ x_2=\dfrac{a_{11}b_2-b_1a_{21}}{a_{11}a_{22}-a_{12}a_{21}} \end{cases}, a_{11}a_{22}-a_{12}a_{21}\neq 0.$$

大家一定疑惑，这么容易就能得到的公式，为什么以前不讲呢？问题是这个公式很难记住. 一个公式如果很难记住，它的作用自然不能很好地发挥. 当我们引入行列式的概念时，改变一下这个公式的形式，这个公式就很容易记住，上面的公式用起来就灵活了.

一、二阶行列式

定义 1.1 记号$\begin{vmatrix} a_{11} & a_{12} \\ a_{21} & a_{22} \end{vmatrix}$表示代数和 $a_{11}a_{22}-a_{12}a_{21}$，称为**二阶行列式**. 即

$$\begin{vmatrix} a_{11} & a_{12} \\ a_{21} & a_{22} \end{vmatrix}=a_{11}a_{22}-a_{12}a_{21},$$

其中数 a_{11}，a_{12}，a_{21}，a_{22} 叫做行列式的**元素**，横排叫**行**，竖排叫**列**．元素 a_{ij} 的第一个下标 i 叫做**行标**，表明该元素位于第 i 行，第二个下标 j 叫做**列标**，表明该元素位于第 j 列．二阶行列式的运算规律称为**"对角线法则"**，其中，把 a_{11} 到 a_{22} 的连线称为**主对角线**，把 a_{12} 到 a_{21} 的连线称为**副对角线**，于是，二阶行列式就等于主对角线上元素之积减去副对角线上元素之积．在有了二阶行列式的记号后，上述方程组（1.1）的求解公式就可写成

$$x_1=\frac{\begin{vmatrix} b_1 & a_{12} \\ b_2 & a_{22} \end{vmatrix}}{\begin{vmatrix} a_{11} & a_{12} \\ a_{21} & a_{22} \end{vmatrix}}, \quad x_2=\frac{\begin{vmatrix} a_{11} & b_1 \\ a_{21} & b_2 \end{vmatrix}}{\begin{vmatrix} a_{11} & a_{12} \\ a_{21} & a_{22} \end{vmatrix}},$$

其中，

$$D=\begin{vmatrix} a_{11} & a_{12} \\ a_{21} & a_{22} \end{vmatrix}$$

称为系数行列式，

$$D_1=\begin{vmatrix} b_1 & a_{12} \\ b_2 & a_{22} \end{vmatrix}\text{（与 } x_1 \text{ 的解对应）}, D_2=\begin{vmatrix} a_{11} & b_1 \\ a_{21} & b_2 \end{vmatrix}\text{（与 } x_2 \text{ 的解对应）},$$

当 $D\neq 0$ 时方程组有解，为 $x_1=\frac{D_1}{D}$，$x_2=\frac{D_2}{D}$，此时公式就变得简单且易记．

注 从形式上看，这里分母 D 是由方程组（1.1）的未知量系数所确定的二阶行列式，x_1 的分子 D_1 是用常数项 b_1，b_2 替换 D 中 x_1 的系数 a_{11}，a_{21} 所得的二阶行列式，x_2 的分子 D_2 是用常数项 b_1，b_2 替换 D 中 x_2 的系数 a_{12}，a_{22} 所得的二阶行列式．

例 1 求解方程组 $\begin{cases} 2x_1-3x_2=-12 \\ x_1+2x_2=1 \end{cases}$．

解 由系数行列式

$$D=\begin{vmatrix} 2 & -3 \\ 1 & 2 \end{vmatrix}=7\neq 0,$$

知方程组有解，又

$$D_1=\begin{vmatrix} -12 & -3 \\ 1 & 2 \end{vmatrix}=-21, \quad D_2=\begin{vmatrix} 2 & -12 \\ 1 & 1 \end{vmatrix}=14,$$

故所求方程组的解为 $x_1=\frac{D_1}{D}=\frac{-21}{7}=-3$，$x_2=\frac{D_2}{D}=\frac{14}{7}=2$．

受二元一次方程组求解的启发，三元乃至 n 元的一次方程组应该也有类似的公式解，只要合理定义三阶行列式、n 阶行列式即可．

二、三阶行列式

定义 1.2 记号 $\begin{vmatrix} a_{11} & a_{12} & a_{13} \\ a_{21} & a_{22} & a_{23} \\ a_{31} & a_{32} & a_{33} \end{vmatrix}=$

$$a_{11}a_{22}a_{33}+a_{12}a_{23}a_{31}+a_{13}a_{21}a_{32}-a_{11}a_{23}a_{32}-a_{12}a_{21}a_{33}-a_{13}a_{22}a_{31},$$

称为**三阶行列式**. 简记为

$$\begin{vmatrix} a_{11} & a_{12} & a_{13} \\ a_{21} & a_{22} & a_{23} \\ a_{31} & a_{32} & a_{33} \end{vmatrix}$$

$=a_{11}a_{22}a_{33}+a_{12}a_{23}a_{31}+a_{13}a_{21}a_{32}-a_{11}a_{23}a_{32}-a_{12}a_{21}a_{33}-a_{13}a_{22}a_{31}$，此法称为对角线法.

例 2　计算三阶行列式 $D=\begin{vmatrix} 1 & 2 & -4 \\ -3 & 4 & -2 \\ -2 & 2 & 1 \end{vmatrix}$.

解　由定义

$$\begin{aligned} D &=1\times4\times1+2\times(-2)\times(-2)+(-4)\times(-3)\times2 \\ &\quad-(-4)\times4\times(-2)-(-2)\times2\times1-2\times(-3)\times1 \\ &=14. \end{aligned}$$

例 3　解三元线性方程组 $\begin{cases} x_1-2x_2+x_3=-2 \\ 2x_1+x_2-3x_3=1 \\ -x_1+x_2-x_3=0 \end{cases}$.

解　系数行列式

$$D=\begin{vmatrix} 1 & -2 & 1 \\ 2 & 1 & -3 \\ -1 & 1 & -1 \end{vmatrix}=-1-6+2-(-1)-4-(-3)=-5\neq0,$$

故方程组有解，又

$$D_1=\begin{vmatrix} -2 & -2 & 1 \\ 1 & 1 & -3 \\ 0 & 1 & -1 \end{vmatrix}=-5,\quad D_2=\begin{vmatrix} 1 & -2 & 1 \\ 2 & 1 & -3 \\ -1 & 0 & -1 \end{vmatrix}=-10,$$

$$D_3=\begin{vmatrix} 1 & -2 & -2 \\ 2 & 1 & 1 \\ -1 & 1 & 0 \end{vmatrix}=-5,$$

故所求方程组的解为 $x_1=\dfrac{D_1}{D}=1$，$x_2=\dfrac{D_2}{D}=2$，$x_3=\dfrac{D_3}{D}=1$.

例 4　求解方程 $\begin{vmatrix} 1 & 1 & 1 \\ 2 & 3 & x \\ 4 & 9 & x^2 \end{vmatrix}=0$.

解　$\begin{vmatrix} 1 & 1 & 1 \\ 2 & 3 & x \\ 4 & 9 & x^2 \end{vmatrix}=(x-2)(x-3)=0$，所以有 $x_1=2$，$x_2=3$.

§1.2 n 阶行列式

由于解线性方程组的需要，我们可以仿照§1.1的方法定义四阶行列式乃至更高阶行列式. 但我们发现，计算三阶行列式的对角线法则已经很复杂，同时，对四阶及更高阶行列式的计算，已没有对角线法则，那又应该如何计算呢？因此我们需要在总结二、三阶行列式计算规律的基础上，给出更具一般性的算法. 从三阶行列式的结果可发现：

(1) 三阶行列式是 $3!=6$ 项的代数和；

(2) 每项是行列式中不同行不同列的3个元素的乘积；

(3) 每项有确定的符号，正负各占一半.

由此可得，n 阶行列式的值是不同行不同列的 n 个元素乘积的代数和，共有 $n!$ 项，其中 $\frac{n!}{2}$ 项符号为正，$\frac{n!}{2}$ 项符号为负. 为了说明符号的确定原则，我们要先介绍全排列及其逆序数，然后再给出 n 阶行列式的完整定义.

一、排列与逆序

大家知道，由1，2，3，4四个数字构成的没有重复数字的排列共有24种，如1234，3214，….

定义 1.3 由自然数 $1,2,\cdots,n$ 组成的没有重复数字的每一种有确定顺序的排列，称为一个 ***n* 级排列**（简称为排列），其中，$123\cdots n$ 称为自然顺序排列.

例如，1234和4312都是4级排列，12543是一个5级排列.

定义 1.4 在一个 n 级排列 $i_1i_2\cdots i_t\cdots i_s\cdots i_n$ 中，若数 $i_t>i_s$，则称数 i_t 与 i_s 构成一个逆序. 一个 n 级排列中逆序的总数称为该排列的**逆序数**，记为 $N(i_1i_2\cdots i_n)$.

例如，排列1234中没有一个逆序，故它的逆序数为0；排列3214中有3个逆序(3，2)，(3，1)，(2，1)，故排列3214的逆序数为3.

根据定义，在计算排列的逆序数时，可将每个元素与排在它前面的元素组成的逆序求和.

例 1 计算排列32541的逆序数.

解 从排列第二个位置上的数开始，逐个与它前面的所有数字比较，看是否构成逆序.

排在2前面且比2大的数有1个，故构成1个逆序；

排在5前面且比5大的数有0个，故构成0个逆序；

排在4前面且比4大的数有1个，故构成1个逆序；

排在1前面且比1大的数有4个，故构成4个逆序；

从而所求排列的逆序数为 $N(32541)=1+0+1+4=6$.

例 2 求排列 $n(n-1)\cdots 321$ 的逆序数.

解 $N(n(n-1)\cdots 321)=(n-1)+(n-2)+\cdots+2+1=\frac{n(n-1)}{2}$.

定义 1.5 逆序数为奇数的排列称为**奇排列**，逆序数为偶数的排列称为**偶排列**.

例 3 判断排列 32541 的奇偶性.

解 由例 1 可知 $N(32541)=6$，故其为偶排列.

二、n 阶行列式的定义

定义 1.6 由 n^2 个元素 a_{ij}（i，$j=1$，2，…，n）组成的记号

$$\begin{vmatrix} a_{11} & a_{12} & \cdots & a_{1n} \\ a_{21} & a_{22} & \cdots & a_{2n} \\ \vdots & \vdots & \cdots & \vdots \\ a_{n1} & a_{n2} & \cdots & a_{nn} \end{vmatrix}$$

称为 **n 阶行列式**，它表示所有取自不同行不同列的 n 个元素乘积 $a_{1j_1}a_{2j_2}\cdots a_{nj_n}$ 的代数和，各项的符号是：当该项各元素的行标按自然数排列后，对应列标构成的排列的逆序数作为 -1 的指数，以此来决定该项的符号，即当列标构成的排列为偶排列时取正号；为奇排列时取负号. 即有

$$\begin{vmatrix} a_{11} & a_{12} & \cdots & a_{1n} \\ a_{21} & a_{22} & \cdots & a_{2n} \\ \vdots & \vdots & \cdots & \vdots \\ a_{n1} & a_{n2} & \cdots & a_{nn} \end{vmatrix} = \sum_{j_1j_2\cdots j_n}(-1)^{N(j_1j_2\cdots j_n)}a_{1j_1}a_{2j_2}\cdots a_{nj_n}.$$

其中，$\sum\limits_{j_1j_2\cdots j_n}$ 表示对列标所有的 n 级排列 $j_1j_2\cdots j_n$ 求和. 行列式有时也简记为 $\det(a_{ij})$ 或 $|a_{ij}|$，称

$$(-1)^{N(j_1j_2\cdots j_n)}a_{1j_1}a_{2j_2}\cdots a_{nj_n}$$

为行列式的一般项.

这里的定义对于 $n=2$，3 同样适用. 特别地，当 $n=1$ 时，得到一阶行列式 $|a_{11}|=a_{11}$（注意不要与绝对值混淆）.

一般来说，高阶行列式不能用定义的方法计算其值，因为计算量太大，但有些特殊的行列式用定义计算还比较容易.

例 4 计算行列式 $D=\begin{vmatrix} 0 & a & 0 & a \\ b & 0 & b & 0 \\ 0 & c & 0 & 0 \\ 0 & 0 & d & d \end{vmatrix}$.

分析：按定义，行列式的值应为取自不同行不同列的元素乘积的代数和. 观察本题发现这个四阶行列式每行及每列都含有较多的 0，而在乘积运算中，若选到一个零元素，则结果为零，故行列式最后的取值应取决于非零元素乘积的代数和. 这样，从零最多的第三行考虑，只能取第二列上的 $c\neq0$，而其他行就不能再取第二列的元素，这就影响第一行要想取到非零元素，只能取第四列上的 $a\neq0$，而再往后二、四两行元素的选择，就不能选择第二、四列，所以第四行能选的非零元为第三列上的 $d\neq0$，第二行能选的非零元为第一列上

的 $b\neq0$，这是唯一能够保证每行、每列都不选择零元素的唯一方案，故

解 $$D=\begin{vmatrix}0&a&0&a\\b&0&b&0\\0&c&0&0\\0&0&d&d\end{vmatrix}=(-1)^{N(4123)}a_{14}a_{21}a_{32}a_{43}=(-1)^{N(4123)}abcd=-abcd.$$

例 5 计算三角形行列式：

(1) $$D=\begin{vmatrix}a_{11}&a_{12}&\cdots&a_{1n}\\0&a_{22}&\cdots&a_{2n}\\\vdots&\vdots&\cdots&\vdots\\0&0&\cdots&a_{nn}\end{vmatrix}.$$

(2) $$D=\begin{vmatrix}a_{11}&0&\cdots&0\\a_{21}&a_{22}&\cdots&0\\\vdots&\vdots&\cdots&\vdots\\a_{n1}&a_{n2}&\cdots&a_{nn}\end{vmatrix}.$$

(3) $$D=\begin{vmatrix}a_{11}&\cdots&a_{1,n-1}&a_{1n}\\a_{21}&\cdots&a_{2,n-1}&0\\\vdots&\cdots&\vdots&\vdots\\a_{n1}&\cdots&0&0\end{vmatrix}.$$

(4) $$D=\begin{vmatrix}0&\cdots&0&a_{1n}\\0&\cdots&a_{2,n-1}&a_{2n}\\\vdots&\cdots&\vdots&\vdots\\a_{n1}&\cdots&a_{n,n-1}&a_{nn}\end{vmatrix}.$$

解 (1) 分析：n 阶行列式的一般项为 $(-1)^{N(j_1j_2\cdots j_n)}a_{1j_1}a_{2j_2}\cdots a_{nj_n}$，考虑不为零的项，$a_{nj_n}$ 取自第 n 行，只有 $a_{nn}\neq0$，故 $j_n=n$；$a_{n-1,j_{n-1}}$ 取自第 $n-1$ 行，有 $a_{n-1,n-1}\neq0$，$a_{n-1,n}\neq0$，因 $j_n=n$，故 $j_{n-1}=n-1$；同理，$j_{n-2}=n-2$，…，$j_1=1$，从而，不为零的一般项只有

$$(-1)^{N(123\cdots n)}a_{11}a_{22}\cdots a_{nn}=a_{11}a_{22}\cdots a_{nn}.$$

$$D=\begin{vmatrix}a_{11}&a_{12}&\cdots&a_{1n}\\0&a_{22}&\cdots&a_{2n}\\\vdots&\vdots&\cdots&\vdots\\0&0&\cdots&a_{nn}\end{vmatrix}=a_{11}a_{22}\cdots a_{nn}.$$

该行列式的特点是主对角线以下的元素都是零（$i>j$，$a_{ij}=0$），这种行列式称为**上三角形行列式**.

(2)与 (1) 的解法类似，

$$D=\begin{vmatrix}a_{11}&0&\cdots&0\\a_{21}&a_{22}&\cdots&0\\\vdots&\vdots&\cdots&\vdots\\a_{n1}&a_{n2}&\cdots&a_{nn}\end{vmatrix}=a_{11}a_{22}\cdots a_{nn}.$$

该行列式的特点是主对角线以上的元素都是零($i<j$，$a_{ij}=0$)，这种行列式称为**下三角形行列式**.

一般的，n 阶三角形行列式的值等于主对角线上元素的乘积.

类似地，可将上述行列式变形为以副对角线为分界的三角形行列式，其结果为副对角线上元素的乘积，但应注意符号项的确定. 仿照（1）、（2）的解法，可解下面的（3）、（4）.

(3)$D=(-1)^{N(n(n-1)\cdots 21)}a_{1n}a_{2,n-1}\cdots a_{n1}=(-1)^{\frac{n(n-1)}{2}}a_{1n}a_{2,n-1}\cdots a_{n1}$.

(4)$D=(-1)^{N(n(n-1)\cdots 21)}a_{1n}a_{2,n-1}\cdots a_{n1}=(-1)^{\frac{n(n-1)}{2}}a_{1n}a_{2,n-1}\cdots a_{n1}$.

例 6　计算行列式 $D=\begin{vmatrix} \lambda_1 & & & \\ & \lambda_2 & & \\ & & \ddots & \\ & & & \lambda_n \end{vmatrix}$，其中未写出的元素都是 0.

解　因该行列式既是上三角形，又是下三角形，可按（1）或（2）的结果计算，故

$$D=\lambda_1\lambda_2\cdots\lambda_n.$$

注　只有主对角线上元素非零的行列式称为**对角行列式**，其值等于主对角线上元素的乘积.

同理 $\begin{vmatrix} & & & \lambda_1 \\ & & \lambda_2 & \\ & \iddots & & \\ \lambda_n & & & \end{vmatrix}=(-1)^{\frac{n(n-1)}{2}}\lambda_1\lambda_2\cdots\lambda_n$.

归纳小结： $\begin{vmatrix} a_{11} & a_{12} & \cdots & a_{1n} \\ & a_{22} & \cdots & a_{2n} \\ & & \ddots & \vdots \\ & & & a_{nn} \end{vmatrix}=a_{11}a_{22}\cdots a_{nn}$（上三角形行列式），

$$\begin{vmatrix} a_{11} & \cdots & a_{1,n-1} & a_{1n} \\ a_{21} & \cdots & a_{2,n-1} & \\ \vdots & \iddots & & \\ a_{n1} & & & \end{vmatrix}=(-1)^{\frac{n(n-1)}{2}}a_{1n}a_{2,n-1}\cdots a_{n1},$$

$$\begin{vmatrix} a_{11} & & & \\ a_{21} & a_{22} & & \\ \vdots & \vdots & \ddots & \\ a_{n1} & a_{n2} & \cdots & a_{nn} \end{vmatrix}=a_{11}a_{22}\cdots a_{nn}\text{（下三角形行列式）},$$

$$\begin{vmatrix} & & & a_{1n} \\ & & a_{2,n-1} & a_{2n} \\ & \iddots & \vdots & \vdots \\ a_{n1} & \cdots & a_{n,n-1} & a_{nn} \end{vmatrix}=(-1)^{\frac{n(n-1)}{2}}a_{1n}a_{2,n-1}\cdots a_{n1}.$$

§1.3 行列式的性质与计算

在§1.2中给出了关于n阶行列式的一般定义，发现对四阶及更高阶的行列式，只能计算一些特殊形式的行列式，而对一般的行列式，我们该如何有效地处理呢？为此，我们有必要系统地研究一下它的性质，以解决我们的问题. 在行列式的定义中，涉及排列的逆序数，因此要研究行列式的性质，我们先要研究与排列逆序数有关的性质.

一、对换

定义 1.7 在排列中，对调两个元素的位置，而其余的元素不动，这样的操作称为**对换**. 相邻元素的对换，称为**相邻对换**.

定理 1.1 一次对换改变排列的奇偶性.

注 1 相邻对换改变排列的奇偶性.

如将排列 52314 中相邻数字 3、1 对换，得到排列 52134。此次相邻对换对于排列逆序数的影响可理解为：数字 3 与数字 5、2、4；数字 1 与数字 5、2、4 及数字 5、2、4 之间的逆序均不受影响，而只有 3、1 原来构成逆序，现在不是. 从而排列逆序数减少一个，奇偶性必然改变. 同理，对于其他任何相邻两数字的对换，对排列逆序数的影响也只体现为减少一个或增加一个，而这样奇偶性必然改变.

注 2 一般对换可通过奇数次相邻对换来实现.

如排列 465321 对换数字 2、6，得到排列 425361，这一对换可分解为 6 与 5、3、2 的 3 次相邻对换，而成排列 453261，然后再由 2 与 3、5 的 2 次相邻对换而得到. 这样就一共做了 5 次相邻对换，排列的奇偶性必然改变.

推论 奇数次对换改变排列的奇偶性；偶数次对换不改变排列的奇偶性.

下面考虑另外一个问题：现有两个排列

$$\begin{cases} i_1 i_2 \cdots i_p \cdots i_q \cdots i_n \\ j_1 j_2 \cdots j_p \cdots j_q \cdots j_n \end{cases}$$

同时做对换

$$\begin{cases} i_1 i_2 \cdots i_p \cdots i_q \cdots i_n \\ j_1 j_2 \cdots j_p \cdots j_q \cdots j_n \end{cases} \to \begin{cases} i_1 i_2 \cdots i_q \cdots i_p \cdots i_n \\ j_1 j_2 \cdots j_q \cdots j_p \cdots j_n \end{cases},$$

那么它们逆序数的和有什么变化？

设

$$N(i_1 i_2 \cdots i_p \cdots i_q \cdots i_n) = t_1,$$
$$N(i_1 i_2 \cdots i_q \cdots i_p \cdots i_n) = t_2,$$
$$N(j_1 j_2 \cdots j_p \cdots j_q \cdots j_n) = s_1$$
$$N(j_1 j_2 \cdots j_q \cdots j_p \cdots j_n) = s_2,$$

由于t_1与t_2奇偶性不同，s_1与s_2奇偶性不同，故t_2-t_1，s_2-s_1均为奇数，$(t_2-t_1)+(s_2-s_1)$

为偶数，于是$(-1)^{t_2-t_1+s_2-s_1}=1$，$(-1)^{t_2+s_2}=(-1)^{t_1+s_1}$，即上述两排列同时作对换之后，排列的逆序数的奇偶性保持不变. 据此我们可以得到行列式另外的定义.

定理 1.2　n 阶行列式也可定义为

$$D=\sum (-1)^{N(i_1i_2\cdots i_n)+N(j_1j_2\cdots j_n)}a_{i_1j_1}a_{i_2j_2}\cdots a_{i_nj_n}.$$

推论　n 阶行列式也可定义为

$$D=\sum_{i_1i_2\cdots i_n}(-1)^{N(i_1i_2\cdots i_n)}a_{i_11}a_{i_22}\cdots a_{i_nn}.$$

例 1　在四阶行列式中，下列两项各应带什么符号？

(1) $a_{13}a_{22}a_{34}a_{41}$；　　　　(2) $a_{23}a_{12}a_{44}a_{31}$.

解　(1) 因 $a_{13}a_{22}a_{34}a_{41}$ 的行标排列是按自然顺序，故其符号由列标排列的奇偶性决定，列标排列的逆序数为 $N(3241)=1+3=4$，且$(-1)^4=1$，故该项前应带正号.

(2) 因 $a_{23}a_{12}a_{44}a_{31}$ 行、列标均未按自然顺序排列，故其符号由行列标的逆序和的奇偶性决定，而逆序总和为 $N(2143)+N(3241)=(1+1)+(1+3)=6$，且$(-1)^6=1$，故该项前应带正号.

二、行列式的性质

定义 1.8　将行列式 D 的行、列互换后得到的行列式，称为 D 的**转置行列式**，记为 D^{T} 或 D'，即若

$$D=\begin{vmatrix} a_{11} & a_{12} & \cdots & a_{1n} \\ a_{21} & a_{22} & \cdots & a_{2n} \\ \vdots & \vdots & \vdots & \vdots \\ a_{n1} & a_{n2} & \cdots & a_{nn} \end{vmatrix},$$

则

$$D^{\mathrm{T}}=\begin{vmatrix} a_{11} & a_{21} & \cdots & a_{n1} \\ a_{12} & a_{22} & \cdots & a_{n2} \\ \vdots & \vdots & \vdots & \vdots \\ a_{1n} & a_{2n} & \cdots & a_{nn} \end{vmatrix}.$$

例 2　若 $D=\begin{vmatrix} 1 & 4 & 3 & 5 \\ 4 & 1 & -2 & 3 \\ 6 & 0 & 4 & 2 \\ 1 & -5 & 7 & 3 \end{vmatrix}$，问 D^{T} 的第 2 行第 3 列元素是什么？

解　位于 D^{T} 第 2 行第 3 列的元素，即位于 D 中第 3 行第 2 列，即 $a_{32}=0$.

性质 1　行列式与它的转置行列式相等. 即 $D=D^{\mathrm{T}}$.

证　由定义，D 的一般项为$(-1)^{N(j_1j_2\cdots j_n)}a_{1j_1}a_{2j_2}\cdots a_{nj_n}$，它的元素在 D 中位于不同的行与列，因而在 D^{T} 中位于不同的列不同的行，故这 n 个元素的乘积在 D^{T} 中应为 $a_{j_11}a_{j_22}\cdots a_{j_nn}$，易知其符号也是$(-1)^{N(j_1j_2\cdots j_n)}$. 因此，$D$ 与 D^{T} 是具有相同项的行列式，即 $D=D^{\mathrm{T}}$.

注　由性质 1 可知，行列式中的行与列具有相同的地位，行列式的行具备的性质，它

的列也同样具备.

性质 2 交换行列式的两行（列），行列式变号.

如对二阶行列式，交换两行，有

$$\begin{vmatrix} a_{21} & a_{22} \\ a_{11} & a_{12} \end{vmatrix} = a_{12}a_{21} - a_{11}a_{22} = -(a_{11}a_{22} - a_{12}a_{21}) = -\begin{vmatrix} a_{11} & a_{12} \\ a_{21} & a_{22} \end{vmatrix}.$$

证 由定理 1.2 知，行列式的一般项为

$$(-1)^{N(i_1\cdots i_s\cdots i_t\cdots i_n)+N(j_1\cdots j_s\cdots j_t\cdots j_n)}a_{i_1j_1}\cdots a_{i_sj_s}\cdots a_{i_tj_t}\cdots a_{i_nj_n},$$

若 i_s 行与 i_t 行交换，此时由于元素所在列不变，故交换两行之后，与前面对应的一般项为

$$(-1)^{N(i_1\cdots i_t\cdots i_s\cdots i_n)+N(j_1\cdots j_s\cdots j_t\cdots j_n)}a_{i_1j_1}\cdots a_{i_tj_s}\cdots a_{i_sj_t}\cdots a_{i_nj_n},$$

其中 $a_{i_sj_s}=a_{i_tj_s}$，$a_{i_tj_t}=a_{i_sj_t}$，这说明每一项的元素乘积不变，列标排列顺序不变，只有行标排列出现一个 i_s 与 i_t 的对换，所以每一项的行、列标排列的逆序总和奇偶性改变，全部相差一个符号，故行列式在交换两行后变号.

同理，交换两列后的特点相同，从而交换行列式的两行（列），行列式变号.

注 交换 i，j 两行(列)，记为 $r_i\leftrightarrow r_j$　$(c_i\leftrightarrow c_j)$.

推论 1 如果行列式有两行（列）完全相同，则此行列式等于 0.

证 交换相同的两行（列），有 $D=-D$，故 $D=0$.

如行列式 $D=\begin{vmatrix} 2 & 1 & -6 & 8 \\ 5 & 3 & 4 & -1 \\ 2 & 1 & -6 & 8 \\ 7 & -5 & 0 & 3 \end{vmatrix}$ 第 1 行和第 3 行是相同的，因此将这相同的两行交换，其结果仍是 D，而由性质 2 知，交换两行的结果为 $-D$，故 $-D=D$，$D=0$.

性质 3 用数 k 乘行列式的某一行（列），等于用数 k 乘此行列式. 即

$$D_1=\begin{vmatrix} a_{11} & a_{12} & \cdots & a_{1n} \\ \vdots & \vdots & \cdots & \vdots \\ ka_{i1} & ka_{i2} & \cdots & ka_{in} \\ \vdots & \vdots & \cdots & \vdots \\ a_{n1} & a_{n2} & \cdots & a_{nn} \end{vmatrix} = k\begin{vmatrix} a_{11} & a_{12} & \cdots & a_{1n} \\ \vdots & \vdots & \cdots & \vdots \\ a_{i1} & a_{i2} & \cdots & a_{in} \\ \vdots & \vdots & \cdots & \vdots \\ a_{n1} & a_{n2} & \cdots & a_{nn} \end{vmatrix} = kD.$$

证 第 i 行乘以数 k 后，行列式为

$$\begin{aligned} D_1 &= \sum_{j_1\cdots j_i\cdots j_n}(-1)^{N(j_1\cdots j_i\cdots j_n)}a_{1j_1}\cdots(ka_{ij_i})\cdots a_{nj_n} \\ &= k\sum_{j_1\cdots j_i\cdots j_n}(-1)^{N(j_1\cdots j_i\cdots j_n)}a_{1j_1}\cdots a_{ij_i}\cdots a_{nj_n} \\ &= kD. \end{aligned}$$

注 第 i 行（列）乘以 k，记为 $kr_i(kc_i)$ 或 $r_i\times k(c_i\times k)$.

推论 2 行列式的某一行（列）中所有元素的公因子可以提到行列式符号的外面.

推论 3 行列式中若有两行（列）元素成比例，则此行列式为零.

如 $\begin{vmatrix} 1 & 2 & 3 \\ 2 & 4 & 6 \\ 3 & 5 & 8 \end{vmatrix}=2\begin{vmatrix} 1 & 2 & 3 \\ 1 & 2 & 3 \\ 3 & 5 & 8 \end{vmatrix}=0.$

例 3　设 $\begin{vmatrix} a_{11} & a_{12} & a_{13} \\ a_{21} & a_{22} & a_{23} \\ a_{31} & a_{32} & a_{33} \end{vmatrix}=1$，求 $\begin{vmatrix} 6a_{11} & -2a_{12} & -10a_{13} \\ -3a_{21} & a_{22} & 5a_{23} \\ -3a_{31} & a_{32} & 5a_{33} \end{vmatrix}$.

解 $\begin{vmatrix} 6a_{11} & -2a_{12} & -10a_{13} \\ -3a_{21} & a_{22} & 5a_{23} \\ -3a_{31} & a_{32} & 5a_{33} \end{vmatrix}=-2\begin{vmatrix} -3a_{11} & a_{12} & 5a_{13} \\ -3a_{21} & a_{22} & 5a_{23} \\ -3a_{31} & a_{32} & 5a_{33} \end{vmatrix}$

$$=(-2)\times(-3)\times5\begin{vmatrix} a_{11} & a_{12} & a_{13} \\ a_{21} & a_{22} & a_{23} \\ a_{31} & a_{32} & a_{33} \end{vmatrix}=(-2)\times(-3)\times5\times1=30.$$

性质 4　若行列式的某一行（列）的每个元素都是两数之和，即若

$$D=\begin{vmatrix} a_{11} & a_{12} & \cdots & a_{1n} \\ \vdots & \vdots & \cdots & \vdots \\ b_{i1}+c_{i1} & b_{i2}+c_{i2} & \cdots & b_{in}+c_{in} \\ \vdots & \vdots & \cdots & \vdots \\ a_{n1} & a_{n2} & \cdots & a_{nn} \end{vmatrix},$$

则 $D=\begin{vmatrix} a_{11} & a_{12} & \cdots & a_{1n} \\ \vdots & \vdots & \cdots & \vdots \\ b_{i1} & b_{i2} & \cdots & b_{in} \\ \vdots & \vdots & \cdots & \vdots \\ a_{n1} & a_{n2} & \cdots & a_{nn} \end{vmatrix}+\begin{vmatrix} a_{11} & a_{12} & \cdots & a_{1n} \\ \vdots & \vdots & \cdots & \vdots \\ c_{i1} & c_{i2} & \cdots & c_{in} \\ \vdots & \vdots & \cdots & \vdots \\ a_{n1} & a_{n2} & \cdots & a_{nn} \end{vmatrix}.$

证　$D=\sum\limits_{j_1\cdots j_i\cdots j_n}(-1)^{N(j_1\cdots j_i\cdots j_n)}a_{1j_1}\cdots(b_{ij_i}+c_{ij_i})\cdots a_{nj_n}$

$=\sum\limits_{j_1\cdots j_i\cdots j_n}(-1)^{N(j_1\cdots j_i\cdots j_n)}a_{1j_1}\cdots b_{ij_i}\cdots a_{nj_n}+\sum\limits_{j_1\cdots j_i\cdots j_n}(-1)^{N(j_1\cdots j_i\cdots j_n)}a_{1j_1}\cdots c_{ij_i}\cdots a_{nj_n}$

$=D_1+D_2.$

注　上述结果可推广到有限个和的情形.

性质 5　将行列式的某一行（列）的所有元素都乘以同一数 k 后加到另一行（列）对应位置的元素上，行列式的值不变. 即

$$D=\begin{vmatrix} a_{11} & a_{12} & \cdots & a_{1n} \\ \vdots & \vdots & \cdots & \vdots \\ a_{i1} & a_{i2} & \cdots & a_{in} \\ \vdots & \vdots & \cdots & \vdots \\ a_{j1} & a_{j2} & \cdots & a_{jn} \\ \vdots & \vdots & \cdots & \vdots \\ a_{n1} & a_{n2} & \cdots & a_{nn} \end{vmatrix}=\begin{vmatrix} a_{11} & a_{12} & \cdots & a_{1n} \\ \vdots & \vdots & \cdots & \vdots \\ a_{i1}+ka_{j1} & a_{i2}+ka_{j2} & \cdots & a_{in}+ka_{jn} \\ \vdots & \vdots & \cdots & \vdots \\ a_{j1} & a_{j2} & \cdots & a_{jn} \\ \vdots & \vdots & \cdots & \vdots \\ a_{n1} & a_{n2} & \cdots & a_{nn} \end{vmatrix}=D_1.$$

证 $D_1 \xlongequal{\text{性质 4}} \begin{vmatrix} a_{11} & a_{12} & \cdots & a_{1n} \\ \vdots & \vdots & \cdots & \vdots \\ a_{i1} & a_{i2} & \cdots & a_{in} \\ \vdots & \vdots & \cdots & \vdots \\ a_{j1} & a_{j2} & \cdots & a_{jn} \\ \vdots & \vdots & \cdots & \vdots \\ a_{n1} & a_{n2} & \cdots & a_{nn} \end{vmatrix} + \begin{vmatrix} a_{11} & a_{12} & \cdots & a_{1n} \\ \vdots & \vdots & \cdots & \vdots \\ ka_{j1} & ka_{j2} & \cdots & ka_{jn} \\ \vdots & \vdots & \cdots & \vdots \\ a_{j1} & a_{j2} & \cdots & a_{jn} \\ \vdots & \vdots & \cdots & \vdots \\ a_{n1} & a_{n2} & \cdots & a_{nn} \end{vmatrix} = D+0=D.$

注 第 i 行（列）的所有元素乘以 k 后加到第 j 行（列），记为 $kr_i+r_j(kc_i+c_j)$.

三、行列式的计算

因为行列式是个数，所以计算行列式的值是行列式研究的重要内容. 前面我们注意到上、下三角形行列式的计算非常简单. 利用行列式的性质，我们总可以将一般行列式转化为三角形行列式，从而为高阶行列式值的计算提供简便方法.

例 4 计算 $D=\begin{vmatrix} 2 & 1 & 0 & 1 \\ 3 & 1 & 5 & 0 \\ 1 & 0 & 5 & 6 \\ 2 & 1 & 3 & 4 \end{vmatrix}$.

解 $D \xlongequal{c_1 \leftrightarrow c_2} -\begin{vmatrix} 1 & 2 & 0 & 1 \\ 1 & 3 & 5 & 0 \\ 0 & 1 & 5 & 6 \\ 1 & 2 & 3 & 4 \end{vmatrix} \xlongequal[-r_1+r_4]{-r_1+r_2} -\begin{vmatrix} 1 & 2 & 0 & 1 \\ 0 & 1 & 5 & -1 \\ 0 & 1 & 5 & 6 \\ 0 & 0 & 3 & 3 \end{vmatrix}$

$\xlongequal{-r_2+r_3} -\begin{vmatrix} 1 & 2 & 0 & 1 \\ 0 & 1 & 5 & -1 \\ 0 & 0 & 0 & 7 \\ 0 & 0 & 3 & 3 \end{vmatrix} \xlongequal{r_3 \leftrightarrow r_4} \begin{vmatrix} 1 & 2 & 0 & 1 \\ 0 & 1 & 5 & -1 \\ 0 & 0 & 3 & 3 \\ 0 & 0 & 0 & 7 \end{vmatrix} = 21.$

例 5 计算 $D=\begin{vmatrix} 3 & 1 & 1 & 1 \\ 1 & 3 & 1 & 1 \\ 1 & 1 & 3 & 1 \\ 1 & 1 & 1 & 3 \end{vmatrix}$.

解 $D \xlongequal{\substack{r_2+r_1 \\ r_3+r_1 \\ r_4+r_1}} \begin{vmatrix} 6 & 6 & 6 & 6 \\ 1 & 3 & 1 & 1 \\ 1 & 1 & 3 & 1 \\ 1 & 1 & 1 & 3 \end{vmatrix} = 6\begin{vmatrix} 1 & 1 & 1 & 1 \\ 1 & 3 & 1 & 1 \\ 1 & 1 & 3 & 1 \\ 1 & 1 & 1 & 3 \end{vmatrix} = 6\begin{vmatrix} 1 & 1 & 1 & 1 \\ 0 & 2 & 0 & 0 \\ 0 & 0 & 2 & 0 \\ 0 & 0 & 0 & 2 \end{vmatrix} = 48.$

总结：对于形如

$$D_n=\begin{vmatrix} a & b & \cdots & b \\ b & a & \cdots & b \\ \vdots & \vdots & \cdots & \vdots \\ b & b & \cdots & a \end{vmatrix}$$

的行列式，其特点在于各行（列）的元素之和均等于 $a+(n-1)b$，因而可把各行（列）都加到第一行（列）上，得

$$D_n=\begin{vmatrix} a+(n-1)b & a+(n-1)b & \cdots & a+(n-1)b \\ b & a & \cdots & b \\ \vdots & \vdots & \cdots & \vdots \\ b & b & \cdots & a \end{vmatrix}$$

$$=[a+(n-1)b]\begin{vmatrix} 1 & 1 & \cdots & 1 \\ b & a & \cdots & b \\ \vdots & \vdots & \cdots & \vdots \\ b & b & \cdots & a \end{vmatrix}$$

$$\xlongequal[(i=2,3,\cdots,n)]{-br_1+r_i}[a+(n-1)b]\begin{vmatrix} 1 & 1 & \cdots & 1 \\ 0 & a-b & \cdots & 0 \\ \vdots & \vdots & \cdots & \vdots \\ 0 & 0 & \cdots & a-b \end{vmatrix}=[a+(n-1)b](a-b)^{n-1}.$$

例 6 验证 $\begin{vmatrix} 1 & 2 & 0 & 0 \\ 3 & 4 & 0 & 0 \\ 5 & 6 & 7 & 8 \\ -3 & 2 & 1 & 5 \end{vmatrix}=\begin{vmatrix} 1 & 2 \\ 3 & 4 \end{vmatrix}\begin{vmatrix} 7 & 8 \\ 1 & 5 \end{vmatrix}.$

证 $$\begin{vmatrix} 1 & 2 & 0 & 0 \\ 3 & 4 & 0 & 0 \\ 5 & 6 & 7 & 8 \\ -3 & 2 & 1 & 5 \end{vmatrix}\xlongequal{\substack{-2c_1+c_2 \\ -\frac{8}{7}c_3+c_4}}\begin{vmatrix} 1 & 0 & 0 & 0 \\ 3 & -2 & 0 & 0 \\ 5 & -4 & 7 & 0 \\ -3 & 8 & 1 & \frac{27}{7} \end{vmatrix}$$

$$=1\times(-2)\times7\times\frac{27}{7}=-54,$$

$$\begin{vmatrix} 1 & 2 \\ 3 & 4 \end{vmatrix}\begin{vmatrix} 7 & 8 \\ 1 & 5 \end{vmatrix}=\begin{vmatrix} 1 & 0 \\ 3 & -2 \end{vmatrix}\begin{vmatrix} 7 & 0 \\ 1 & \frac{27}{7} \end{vmatrix}=1\times(-2)\times7\times\frac{27}{7}=-54.$$

证毕.

思考: 从上例你能得到什么启发？据此能得出什么样的一般结论？等式 $\begin{vmatrix} a_{11} & 0 & \cdots & 0 \\ a_{21} & a_{22} & \cdots & a_{2n} \\ \vdots & \vdots & \cdots & \vdots \\ a_{n1} & a_{n2} & \cdots & a_{nn} \end{vmatrix}=a_{11}\begin{vmatrix} a_{22} & \cdots & a_{2n} \\ \vdots & \cdots & \vdots \\ a_{n2} & \cdots & a_{nn} \end{vmatrix}$ 是否成立？

§1.4 行列式按行（列）展开

在§1.3 我们通过例子给出利用行列式的性质将一般行列式转化为三角形行列式来计

算的方法. 一般来说低阶行列式较之于高阶行列式计算更容易，自然我们会问能否将高阶行列式转化为低阶行列式来计算？这无疑是研究行列式计算的另一种思路. 由特殊情形入手，不难找到相应的运算法则.

下面介绍行列式按一行（列）展开.

对于任一行列式，可以定义其第 i 行第 j 列元素的余子式 M_{ij} 与代数余子式 $A_{ij}=(-1)^{i+j}M_{ij}$.

定义 1.9 在 n 阶行列式 D 中，去掉元素 a_{ij} 所在的第 i 行和第 j 列后，剩下的元素按原来的顺序组成的 $n-1$ 阶行列式，称为元素 a_{ij} 的**余子式**，记为 M_{ij}，再记 $A_{ij}=(-1)^{i+j}M_{ij}$，为元素 a_{ij} 的**代数余子式**.

例如，设

$$D=\begin{vmatrix} 4 & 1 & 5 & 6 \\ -2 & 8 & 0 & 3 \\ 7 & 1 & 6 & 2 \\ -5 & -3 & 2 & 1 \end{vmatrix},$$

则

$$M_{32}=\begin{vmatrix} 4 & 5 & 6 \\ -2 & 0 & 3 \\ -5 & 2 & 1 \end{vmatrix}=-113,$$

它是由行列式 D 去掉第 3 行第 2 列元素得到的三阶行列式.

$$A_{32}=(-1)^{3+2}M_{32}=-M_{32}=113.$$

很明显，M_{32}，A_{32} 均是比 D 低一阶的行列式.

引理 一个 n 阶行列式 D，如果其中第 i 行元素除 a_{ij} 外都为零，则该行列式等于 a_{ij} 与它的代数余子式的乘积，即 $D=a_{ij}A_{ij}$.

定理 1.3 行列式等于它的任一行（列）的各元素与其对应的代数余子式乘积之和，即

$$D=a_{i1}A_{i1}+a_{i2}A_{i2}+\cdots+a_{in}A_{in}\quad (i=1, 2, \cdots, n),$$

或

$$D=a_{1j}A_{1j}+a_{2j}A_{2j}+\cdots+a_{nj}A_{nj}\quad (j=1, 2, \cdots, n).$$

此定理可通过下述例子加以理解，例

$$\begin{vmatrix} 1 & 2 & 3 \\ 3 & 2 & 1 \\ 4 & 5 & 6 \end{vmatrix}=\begin{vmatrix} 1 & 2 & 3 \\ 3 & 2 & 1 \\ 4+0+0 & 0+5+0 & 0+0+6 \end{vmatrix}=\begin{vmatrix} 1 & 2 & 3 \\ 3 & 2 & 1 \\ 4 & 0 & 0 \end{vmatrix}+\begin{vmatrix} 1 & 2 & 3 \\ 3 & 2 & 1 \\ 0 & 5 & 0 \end{vmatrix}+\begin{vmatrix} 1 & 2 & 3 \\ 3 & 2 & 1 \\ 0 & 0 & 6 \end{vmatrix}$$

$$=4A_{31}+5A_{32}+6A_{33}.$$

定理 1.3 称为**行列式按行（列）展开法则**.

例 1 计算行列式 $D=\begin{vmatrix} 3 & 1 & -1 & 2 \\ -5 & 1 & 3 & -4 \\ 2 & 0 & 1 & -1 \\ 1 & -5 & 3 & -3 \end{vmatrix}$.

解 先将第 2 列元素整理出 3 个零，然后再展开.

$$D \xlongequal[5r_1+r_4]{-r_1+r_2} \begin{vmatrix} 3 & 1 & -1 & 2 \\ -8 & 0 & 4 & -6 \\ 2 & 0 & 1 & -1 \\ 16 & 0 & -2 & 7 \end{vmatrix} = 1\times(-1)^{1+2}\begin{vmatrix} -8 & 4 & -6 \\ 2 & 1 & -1 \\ 16 & -2 & 7 \end{vmatrix}$$

$$\xlongequal[c_2+c_3]{-2c_2+c_1} -\begin{vmatrix} -16 & 4 & -2 \\ 0 & 1 & 0 \\ 20 & -2 & 5 \end{vmatrix} = -(-1)^{2+2}\begin{vmatrix} -16 & -2 \\ 20 & 5 \end{vmatrix}$$

$$= -\begin{vmatrix} -16 & -2 \\ 20 & 5 \end{vmatrix} = 40.$$

推论 行列式某一行（列）的元素与另一行（列）的对应元素的代数余子式乘积之和等于零. 即

$$a_{i1}A_{j1}+a_{i2}A_{j2}+\cdots+a_{in}A_{jn}=0 \quad (i\neq j),$$
$$a_{1i}A_{1j}+a_{2i}A_{2j}+\cdots+a_{ni}A_{nj}=0 \quad (i\neq j).$$

此结论可按下例来理解：

$$a_{11}A_{11}+a_{12}A_{12}+a_{13}A_{13}=\begin{vmatrix} a_{11} & a_{12} & a_{13} \\ a_{21} & a_{22} & a_{23} \\ a_{31} & a_{32} & a_{33} \end{vmatrix},$$

则

$$xA_{11}+yA_{12}+zA_{13}=\begin{vmatrix} x & y & z \\ a_{21} & a_{22} & a_{23} \\ a_{31} & a_{32} & a_{33} \end{vmatrix}$$（元素的代数余子式与元素取值无关）.

当 $x=a_{31}$，$y=a_{32}$，$z=a_{33}$时，

$$xA_{11}+yA_{12}+zA_{13}=a_{31}A_{11}+a_{32}A_{12}+a_{33}A_{13}=\begin{vmatrix} a_{31} & a_{32} & a_{33} \\ a_{21} & a_{22} & a_{23} \\ a_{31} & a_{32} & a_{33} \end{vmatrix}=0.$$

例 2 设 $D=\begin{vmatrix} 1 & 2 & 3 & 4 \\ 2 & 3 & 4 & 1 \\ 3 & 4 & 1 & 2 \\ 4 & 1 & 2 & 3 \end{vmatrix}$.

求 (1) $A_{12}+2A_{22}+3A_{32}+4A_{42}$；(2) $A_{31}+2A_{32}+A_{34}$；(3) $M_{11}+M_{12}+M_{13}$.

解 (1) $A_{12}+2A_{22}+3A_{32}+4A_{42}=0$；

$$(2)\ A_{31}+2A_{32}+A_{34}=\begin{vmatrix}1&2&3&4\\2&3&4&1\\1&2&0&1\\4&1&2&3\end{vmatrix}=96;$$

$$(3)\ M_{11}+M_{12}+M_{13}=A_{11}-A_{12}+A_{13}=\begin{vmatrix}1&-1&1&0\\2&3&4&1\\3&4&1&2\\4&1&2&3\end{vmatrix}=-36.$$

§1.5 克莱姆法则

最早对于行列式的研究，就是为引出线性方程组的公式解，本节的克莱姆法则系统地归纳总结了有关方程个数与未知数个数相等的线性方程组的特征，及线性方程组的行列式解法.

在引入克莱姆法则之前，我们先介绍有关 n 元线性方程组的概念. 含有 n 个未知数 $x_1, x_2, \cdots, x_n$ 的线性方程组

$$\begin{cases}a_{11}x_1+a_{12}x_2+\cdots+a_{1n}x_n=b_1\\a_{21}x_1+a_{22}x_2+\cdots+a_{2n}x_n=b_2\\\cdots\cdots\cdots\\a_{n1}x_1+a_{n2}x_2+\cdots+a_{nn}x_n=b_n\end{cases}\qquad(5.1)$$

称为 ***n* 元线性方程组**.

当其右端的常数项 $b_1, b_2, \cdots, b_n$ 不全为零时，线性方程组 (5.1) 称为**非齐次线性方程组**，当其右端的常数项 $b_1, b_2, \cdots, b_n$ 全为零时，线性方程组 (5.1) 变形为

$$\begin{cases}a_{11}x_1+a_{12}x_2+\cdots+a_{1n}x_n=0\\a_{21}x_1+a_{22}x_2+\cdots+a_{2n}x_n=0\\\cdots\cdots\\a_{n1}x_1+a_{n2}x_2+\cdots+a_{nn}x_n=0\end{cases},$$

称为**齐次线性方程组**.

定理 1.4(克莱姆法则) 如果线性方程组 (5.1) 的系数行列式 $D\neq0$，那么方程组有唯一解：

$$x_1=\frac{D_1}{D},\ x_2=\frac{D_2}{D},\ \cdots,\ x_n=\frac{D_n}{D},$$

其中 $D_j\,(j=1, 2, \cdots, n)$ 是把系数行列式 D 中第 j 列的元素用方程组右端的常数项代替

后所得的 n 阶行列式.

证 用 D 中第 j 列元素的代数余子式 A_{1j}，A_{2j}，…，A_{nj} 依次乘 n 元线性方程组（5.1）的 n 个方程，再把 n 个方程对应相加，得

$$\left(\sum_{k=1}^{n} a_{k1}A_{kj}\right)x_1+\cdots+\left(\sum_{k=1}^{n} a_{kj}A_{kj}\right)x_j+\cdots+\left(\sum_{k=1}^{n} a_{kn}A_{kj}\right)x_n=\sum_{k=1}^{n} b_kA_{kj}. \quad (*)$$

例如用第 1 列各元素的代数余子式 A_{11}，A_{21}，…，A_{n1} 分别乘线性方程组（5.1）的 n 个方程，即 A_{11} 乘第 1 个方程，A_{21} 乘第 2 个方程，……，A_{n1} 乘第 n 个方程；并将 n 个方程相加，得

$$\begin{aligned}&(a_{11}A_{11}+a_{21}A_{21}+\cdots+a_{n1}A_{n1})x_1+\cdots+(a_{1n}A_{11}+a_{2n}A_{21}+\cdots+a_{nn}A_{n1})x_n\\=&b_1A_{11}+b_2A_{21}+\cdots+b_nA_{n1},\end{aligned}$$

根据代数余子式的性质，此时只有 x_1 前的系数为 D，而其余未知量 $x_j(j\neq1)$ 前的系数均为零，等式右端为 D_1，故有

$$Dx_1=D_1,$$

当 $D\neq0$ 时，

$$x_1=\frac{D_1}{D}.$$

从而，一般有

$$x_j=\frac{D_j}{D} \quad (D\neq0,\ j=1,\ 2,\ \cdots,\ n).$$

例 1 解线性方程组 $\begin{cases}2x_1+x_2-5x_3+x_4=8\\x_1-3x_2\qquad-6x_4=9\\\qquad 2x_2-x_3+2x_4=-5\\x_1+4x_2-7x_3+6x_4=0\end{cases}$.

解

$$D=\begin{vmatrix}2&1&-5&1\\1&-3&0&-6\\0&2&-1&2\\1&4&-7&6\end{vmatrix}=27\neq0,$$

$$D_1=\begin{vmatrix}8&1&-5&1\\9&-3&0&-6\\-5&2&-1&2\\0&4&-7&6\end{vmatrix}=81,\ D_2=\begin{vmatrix}2&8&-5&1\\1&9&0&-6\\0&-5&-1&2\\1&0&-7&6\end{vmatrix}=-108,$$

$$D_3=\begin{vmatrix}2&1&8&1\\1&-3&9&-6\\0&2&-5&2\\1&4&0&6\end{vmatrix}=-27,\ D_4=\begin{vmatrix}2&1&-5&8\\1&-3&0&9\\0&2&-1&-5\\1&4&-7&0\end{vmatrix}=27,$$

于是 $x_1=\dfrac{D_1}{D}=3$，$x_2=\dfrac{D_2}{D}=-4$，$x_3=\dfrac{D_3}{D}=-1$，$x_4=\dfrac{D_4}{D}=1$.

推论 如果含有 n 个方程的 n 元非齐次线性方程组无解或有两个以上不同的解，则它的系数行列式必为零.

特别地，对于齐次线性方程组

$$\begin{cases}a_{11}x_1+a_{12}x_2+\cdots+a_{1n}x_n=0\\a_{21}x_1+a_{22}x_2+\cdots+a_{2n}x_n=0\\\qquad\cdots\cdots\\a_{n1}x_1+a_{n2}x_2+\cdots+a_{nn}x_n=0\end{cases},\tag{5.2}$$

显然，当 $x_1=x_2=\cdots=x_n=0$ 时，每个方程等式均成立，我们称这样的解为方程的**零解**. 从而齐次线性方程组必有零解. 若有 x_1，x_2，…，x_n 不全为零，也可使方程组中每个方程等式成立，这样的解称为**非零解**.

定理 1.5 齐次线性方程组（5.2）的系数行列式 $D\neq0$，则线性方程组只有零解；如果系数行列式 $D=0$，则线性方程组有非零解.

例 2 问 λ 取何值时，齐次线性方程组 $\begin{cases}(5-\lambda)x+2y+2z=0\\2x+(6-\lambda)y=0\\2x+(4-\lambda)z=0\end{cases}$ 有非零解？

解 $D=\begin{vmatrix}5-\lambda&2&2\\2&6-\lambda&0\\2&0&4-\lambda\end{vmatrix}=(5-\lambda)(2-\lambda)(8-\lambda)=0$,

故 $\lambda=2$，5 或 8 时，所给的齐次线性方程组有非零解.

习题一

一、填空题

1. $N(631254)=$__________.

2. 要使排列（$3729m14n5$）为偶排列，则 $m=$______，$n=$______.

3. 关于 x 的多项式 $\begin{vmatrix}-x&1&1\\x&-x&x\\1&2&-2x\end{vmatrix}$ 中含 x^3，x^2 项的系数分别是__________.

4. 四阶行列式 $\det(a_{ij})$ 的副对角线元素之积（即 $a_{14}a_{23}a_{32}a_{41}$）一项的符号为________.

5. 若 n 阶行列式中非零元素少于 n 个，则该行列式的值为________.

6. 行列式 $\begin{vmatrix}a_{11}&a_{12}&a_{13}&a_{14}\\a_{21}&a_{22}&a_{23}&a_{24}\\a_{31}&a_{32}&a_{33}&a_{34}\\a_{41}&a_{42}&a_{43}&a_{44}\end{vmatrix}$ 共有__________项，在 $a_{11}a_{23}a_{14}a_{42}$，$a_{34}a_{12}a_{43}a_{21}$ 中，__________是该行列式的项，符号是__________.

7. 把行列式的某一列的元素乘以同一数后加到另一列的对应元素上，行列式的值______.

8. 利用行列式性质求值：

(1) $\begin{vmatrix} 1234 & 234 \\ 2469 & 469 \end{vmatrix}=$__________；　(2) $\begin{vmatrix} 1 & 2 & 1 \\ 2 & 4 & 2 \\ 10 & 14 & 13 \end{vmatrix}=$__________；

(3) $\begin{vmatrix} 1 & 2000 & 2001 & 2002 \\ 0 & -1 & 0 & 2003 \\ 0 & 0 & -1 & 2004 \\ 0 & 0 & 0 & 2005 \end{vmatrix}=$__________；　(4) $\begin{vmatrix} 0 & 1 & 2 & 2 \\ 2 & 2 & 2 & 0 \\ 1 & 3 & 0 & 0 \\ 1 & 0 & 0 & 0 \end{vmatrix}=$__________.

9. 行列式$\begin{vmatrix} 1 & 2 & -3 \\ 2 & -1 & 0 \\ 3 & 4 & -2 \end{vmatrix}$中元素 0 的代数余子式的值为________.

10. 设 $D=\begin{vmatrix} 3 & -1 & 2 \\ -2 & -3 & 1 \\ 0 & 1 & -4 \end{vmatrix}$，则 $2A_{11}+A_{21}-4A_{31}=$__________.

11. 若方程组$\begin{cases} bx+ay=0 \\ cx+az=b \\ cy+bz=a \end{cases}$有唯一解，则 abc __________.

12. 当 a 为__________时，方程组$\begin{cases} x_1+x_2+x_3=0 \\ x_1+2x_2+ax_3=0 \\ x_1+4x_2+a^2x_3=0 \end{cases}$有非零解.

二、单项选择题

1. 行列式$\begin{vmatrix} a & b & c \\ d & e & f \\ g & h & k \end{vmatrix}$中元素 f 的代数余子式是（　　）.

(A) $\begin{vmatrix} d & e \\ g & h \end{vmatrix}$；　(B) $-\begin{vmatrix} a & b \\ g & h \end{vmatrix}$；　(C) $\begin{vmatrix} a & b \\ g & h \end{vmatrix}$；　(D) $-\begin{vmatrix} d & e \\ g & h \end{vmatrix}$.

2. 设 $A=\begin{vmatrix} 2 & 0 & 8 \\ -3 & 1 & 5 \\ 2 & 9 & 7 \end{vmatrix}$，则代数余子式 $A_{12}=$（　　）.

(A) -31；　(B) 31；　(C) 0；　(D) -11.

3. 已知四阶行列式 A 的值为 2，将 A 的第三行元素乘以 -1 加到第四行的对应元素上去，则新行列式的值为（　　）.

(A) 2；　(B) 0；　(C) -1；　(D) -2.

4. 已知四阶行列式 D 中第三列元素依次为 -1，2，0，1，对应的余子式依次为 5，3，

-7，4，则 $D=$（ ）.

(A) -5；　(B) 5；　(C) 10；　(D) -15.

5. 若行列式 $D=\begin{vmatrix} a_{11} & a_{12} & \cdots & a_{1n} \\ a_{21} & a_{22} & \cdots & a_{2n} \\ \vdots & \vdots & \cdots & \vdots \\ a_{n1} & a_{n2} & \cdots & a_{nn} \end{vmatrix}$，则 $D_1=\begin{vmatrix} -a_{11} & -a_{12} & \cdots & -a_{1n} \\ -a_{21} & -a_{22} & \cdots & -a_{2n} \\ \vdots & \vdots & \cdots & \vdots \\ -a_{n1} & -a_{n2} & \cdots & -a_{nn} \end{vmatrix}=$（ ）.

(A) D；　(B) $-D$；　(C) D^{-1}；　(D) $(-1)^n D$.

6. 设 $D=\begin{vmatrix} a_{11} & a_{12} & a_{13} \\ a_{21} & a_{22} & a_{23} \\ a_{31} & a_{32} & a_{33} \end{vmatrix}=1$，则 $D_1=\begin{vmatrix} 4a_{11} & 2a_{11}-3a_{12} & a_{13} \\ 4a_{21} & 2a_{21}-3a_{22} & a_{23} \\ 4a_{31} & 2a_{31}-3a_{32} & a_{33} \end{vmatrix}=$（ ）.

(A) 0；　(B) -12；　(C) 12；　(D) 1.

7. 设 M_{ij}，A_{ij} 分别是 n 阶行列式 $D=\det(a_{ij})$ 中元素 a_{ij} $(i, j=1, 2, \cdots, n)$ 的余子式和代数余子式，则 $M_{i,j+1}+A_{i,j+1}=$（ ）.

(A) 0；　(B) $M_{i,j+1}$；　(C) $2M_{i,j+1}$；　(D) $[1+(-1)^{i+j+1}]M_{i,j+1}$.

8. 若 $\begin{vmatrix} a_{11} & a_{12} \\ a_{21} & a_{22} \end{vmatrix}=3$，则 $\begin{vmatrix} 2a_{12} & a_{11} & 0 \\ 2a_{22} & a_{21} & 0 \\ 5 & 2 & -1 \end{vmatrix}$ 的值为（ ）.

(A) 3；　(B) 4；　(C) 5；　(D) 6.

9. 当 a，b 满足（ ）时，齐次线性方程组 $\begin{cases} ax_1+x_2+x_3=0 \\ x_1+bx_2+x_3=0 \\ x_1+3bx_2+x_3=0 \end{cases}$ 有唯一解.

(A) $a\neq 1$ 且 $b\neq 0$；　(B) $a\neq 1$ 或 $b\neq 0$；

(C) $a=1$ 或 $b=0$；　(D) $a\neq 1$，$b\in R$.

10. 设齐次线性方程组 $\begin{cases} kx+z=0 \\ 2x+ky+z=0 \\ kx-2y+z=0 \end{cases}$ 有非零解，则 $k=$（ ）.

(A) 2；　(B) 0；　(C) -1；　(D) -2.

三、计算题

1. 用二阶行列式解下列线性方程组：

(1) $\begin{cases} 3x+5y=21 \\ 2x-y=1 \end{cases}$；　(2) $\begin{cases} 4x-3y=23 \\ 3x+4y=11 \end{cases}$.

2. 利用对角线法则计算下列行列式：

(1) $\begin{vmatrix} 0 & 1 & 1 \\ 1 & 0 & 1 \\ 1 & 1 & 0 \end{vmatrix}$；　(2) $\begin{vmatrix} 2 & 0 & 1 \\ 1 & -4 & -1 \\ -1 & 8 & 3 \end{vmatrix}$；　(3) $\begin{vmatrix} a & b & c \\ b & c & a \\ c & a & b \end{vmatrix}$.

3. 解下列方程：

(1) $\begin{vmatrix} 1 & 2 & 5 \\ 1 & 3 & -2 \\ 2 & 5 & x \end{vmatrix}=0$；　(2) $\begin{vmatrix} k & 2 & 1 \\ 2 & k & 0 \\ 1 & -1 & 1 \end{vmatrix}=0$.

4. 用定义计算下列行列式：

(1) $\begin{vmatrix} 0 & 0 & 1 & 0 \\ 0 & 3 & 0 & 0 \\ 0 & 0 & 0 & 2 \\ 4 & 0 & 0 & 0 \end{vmatrix}$；　(2) $\begin{vmatrix} a_{11} & 0 & 0 & a_{14} \\ 0 & 0 & a_{23} & 0 \\ 0 & a_{32} & 0 & 0 \\ a_{41} & 0 & 0 & 0 \end{vmatrix}$；

(3) $\begin{vmatrix} 0 & 1 & 0 & \cdots & 0 \\ 0 & 0 & 2 & \cdots & 0 \\ \vdots & \vdots & \vdots & \cdots & \vdots \\ 0 & 0 & 0 & \cdots & n-1 \\ n & 0 & 0 & \cdots & 0 \end{vmatrix}$；　(4) $\begin{vmatrix} 0 & \cdots & 0 & 1 & 0 \\ 0 & \cdots & 2 & 0 & 0 \\ \vdots & \cdots & \vdots & \vdots & \vdots \\ n-1 & \cdots & 0 & 0 & 0 \\ 0 & \cdots & 0 & 0 & n \end{vmatrix}$.

5. 用行列式的性质计算下列行列式：

(1) $\begin{vmatrix} a+b & c & 1 \\ b+c & a & 1 \\ c+a & b & 1 \end{vmatrix}$；　(2) $\begin{vmatrix} 1 & a_1 & a_2 & a_3 \\ 1 & a_1+b_1 & a_2 & a_3 \\ 1 & a_1 & a_2+b_2 & a_3 \\ 1 & a_1 & a_2 & a_3+b_3 \end{vmatrix}$；

(3) $\begin{vmatrix} 1 & 1 & 1 & 1+x \\ 1 & 1 & 1-x & 1 \\ 1 & 1+y & 1 & 1 \\ 1-y & 1 & 1 & 1 \end{vmatrix}$；　(4) $\begin{vmatrix} 4 & 1 & 2 & 3 \\ 3 & 4 & 1 & 2 \\ 2 & 3 & 4 & 1 \\ 1 & 2 & 3 & 4 \end{vmatrix}$；

(5) $D_n=\begin{vmatrix} 3 & 2 & 2 & \cdots & 2 \\ 2 & 3 & 2 & \cdots & 2 \\ 2 & 2 & 3 & \cdots & 2 \\ \vdots & \vdots & \vdots & \cdots & \vdots \\ 2 & 2 & 2 & \cdots & 3 \end{vmatrix}$；　(6) $D_{n+1}=\begin{vmatrix} -1 & 1 & 0 & \cdots & 0 & 0 \\ 0 & -2 & 2 & \cdots & 0 & 0 \\ \vdots & \vdots & \vdots & \cdots & \vdots & \vdots \\ 0 & 0 & 0 & \cdots & -n & n \\ 2 & 2 & 2 & \cdots & 2 & 2 \end{vmatrix}$.

6. 利用行列式展开定理计算行列式：

(1) $\begin{vmatrix} 5 & 3 & -1 & 2 & 0 \\ 1 & 7 & 2 & 5 & 2 \\ 0 & -2 & 3 & 1 & 0 \\ 0 & -4 & -1 & 4 & 0 \\ 0 & 2 & 3 & 5 & 0 \end{vmatrix}$；　(2) $\begin{vmatrix} 1 & 3 & 1 & 4 \\ 3 & 1 & 4 & 4 \\ 0 & 0 & 2 & 1 \\ 1 & 1 & 1 & 4 \end{vmatrix}$；

(3) $\begin{vmatrix} 1 & 2 & -1 & 2 \\ 3 & 0 & 1 & -1 \\ 1 & -2 & 0 & 4 \\ -2 & -4 & 1 & -1 \end{vmatrix}$；　(4) $\begin{vmatrix} x & y & 0 & 0 \\ 0 & x & y & 0 \\ 0 & 0 & x & y \\ y & 0 & 0 & x \end{vmatrix}$.

7. 设行列式 $D=\begin{vmatrix} 3 & 6 & 9 & 12 \\ 2 & 4 & 6 & 8 \\ 1 & 2 & 0 & 3 \\ 5 & 6 & 4 & 3 \end{vmatrix}$，其中 A_{ij} 为元素 a_{ij} 的代数余子式，试求 $A_{41}+2A_{42}+3A_{44}$

的值.

8. 已知行列式 $D=\begin{vmatrix} 1 & 2 & 3 & 4 \\ 3 & 3 & 4 & 4 \\ 1 & 5 & 6 & 7 \\ 1 & 1 & 2 & 2 \end{vmatrix}=-6$，其中 A_{ij} 为元素 a_{ij} 的代数余子式，试求 $A_{41}+A_{42}$ 与 $A_{43}+A_{44}$.

9. 设行列式 $D=\begin{vmatrix} 4 & 1 & 3 & -2 \\ 3 & 3 & 3 & -6 \\ -1 & 2 & 0 & 7 \\ 1 & 2 & 9 & -2 \end{vmatrix}$，不计算 A_{ij}，直接证明 $A_{41}+A_{42}+A_{43}=2A_{44}$.

10. 用克莱姆法则解下列方程组：

(1) $\begin{cases} x+y-2z=-3 \\ 5x-2y+7z=22 \\ 2x-5y+4z=4 \end{cases}$；　(2) $\begin{cases} 5x_1+4x_3+2x_4=3 \\ x_1-x_2+2x_3+x_4=1 \\ 4x_1+x_2+2x_3=1 \\ x_1+x_2+x_3+x_4=0 \end{cases}$.

11. 判断齐次线性方程组 $\begin{cases} 2x_1+2x_2-x_3=0 \\ x_1-2x_2+4x_3=0 \\ 5x_1+8x_2-2x_3=0 \end{cases}$ 是否仅有零解.

12. 问 λ，μ 取何值时，齐次线性方程组 $\begin{cases} \lambda x_1+x_2+x_3=0 \\ x_1+\mu x_2+x_3=0 \\ x_1+2\mu x_2+x_3=0 \end{cases}$ 有非零解？

第二章

矩阵及其初等变换

矩阵是线性代数的主要研究对象之一，它在数学和其他自然科学、工程技术和经济领域中都有着广泛的应用. 矩阵实际上是一张长方形数表，在各领域随处可见，如学校里的课表、成绩表，工厂里的生产进度表，列车时刻表等. 矩阵的优势是把纷杂的事物按一定的规则清晰地展现出来，同时通过矩阵的运算或变换恰当刻画事物之间的内在联系. 本章围绕矩阵这个中心议题，给出矩阵的定义、矩阵的运算和求方阵的逆、初等变换以及求矩阵的秩.

§2.1　矩阵的定义

第一章介绍行列式之初，是希望找到线性方程组的公式解而引出行列式的概念，但这个公式解是有一定局限性的，它只能求解方程个数与未知量个数相等的线性方程组，但在更多的问题中，方程个数与未知量的个数未必相等，也就无法构造系数行列式，从而不能利用行列式求解方程组，为此我们引出矩阵的概念.

一、矩阵的基本概念

定义 2.1　由 $m\times n$ 个数 a_{ij}（$i=1, 2, \cdots, m$；$j=1, 2, \cdots, n$）排成的 m 行 n 列的数表（常用小括号或中括号将数表括起来）

$$\boldsymbol{A}=\begin{pmatrix} a_{11} & a_{12} & \cdots & a_{1n} \\ a_{21} & a_{22} & \cdots & a_{2n} \\ \vdots & \vdots & \cdots & \vdots \\ a_{m1} & a_{m2} & \cdots & a_{mn} \end{pmatrix}$$

称为 m 行 n 列矩阵，简称 $m\times n$ **矩阵**，其中 a_{ij} 叫做矩阵 $\boldsymbol{A}$ 的元素，i 为**行标**，j 为**列标**，表明 a_{ij} 位于矩阵 $\boldsymbol{A}$ 的第 i 行第 j 列. 为简单起见，记 $m\times n$ 阶矩阵 $\boldsymbol{A}$ 为 $(a_{ij})_{m\times n}$ 或 $\boldsymbol{A}_{m\times n}$.

特别地，对于 $m\times n$ 矩阵 $\boldsymbol{A}$，

(1) 当 $m=n$ 时，则称矩阵 $\boldsymbol{A}$ 为 $\boldsymbol{n}$ **阶矩阵**或 $\boldsymbol{n}$ **阶方阵**，记为 $\boldsymbol{A}_n$.

(2) 当 $m=1$ 时，有 $\boldsymbol{A}=(a_1 \quad a_2 \quad \cdots \quad a_n)$，称矩阵 $\boldsymbol{A}$ 为**行矩阵**，或**行向量**. 为避免元素

间的混淆，行矩阵也可写为 $\boldsymbol{A}=(a_1, a_2, \cdots, a_n)$.

(3) 当 $n=1$ 时，有 $\boldsymbol{A}=\begin{pmatrix} a_1 \\ a_2 \\ \vdots \\ a_m \end{pmatrix}$，称矩阵 $\boldsymbol{A}$ 为列矩阵，或列向量.

(4) 当 $m=n=1$ 时，有 $\boldsymbol{A}=(a_1)=a_1$. 这里把矩阵 $\boldsymbol{A}$ 看成是数.

矩阵 $\boldsymbol{A}=(a_{ij})_{m\times n}$ 与行列式相比，除了符号的记法以及行数和列数可以不相等以外，还有更本质的区别. 行列式可以展开，它的值是一个数或函数，矩阵只是数的矩形阵表，它不表示一个数或函数，也没有什么展开式，例如二阶矩阵 $\begin{pmatrix} 2 & 1 \\ 0 & 3 \end{pmatrix}$ 是矩形阵表，但二阶行列式 $\begin{vmatrix} 2 & 1 \\ 0 & 3 \end{vmatrix}$ 是一个数，其值是 6.

注 1 行列式要求行、列数相等；矩阵行、列数可以不等（形状）.

注 2 行列式是一个数或表达式；矩阵是一个数表（本质）.

例 1 某水果店批发水果，它的两个分店一月份水果批发情况如表 2—1 所示（单位：吨）.

表 2—1

	苹果	梨	香蕉
一号店	18	10	16
二号店	15	12	18

如果将表中的数据取出，并且不改变数据的相应位置，那么就可以得到一个矩形阵表

$$\begin{pmatrix} 18 & 10 & 16 \\ 15 & 12 & 18 \end{pmatrix},$$

这是一个 2×3 的矩阵，每行表示一个分店一月份批发三种水果的情况；每列表示两个分店分别批发同一种水果的情况.

如果再给定每吨水果的批发价格为：苹果 2 000 元/吨，梨 2 500 元/吨，香蕉 3 000 元/吨，那么这些价格可用矩阵形式表示为 $\begin{pmatrix} 2\,000 \\ 2\,500 \\ 3\,000 \end{pmatrix}$.

一般来说，对于不同的实际问题，会有不同形式的矩形阵表，其行数、列数都应根据具体问题具体确定.

例 2 3 个原材料生产地与 4 个销售地之间的里程（单位：km）可得一个 3×4 矩阵为

$$\boldsymbol{A}=\begin{pmatrix} 120 & 180 & 75 & 85 \\ 75 & 125 & 35 & 45 \\ 130 & 190 & 85 & 100 \end{pmatrix},$$

其中 a_{ij} 为第 i 产地到第 j 销地的里程数.

当两个矩阵的行数相等、列数也相等时，就称它们是**同型矩阵**.

定义 2.2　如果$\boldsymbol{A}=(a_{ij})_{m\times n}$与$\boldsymbol{B}=(b_{ij})_{m\times n}$是同型矩阵，且它们的对应元素均相等，即$a_{ij}=b_{ij}(i=1, 2, \cdots, m; j=1, 2, \cdots, n)$，则称矩阵$\boldsymbol{A}$与$\boldsymbol{B}$**相等**，记作$\boldsymbol{A}=\boldsymbol{B}$.

如例 1 中，水果店一月份两个分店的水果销售情况用矩阵表示为

$$\boldsymbol{A}=\begin{pmatrix}18 & 10 & 16\\15 & 12 & 18\end{pmatrix},$$

如果二月份两个分店的三种水果的销售情况和一月份相同，那么二月份两个分店的水果销售情况也可以用矩阵形式表示，记为

$$\boldsymbol{B}=\begin{pmatrix}18 & 10 & 16\\15 & 12 & 18\end{pmatrix},$$

说明矩阵$\boldsymbol{A}$与$\boldsymbol{B}$相等.

例 3　已知$\boldsymbol{A}=\begin{pmatrix}1 & 2-x & 3\\2 & 6 & 5z\end{pmatrix}$，$\boldsymbol{B}=\begin{pmatrix}1 & x & 3\\y & 6 & z-8\end{pmatrix}$，且$\boldsymbol{A}=\boldsymbol{B}$，求$x$，$y$，$z$.

解　由$\boldsymbol{A}=\boldsymbol{B}$知，$2-x=x$，$x=1$；$y=2$；$5z=z-8$，$z=-2$.

二、几种特殊类型的矩阵

1. 零矩阵

定义 2.3　若矩阵$\boldsymbol{A}=(a_{ij})_{m\times n}$所有元素全为零，则称该矩阵为**零矩阵**，记作$\boldsymbol{O}_{m\times n}$或$\boldsymbol{O}$.

如$\boldsymbol{O}_{3\times 2}=\begin{pmatrix}0 & 0\\0 & 0\\0 & 0\end{pmatrix}$，$\boldsymbol{O}_{2\times 2}=\begin{pmatrix}0 & 0\\0 & 0\end{pmatrix}$均为零矩阵.

零矩阵在矩阵运算中所起的作用类似于数 0 在实数运算中所起的作用.

2. 上三角形矩阵

定义 2.4　若n阶方阵$\boldsymbol{A}$的主对角线（设为从左上角到右下角的直线）以下的元素均为零，则称该矩阵为**上三角形矩阵**，即

$$\boldsymbol{A}=\begin{pmatrix}a_{11} & a_{12} & \cdots & a_{1n}\\0 & a_{22} & \cdots & a_{2n}\\\vdots & \vdots & \cdots & \vdots\\0 & 0 & \cdots & a_{nn}\end{pmatrix}.$$

特点：n阶方阵$\boldsymbol{A}=(a_{ij})_{n\times n}$为上三角形矩阵，满足当$i>j(i, j=1, 2, \cdots, n)$时，$a_{ij}=0$.

3. 下三角形矩阵

定义 2.5　若n阶方阵$\boldsymbol{A}$的主对角线以上的元素均为零，则称该矩阵为**下三角形矩阵**，即

$$\boldsymbol{A}=\begin{pmatrix}a_{11} & 0 & \cdots & 0\\a_{21} & a_{22} & \cdots & 0\\\vdots & \vdots & \cdots & \vdots\\a_{n1} & a_{n2} & \cdots & a_{nn}\end{pmatrix}.$$

特点：n 阶方阵 $\boldsymbol{A}=(a_{ij})_{n\times n}$ 为下三角形矩阵，满足当 $i<j(i, j=1, 2, \cdots, n)$ 时，$a_{ij}=0$.

注 上三角形和下三角形矩阵统称为**三角形矩阵**

4. 对角矩阵

定义 2.6 若 n 阶方阵 $\boldsymbol{A}$ 的主对角线以外的元素均为零，则称该矩阵为**对角矩阵**. 记为 $\boldsymbol{\Lambda}$，即

$$\boldsymbol{\Lambda}=\begin{pmatrix}\lambda_1 & 0 & \cdots & 0\\ 0 & \lambda_2 & \cdots & 0\\ \vdots & \vdots & \cdots & \vdots\\ 0 & 0 & 0 & \lambda_n\end{pmatrix},$$

或简单的记为 $\boldsymbol{\Lambda}=\operatorname{diag}(\lambda_1, \lambda_2, \cdots, \lambda_n)$.

特别地，当 $\lambda_1=\lambda_2=\cdots=\lambda_n=a\neq0$ 时，称对角阵 $\boldsymbol{A}$ 为 **n 阶数量矩阵**. 即

$$\boldsymbol{A}=\begin{pmatrix}a & & & \\ & a & & \\ & & \ddots & \\ & & & a\end{pmatrix}.$$

例如，$\boldsymbol{A}=\begin{pmatrix}5 & 0 & 0\\ 0 & 5 & 0\\ 0 & 0 & 5\end{pmatrix}$ 为 3 阶数量矩阵.

5. 单位矩阵

定义 2.7 若 n 阶方阵的主对角线上的所有元素均为 1，而其余元素均为零，则称该矩阵为**单位矩阵**，记为 $\boldsymbol{E}_n$，或简记为 $\boldsymbol{E}$，即

$$\boldsymbol{E}_n=\begin{pmatrix}1 & 0 & \cdots & 0\\ 0 & 1 & \cdots & 0\\ \vdots & \vdots & \cdots & \vdots\\ 0 & 0 & \cdots & 1\end{pmatrix}.$$

如三阶单位矩阵 $\boldsymbol{E}_3=\begin{pmatrix}1 & 0 & 0\\ 0 & 1 & 0\\ 0 & 0 & 1\end{pmatrix}$，二阶单位矩阵 $\boldsymbol{E}_2=\begin{pmatrix}1 & 0\\ 0 & 1\end{pmatrix}$.

后面我们将会看到，单位矩阵在矩阵乘法运算中所起的作用类似于数 1 在实数的乘法运算中所起的作用.

注 单位矩阵是数量矩阵当 $a=1$ 时的特殊情况. n 阶单位矩阵可简记为

$$\boldsymbol{E}=\begin{pmatrix}1 & & & \\ & 1 & & \\ & & \ddots & \\ & & & 1\end{pmatrix}.$$

6. 阶梯形矩阵

定义 2.8 若矩阵 $\boldsymbol{A}=(a_{ij})$ 满足:

(1) 若 $\boldsymbol{A}$ 有零行 (元素全为零的行),全部在矩阵的下方,

(2) 各非零行的第一个不为零的元素 (称为首非零元) 的列标随行标的增大而严格增大,则称矩阵 $\boldsymbol{A}$ 为**行阶梯形矩阵**.

例如,矩阵 $\boldsymbol{A}=\begin{pmatrix}1&1&-2&1&4\\0&2&-1&1&0\\0&0&0&3&-3\\0&0&0&0&0\end{pmatrix}$ 为行阶梯形矩阵,而矩阵 $\boldsymbol{B}=\begin{pmatrix}1&1&-2&1\\0&1&-1&1\\0&2&1&-3\end{pmatrix}$ 不是行阶梯形矩阵.

进一步地,若行阶梯形矩阵满足:

(1) 非零行首非零元等于 1,

(2) 所有首非零元所在列的其余元素全为零,

则称 $\boldsymbol{A}$ 为**行最简形矩阵**.

上例行阶梯形矩阵 $\boldsymbol{A}$ 对应的行最简形为 $\boldsymbol{A}_1=\begin{pmatrix}1&0&-1&0&4\\0&1&-\frac{1}{2}&0&\frac{1}{2}\\0&0&0&1&-1\\0&0&0&0&0\end{pmatrix}$,而矩阵 $\boldsymbol{A}_2=\begin{pmatrix}1&1&-2&1&4\\0&1&-\frac{1}{2}&0&\frac{1}{2}\\0&0&0&1&-1\\0&0&0&0&0\end{pmatrix}$ 不是行最简形矩阵.

§2.2 矩阵的运算

在矩阵理论中,矩阵运算是其重要的内容,矩阵虽然不是数,但在解决问题时,往往是将实际问题中的数据写成矩阵的形式,再进行相应的矩阵代数运算,本节将重点介绍矩阵运算的相关概念和性质.

一、矩阵的线性运算

定义 2.9 同型矩阵 $\boldsymbol{A}=(a_{ij})_{m\times n}$ 和 $\boldsymbol{B}=(b_{ij})_{m\times n}$ 对应位置元素相加得到的矩阵,称为**矩阵 $\boldsymbol{A}$ 与 $\boldsymbol{B}$ 的和**,记作 $\boldsymbol{A}+\boldsymbol{B}$,即

$$\boldsymbol{A}+\boldsymbol{B}=(a_{ij})_{m\times n}+(b_{ij})_{m\times n}=(a_{ij}+b_{ij})_{m\times n}.$$

注 只有当两个矩阵是同型矩阵时,才能进行加法运算.

例 1 设 $\boldsymbol{A}=\begin{pmatrix}1&-2\\2&0\\-3&1\end{pmatrix}$,$\boldsymbol{B}=\begin{pmatrix}1&0\\2&-3\\4&2\end{pmatrix}$,计算 $\boldsymbol{A}+\boldsymbol{B}$.

解 $\boldsymbol{A}+\boldsymbol{B}=\begin{pmatrix}1&-2\\2&0\\-3&1\end{pmatrix}+\begin{pmatrix}1&0\\2&-3\\4&2\end{pmatrix}=\begin{pmatrix}1+1&-2+0\\2+2&0+(-3)\\-3+4&1+2\end{pmatrix}=\begin{pmatrix}2&-2\\4&-3\\1&3\end{pmatrix}$.

注 显然两个同型矩阵的和是矩阵对应位置上的元素相加得到的同型矩阵.

例 2 两种物资（单位：吨）同时从 3 个产地运往 4 个销地，其调运方案分别为矩阵 $\boldsymbol{A}$ 和矩阵 $\boldsymbol{B}$：

$$\boldsymbol{A}=\begin{pmatrix}2&0&3&4\\5&3&2&7\\2&1&0&3\end{pmatrix},\ \boldsymbol{B}=\begin{pmatrix}3&1&2&0\\4&0&8&6\\1&2&5&7\end{pmatrix}.$$

则从各产地运往各销地的物资总调运量（单位：吨）为多少？

解
$$\begin{aligned}\boldsymbol{A}+\boldsymbol{B}&=\begin{pmatrix}2&0&3&4\\5&3&2&7\\2&1&0&3\end{pmatrix}+\begin{pmatrix}3&1&2&0\\4&0&8&6\\1&2&5&7\end{pmatrix}\\&=\begin{pmatrix}2+3&0+1&3+2&4+0\\5+4&3+0&2+8&7+6\\2+1&1+2&0+5&3+7\end{pmatrix}=\begin{pmatrix}5&1&5&4\\9&3&10&13\\3&3&5&10\end{pmatrix}.\end{aligned}$$

定义 2.10 设 $m\times n$ 矩阵 $\boldsymbol{A}=(a_{ij})_{m\times n}$，称矩阵 $(-a_{ij})_{m\times n}$ 为 $\boldsymbol{A}$ 的负矩阵，记为 $-\boldsymbol{A}$，即

$$-\boldsymbol{A}=(-a_{ij})_{m\times n}.$$

由此规定矩阵的减法运算，若 $\boldsymbol{A}$，$\boldsymbol{B}$ 都是 $m\times n$ 矩阵，$\boldsymbol{A}-\boldsymbol{B}=\boldsymbol{A}+(-\boldsymbol{B})$.

定义 2.11 数 k 与 $m\times n$ 矩阵 $\boldsymbol{A}=(a_{ij})_{m\times n}$ 的乘积记作 $k\boldsymbol{A}$ 或 $\boldsymbol{A}k$，规定为用数 k 乘 $m\times n$ 矩阵 $\boldsymbol{A}=(a_{ij})_{m\times n}$ 的每一个元素得到的矩阵，即

$$k\boldsymbol{A}=\boldsymbol{A}k=(ka_{ij})_{m\times n}=\begin{pmatrix}ka_{11}&ka_{12}&\cdots&ka_{1n}\\ka_{21}&ka_{22}&\cdots&ka_{2n}\\\vdots&\vdots&\cdots&\vdots\\ka_{n1}&ka_{n2}&\cdots&ka_{mn}\end{pmatrix}.$$

例 3 设 3 个产地与 4 个销地之间的里程（单位：千米）为 §2.1 例 2 中的矩阵 $\boldsymbol{A}$，已知货物每吨千米的运费为 1.50 元，则各产地与各销地之间每吨货物的运费（单位：元/吨）可以记为矩阵形式：

$$\begin{aligned}1.5\boldsymbol{A}&=1.5\times\begin{pmatrix}120&180&75&85\\75&125&35&45\\130&190&85&100\end{pmatrix}\\&=\begin{pmatrix}1.5\times120&1.5\times180&1.5\times75&1.5\times85\\1.5\times75&1.5\times125&1.5\times35&1.5\times45\\1.5\times130&1.5\times190&1.5\times85&1.5\times100\end{pmatrix}\\&=\begin{pmatrix}180&270&112.5&127.5\\112.5&187.5&52.5&67.5\\195&285&127.5&150\end{pmatrix}.\end{aligned}$$

矩阵相加与数乘矩阵的运算，统称为矩阵的线性运算. 矩阵的线性运算满足以下运算律：设 $\boldsymbol{A}$、$\boldsymbol{B}$、$\boldsymbol{C}$、$\boldsymbol{O}$ 都是 $m\times n$ 阶矩阵，λ，μ 是数，则

(1) $\boldsymbol{A}+\boldsymbol{B}=\boldsymbol{B}+\boldsymbol{A}$；

(2) $(\boldsymbol{A}+\boldsymbol{B})+\boldsymbol{C}=\boldsymbol{A}+(\boldsymbol{B}+\boldsymbol{C})$；

(3) $\boldsymbol{A}+\boldsymbol{O}=\boldsymbol{O}+\boldsymbol{A}=\boldsymbol{A}$；

(4) $\boldsymbol{A}+(-\boldsymbol{A})=\boldsymbol{O}$；

(5) $\lambda(\boldsymbol{A}+\boldsymbol{B})=\lambda\boldsymbol{A}+\lambda\boldsymbol{B}$；

(6) $(\lambda+\mu)\boldsymbol{A}=\lambda\boldsymbol{A}+\mu\boldsymbol{A}$；

(7) $1\cdot\boldsymbol{A}=\boldsymbol{A}$；

(8) $(\lambda\mu)\boldsymbol{A}=\lambda(\mu\boldsymbol{A})=\mu(\lambda\boldsymbol{A})$.

例 4　已知

$$\boldsymbol{A}=\begin{pmatrix}-1&2&3&1\\0&3&-2&1\\4&0&3&2\end{pmatrix},\ \boldsymbol{B}=\begin{pmatrix}3&-1&2&0\\1&5&7&9\\2&3&-1&6\end{pmatrix},$$

且 $\boldsymbol{A}+2\boldsymbol{X}=\boldsymbol{B}$，求 $\boldsymbol{X}$.

解　由矩阵的加法和数乘运算律有：

$$\boldsymbol{X}=\frac{1}{2}(\boldsymbol{B}-\boldsymbol{A})=\frac{1}{2}\begin{pmatrix}4&-3&-1&-1\\1&2&9&8\\-2&3&-4&4\end{pmatrix}=\begin{pmatrix}2&-\frac{3}{2}&-\frac{1}{2}&-\frac{1}{2}\\\frac{1}{2}&1&\frac{9}{2}&4\\-1&\frac{3}{2}&-2&2\end{pmatrix}.$$

二、矩阵的乘法

在§2.1的例1中，根据水果的批发情况和批发价格，可以算得两个分店一月份的总收入，

一号店为 $18\times2\,000+10\times2\,500+16\times3\,000=109\,000$(元)；

二号店为 $15\times2\,000+12\times2\,500+18\times3\,000=114\,000$(元).

我们希望通过两个矩阵之间的乘法来实现这种计算规律，即

$$\begin{pmatrix}18&10&16\\15&12&18\end{pmatrix}\begin{pmatrix}2\,000\\2\,500\\3\,000\end{pmatrix}=\begin{pmatrix}18\times2\,000+10\times2\,500+16\times3\,000\\15\times2\,000+12\times2\,500+18\times3\,000\end{pmatrix}=\begin{pmatrix}109\,000\\114\,000\end{pmatrix}.$$

由此，我们来定义矩阵的乘法.

定义 2.12　设矩阵 $\boldsymbol{A}=(a_{ij})_{m\times s}$，$\boldsymbol{B}=(b_{ij})_{s\times n}$. 令

$$c_{ij}=a_{i1}b_{1j}+a_{i2}b_{2j}+\cdots+a_{is}b_{sj}=\sum_{k=1}^{s}a_{ik}b_{kj}\,(i=1,2,\cdots,m;j=1,2,\cdots,n),$$

则称矩阵 $\boldsymbol{C}=(c_{ij})_{m\times n}$ 是**矩阵 $\boldsymbol{A}$ 与 $\boldsymbol{B}$ 的乘积**，记作 $\boldsymbol{C}=\boldsymbol{AB}$.

对于矩阵乘法的定义，应注意到以下三点：

(1) 只有矩阵 $\boldsymbol{A}$ 的列数等于矩阵 $\boldsymbol{B}$ 的行数时，$\boldsymbol{AB}$ 才有意义.

(2) 乘积矩阵 $\boldsymbol{AB}$ 的第 i 行第 j 列元素 c_{ij} 就是 $\boldsymbol{A}$ 的第 i 行上各元素与 $\boldsymbol{B}$ 的第 j 列上各对应元素的乘积之和. 即

$$i\begin{pmatrix} \cdots & \cdots & \cdots & \cdots \\ a_{i1} & a_{i2} & \cdots & a_{is} \\ \cdots & \cdots & \cdots & \cdots \end{pmatrix}\cdot\begin{pmatrix} \cdots & b_{1j} & \cdots \\ \cdots & b_{2j} & \cdots \\ \cdots & \cdots & \cdots \\ \cdots & b_{sj} & \cdots \end{pmatrix}=\begin{pmatrix} & \vdots & \\ \cdots & c_{ij} & \cdots \\ & \vdots & \end{pmatrix}i.$$

(3) 乘积矩阵 $\boldsymbol{C}$ 的行数等于矩阵 $\boldsymbol{A}$ 的行数，列数等于矩阵 $\boldsymbol{B}$ 的列数.

例 5 设矩阵 $\boldsymbol{A}=\begin{pmatrix} 2 & 1 & 4 & 0 \\ 1 & -1 & 3 & 4 \end{pmatrix}$，$\boldsymbol{B}=\begin{pmatrix} 1 & 3 & 1 \\ 0 & -1 & 2 \\ 1 & -3 & 1 \\ 4 & 0 & -2 \end{pmatrix}$，求 $\boldsymbol{AB}$.

解 因为 $\boldsymbol{A}$ 是 2×4 矩阵，$\boldsymbol{B}$ 是 4×3 矩阵，即 $\boldsymbol{A}$ 的列数等于 $\boldsymbol{B}$ 的行数，故 $\boldsymbol{A}$ 和 $\boldsymbol{B}$ 可相乘，其乘积 $\boldsymbol{AB}$ 应是 2×3 矩阵.

$$\boldsymbol{AB}=\begin{pmatrix} 2 & 1 & 4 & 0 \\ 1 & -1 & 3 & 4 \end{pmatrix}\begin{pmatrix} 1 & 3 & 1 \\ 0 & -1 & 2 \\ 1 & -3 & 1 \\ 4 & 0 & -2 \end{pmatrix}$$

$$=\begin{pmatrix} 2\times1+1\times0+4\times1+0\times4 & 2\times3+1\times(-1)+4\times(-3)+0\times0 & 2\times1+1\times2+4\times1+0\times(-2) \\ 1\times1+(-1)\times0+3\times1+4\times4 & 1\times3+(-1)\times(-1)+3\times(-3)+4\times0 & 1\times1+(-1)\times2+3\times1+4\times(-2) \end{pmatrix}$$

$$=\begin{pmatrix} 6 & -7 & 8 \\ 20 & -5 & -6 \end{pmatrix}.$$

例 6 设 $\boldsymbol{A}=\begin{pmatrix} -2 & 4 \\ 1 & -2 \end{pmatrix}$，$\boldsymbol{B}=\begin{pmatrix} 2 & 4 \\ -3 & -6 \end{pmatrix}$，求 $\boldsymbol{AB}$ 及 $\boldsymbol{BA}$.

解 $\boldsymbol{AB}=\begin{pmatrix} -2 & 4 \\ 1 & -2 \end{pmatrix}\begin{pmatrix} 2 & 4 \\ -3 & -6 \end{pmatrix}=\begin{pmatrix} -16 & -32 \\ 8 & 16 \end{pmatrix}$，

$$\boldsymbol{BA}=\begin{pmatrix} 2 & 4 \\ -3 & -6 \end{pmatrix}\begin{pmatrix} -2 & 4 \\ 1 & -2 \end{pmatrix}=\begin{pmatrix} 0 & 0 \\ 0 & 0 \end{pmatrix}.$$

由例 6 知，在矩阵的乘法中必须注意矩阵相乘的顺序. $\boldsymbol{AB}$ 是 $\boldsymbol{A}$ 左乘 $\boldsymbol{B}$，$\boldsymbol{BA}$ 是 $\boldsymbol{A}$ 右乘 $\boldsymbol{B}$. $\boldsymbol{AB}$ 有意义时，$\boldsymbol{BA}$ 可以没有意义. 当 $\boldsymbol{AB}$ 与 $\boldsymbol{BA}$ 都有意义时，它们仍然可以不相等，从而矩阵的乘法不满足交换律，即在一般情形下，$\boldsymbol{AB}\neq\boldsymbol{BA}$.

注 对于两个 n 阶方阵 $\boldsymbol{A}$，$\boldsymbol{B}$，若 $\boldsymbol{AB}=\boldsymbol{BA}$，则称方阵 $\boldsymbol{A}$ 与 $\boldsymbol{B}$ 是**可交换**的.

例 6 还表明，矩阵 $\boldsymbol{A}\neq\boldsymbol{O}$，$\boldsymbol{B}\neq\boldsymbol{O}$，却有 $\boldsymbol{BA}=\boldsymbol{O}$. 这里要特别注意的是：即使有两个矩阵 $\boldsymbol{A}$，$\boldsymbol{B}$ 满足 $\boldsymbol{AB}=\boldsymbol{O}$，也不一定能得出 $\boldsymbol{A}=\boldsymbol{O}$ 或 $\boldsymbol{B}=\boldsymbol{O}$ 的结论；若 $\boldsymbol{A}\neq\boldsymbol{O}$ 而 $\boldsymbol{A}(\boldsymbol{X}-\boldsymbol{Y})=\boldsymbol{O}$，也不

一定能得出 $\boldsymbol{X}=\boldsymbol{Y}$ 的结论.

例 7　设 $\boldsymbol{A}=\begin{pmatrix}1 & -1\\ -1 & 1\end{pmatrix}$，$\boldsymbol{B}=\begin{pmatrix}1 & 1\\ -1 & -1\end{pmatrix}$，$\boldsymbol{C}=\begin{pmatrix}2 & 0\\ 0 & -2\end{pmatrix}$，计算 $\boldsymbol{AB}$，$\boldsymbol{AC}$.

解　$\boldsymbol{AB}=\begin{pmatrix}1 & -1\\ -1 & 1\end{pmatrix}\cdot\begin{pmatrix}1 & 1\\ -1 & -1\end{pmatrix}=\begin{pmatrix}2 & 2\\ -2 & -2\end{pmatrix}$,

$$\boldsymbol{AC}=\begin{pmatrix}1 & -1\\ -1 & 1\end{pmatrix}\cdot\begin{pmatrix}2 & 0\\ 0 & -2\end{pmatrix}=\begin{pmatrix}2 & 2\\ -2 & -2\end{pmatrix}.$$

由例 7 知，虽然 $\boldsymbol{A}\neq\boldsymbol{O}$，且 $\boldsymbol{AB}=\boldsymbol{AC}$，但不能保证 $\boldsymbol{B}=\boldsymbol{C}$，即矩阵乘法不满足消去律.

注　矩阵乘法一般不满足交换律、消去律.

可以证明，矩阵的乘法满足下列运算律（假设运算都是可行的）：

(1) $(\boldsymbol{AB})\boldsymbol{C}=\boldsymbol{A}(\boldsymbol{BC})$（结合律）；

(2) $\boldsymbol{A}(\boldsymbol{B}+\boldsymbol{C})=\boldsymbol{AB}+\boldsymbol{AC}$（左分配律）；

(3) $(\boldsymbol{B}+\boldsymbol{C})\boldsymbol{A}=\boldsymbol{BA}+\boldsymbol{CA}$（右分配律）；

(4) $k(\boldsymbol{AB})=(k\boldsymbol{A})\boldsymbol{B}=\boldsymbol{A}(k\boldsymbol{B})$（$k$ 为任意数）.

三、矩阵的转置

1. 转置矩阵的定义与运算律

定义 2.13　把矩阵 $\boldsymbol{A}_{m\times n}$ 的行与列互换，得到一个 $n\times m$ 矩阵，称为 $\boldsymbol{A}$ 的**转置矩阵**，记作 $\boldsymbol{A}^{\mathrm{T}}$. 即若

$$\boldsymbol{A}=\begin{pmatrix}a_{11} & a_{12} & \cdots & a_{1n}\\ a_{21} & a_{22} & \cdots & a_{2n}\\ \vdots & \vdots & \cdots & \vdots\\ a_{m1} & a_{m2} & \cdots & a_{mn}\end{pmatrix},$$

则

$$\boldsymbol{A}^{\mathrm{T}}=\begin{pmatrix}a_{11} & a_{21} & \cdots & a_{m1}\\ a_{12} & a_{22} & \cdots & a_{m2}\\ \vdots & \vdots & \cdots & \vdots\\ a_{1n} & a_{2n} & \cdots & a_{mn}\end{pmatrix}.$$

例如矩阵 $\boldsymbol{A}=\begin{pmatrix}1 & 2 & 0\\ 3 & -1 & 1\end{pmatrix}$ 的转置矩阵为 $\boldsymbol{A}^{\mathrm{T}}=\begin{pmatrix}1 & 3\\ 2 & -1\\ 0 & 1\end{pmatrix}$.

矩阵的转置也是一种运算，满足下述运算规律（假设运算都有意义）：

(1) $(\boldsymbol{A}^{\mathrm{T}})^{\mathrm{T}}=\boldsymbol{A}$；

(2) $(\boldsymbol{A}+\boldsymbol{B})^{\mathrm{T}}=\boldsymbol{A}^{\mathrm{T}}+\boldsymbol{B}^{\mathrm{T}}$；

(3) $(k\boldsymbol{A})^{\mathrm{T}}=k\boldsymbol{A}^{\mathrm{T}}$，其中 k 为数；

(4) $(\boldsymbol{AB})^{\mathrm{T}}=\boldsymbol{B}^{\mathrm{T}}\boldsymbol{A}^{\mathrm{T}}$.

依据矩阵转置的定义，读者很容易证明性质(1)～(3)，下面仅证明 (4).

证 设$\boldsymbol{A}=(a_{ij})_{m\times s}$，$\boldsymbol{B}=(b_{ij})_{s\times n}$，故$\boldsymbol{AB}$为$m\times n$矩阵. 于是，$(\boldsymbol{AB})^{\mathrm{T}}$为$n\times m$矩阵. 另外，$\boldsymbol{A}^{\mathrm{T}}$为$s\times m$矩阵，$\boldsymbol{B}^{\mathrm{T}}$为$n\times s$矩阵，$\boldsymbol{B}^{\mathrm{T}}\boldsymbol{A}^{\mathrm{T}}$为$n\times m$矩阵，所以，$(\boldsymbol{AB})^{\mathrm{T}}$与$\boldsymbol{B}^{\mathrm{T}}\boldsymbol{A}^{\mathrm{T}}$为同型矩阵.

再证，$(\boldsymbol{AB})^{\mathrm{T}}$与$\boldsymbol{B}^{\mathrm{T}}\boldsymbol{A}^{\mathrm{T}}$对应元素相等，设$(\boldsymbol{AB})^{\mathrm{T}}$的第$i$行第$j$列元素为$c_{ij}$，$\boldsymbol{B}^{\mathrm{T}}\boldsymbol{A}^{\mathrm{T}}$的第$i$行第$j$列元素为$d_{ij}$. 其中，$c_{ij}$为$\boldsymbol{AB}$的第$j$行第$i$列元素，即$\boldsymbol{A}$的第$j$行$(a_{j1}, a_{j2}, \cdots, a_{js})$与$\boldsymbol{B}$的第$i$列$\begin{pmatrix} b_{1i} \\ b_{2i} \\ \vdots \\ b_{si} \end{pmatrix}$的对应元素乘积之和：

$$c_{ij}=a_{j1}b_{1i}+a_{j2}b_{2i}+\cdots+a_{js}b_{si}=\sum_{k=1}^{s}a_{jk}b_{ki},$$

d_{ij}为$\boldsymbol{B}^{\mathrm{T}}$的第$i$行（即$\boldsymbol{B}$的第$i$列）$\begin{pmatrix} b_{1i} \\ b_{2i} \\ \vdots \\ b_{si} \end{pmatrix}$与$\boldsymbol{A}^{\mathrm{T}}$的第$j$列（即$\boldsymbol{A}$的第$j$行）$(a_{j1}, a_{j2}, \cdots, a_{js})$的对应元素乘积之和：

$$d_{ij}=b_{1i}a_{j1}+b_{2i}a_{j2}+\cdots+b_{si}a_{js}=a_{j1}b_{1i}+a_{j2}b_{2i}+\cdots+a_{js}b_{si}=\sum_{k=1}^{s}a_{jk}b_{ki}=c_{ij},$$

所以，$(\boldsymbol{AB})^{\mathrm{T}}=\boldsymbol{B}^{\mathrm{T}}\boldsymbol{A}^{\mathrm{T}}$.

注 性质 (4) 可推广到多个矩阵乘积的转置情形，有

$$(\boldsymbol{A}_1\boldsymbol{A}_2\cdots\boldsymbol{A}_n)^{\mathrm{T}}=\boldsymbol{A}_n^{\mathrm{T}}\boldsymbol{A}_{n-1}^{\mathrm{T}}\cdots\boldsymbol{A}_2^{\mathrm{T}}\boldsymbol{A}_1^{\mathrm{T}}.$$

例 8 已知$\boldsymbol{A}=\begin{pmatrix} 2 & 0 & -1 \\ 1 & 3 & 2 \end{pmatrix}$，$\boldsymbol{B}=\begin{pmatrix} 1 & 7 & -1 \\ 4 & 2 & 3 \\ 2 & 0 & 1 \end{pmatrix}$，求$(\boldsymbol{AB})^{\mathrm{T}}$及$\boldsymbol{B}^{\mathrm{T}}\boldsymbol{A}^{\mathrm{T}}$，验证它们相等.

解 因为

$$\boldsymbol{AB}=\begin{pmatrix} 2 & 0 & -1 \\ 1 & 3 & 2 \end{pmatrix}\begin{pmatrix} 1 & 7 & -1 \\ 4 & 2 & 3 \\ 2 & 0 & 1 \end{pmatrix}=\begin{pmatrix} 0 & 14 & -3 \\ 17 & 13 & 10 \end{pmatrix},$$

所以$(\boldsymbol{AB})^{\mathrm{T}}=\begin{pmatrix} 0 & 17 \\ 14 & 13 \\ -3 & 10 \end{pmatrix}$.

$$\boldsymbol{B}^{\mathrm{T}}\boldsymbol{A}^{\mathrm{T}}=\begin{pmatrix} 1 & 4 & 2 \\ 7 & 2 & 0 \\ -1 & 3 & 1 \end{pmatrix}\begin{pmatrix} 2 & 1 \\ 0 & 3 \\ -1 & 2 \end{pmatrix}=\begin{pmatrix} 0 & 17 \\ 14 & 13 \\ -3 & 10 \end{pmatrix}.$$

所以 $(\boldsymbol{AB})^{\mathrm{T}}=\boldsymbol{B}^{\mathrm{T}}\boldsymbol{A}^{\mathrm{T}}$.

2. 对称矩阵与反对称矩阵

定义 2.14 若 n 阶方阵 $\boldsymbol{A}=(a_{ij})$ 满足 $\boldsymbol{A}^{\mathrm{T}}=\boldsymbol{A}$，则称 $\boldsymbol{A}$ 为**对称矩阵**.

如 $\boldsymbol{A}=\begin{bmatrix}1 & -2 & 0\\ -2 & -5 & 3\\ 0 & 3 & 4\end{bmatrix}$为对称矩阵. 显然，对角矩阵、单位矩阵也是对称矩阵.

定义 2.15 若 n 阶方阵 $\boldsymbol{A}=(a_{ij})$ 满足 $\boldsymbol{A}^{\mathrm{T}}=-\boldsymbol{A}$，则称 $\boldsymbol{A}$ 为**反对称矩阵**.

如 $\boldsymbol{A}=\begin{bmatrix}0 & 1 & -2\\ -1 & 0 & -3\\ 2 & 3 & 0\end{bmatrix}$为反对称矩阵.

对称矩阵和反对称矩阵的性质：

(1) 对称矩阵的元素满足 $a_{ij}=a_{ji}(i, j=1, 2, \cdots, n)$；

反对称矩阵的元素满足 $a_{ij}=-a_{ji}(i, j=1, 2, \cdots, n)$.

(2) 对称（反对称）矩阵的和、差仍是对称（反对称）矩阵.

(3) 数乘对称（反对称）矩阵，仍得对称（反对称）矩阵.

注 但两个对称（反对称）矩阵的乘积不一定是对称（反对称）矩阵.

例如，对称矩阵 $\boldsymbol{A}=\begin{pmatrix}0 & -1\\ -1 & 1\end{pmatrix}$，$\boldsymbol{B}=\begin{pmatrix}-1 & 2\\ 2 & 0\end{pmatrix}$，但

$$\boldsymbol{AB}=\begin{pmatrix}0 & -1\\ -1 & 1\end{pmatrix}\begin{pmatrix}-1 & 2\\ 2 & 0\end{pmatrix}=\begin{pmatrix}-2 & 0\\ 3 & -2\end{pmatrix}$$

不是对称矩阵.

又如，反对称矩阵 $\boldsymbol{A}=\begin{pmatrix}0 & -1\\ 1 & 0\end{pmatrix}$，$\boldsymbol{B}=\begin{pmatrix}0 & -2\\ 2 & 0\end{pmatrix}$，但

$$\boldsymbol{AB}=\begin{pmatrix}0 & -1\\ 1 & 0\end{pmatrix}\begin{pmatrix}0 & -2\\ 2 & 0\end{pmatrix}=\begin{pmatrix}-2 & 0\\ 0 & -2\end{pmatrix}$$

不是反对称矩阵.

四、方阵的幂及其行列式

1. 方阵幂的定义及性质

定义 2.16 对于方阵 $\boldsymbol{A}$ 及自然数 k，

$$\boldsymbol{A}^k=\underbrace{\boldsymbol{A}\cdot\boldsymbol{A}\cdot\cdots\cdot\boldsymbol{A}}_{k\text{个}}$$

称为方阵 $\boldsymbol{A}$ 的 $\boldsymbol{k}$ **次幂**.

设 $\boldsymbol{A}$ 是方阵，k_1，k_2 是自然数，则

(1) $\boldsymbol{A}^{k_1}\boldsymbol{A}^{k_2}=\boldsymbol{A}^{k_1+k_2}$；

(2) $(\boldsymbol{A}^{k_1})^{k_2}=\boldsymbol{A}^{k_1\cdot k_2}$.

注 一般地，$(\boldsymbol{AB})^k \neq \boldsymbol{A}^k\boldsymbol{B}^k$，只有当 $\boldsymbol{AB}=\boldsymbol{BA}$ 时成立.

2. 方阵的行列式定义及性质

定义 2.17 由 n 阶方阵 $\boldsymbol{A}$ 的元素所构成的行列式（各元素的位置不变），称为**方阵 $\boldsymbol{A}$ 的行列式**，记为 $|\boldsymbol{A}|$.

注意，方阵与行列式是两个不同的概念，n 阶方阵是 n^2 个数按一定方式排成的数表，而 n 阶行列式则是这些数（也就是数表 $\boldsymbol{A}$）按一定的运算法则所确定的一个数.

由 $\boldsymbol{A}$ 确定的 $|\boldsymbol{A}|$ 的运算满足下述运算规律（设 $\boldsymbol{A}$、$\boldsymbol{B}$ 为 n 阶方阵，k 为数）：

(1) $|\boldsymbol{A}^{\mathrm{T}}|=|\boldsymbol{A}|$；

(2) $|k\boldsymbol{A}|=k^n|\boldsymbol{A}|$；

(3) $|\boldsymbol{AB}|=|\boldsymbol{A}||\boldsymbol{B}|$.

例 9 $\boldsymbol{A}=\begin{pmatrix}1 & 2\\ 2 & 3\end{pmatrix}$，$\boldsymbol{B}=\begin{pmatrix}2 & 4\\ -1 & 5\end{pmatrix}$，求 $|\boldsymbol{A}|$、$|\boldsymbol{B}|$、$|\boldsymbol{AB}|$ 及 $|3\boldsymbol{A}|$.

解 $\boldsymbol{AB}=\begin{pmatrix}1 & 2\\ 2 & 3\end{pmatrix}\begin{pmatrix}2 & 4\\ -1 & 5\end{pmatrix}=\begin{pmatrix}0 & 14\\ 1 & 23\end{pmatrix}$，所以 $|\boldsymbol{AB}|=-14$.

$$|\boldsymbol{A}|=-1，|\boldsymbol{B}|=14，所以\ |\boldsymbol{AB}|=|\boldsymbol{A}||\boldsymbol{B}|=-14.$$

$$|3\boldsymbol{A}|=\begin{vmatrix}3 & 6\\ 6 & 9\end{vmatrix}=-9=3^2\times(-1)=3^2|\boldsymbol{A}|.$$

3. 伴随矩阵

定义 2.18 设 n 阶矩阵 $\boldsymbol{A}=(a_{ij})$，由其行列式 $|\boldsymbol{A}|$ 的各个元素的代数余子式 $\boldsymbol{A}_{ij}$ 所构成的如下矩阵

$$\begin{pmatrix}\boldsymbol{A}_{11} & \boldsymbol{A}_{21} & \cdots & \boldsymbol{A}_{n1}\\ \boldsymbol{A}_{12} & \boldsymbol{A}_{22} & \cdots & \boldsymbol{A}_{n2}\\ \vdots & \vdots & \cdots & \vdots\\ \boldsymbol{A}_{1n} & \boldsymbol{A}_{2n} & \cdots & \boldsymbol{A}_{nn}\end{pmatrix}$$

称为 $\boldsymbol{A}$ 的**伴随矩阵**，简称**伴随阵**. 记作 $\boldsymbol{A}^*$，即

$$\boldsymbol{A}^*=\begin{pmatrix}\boldsymbol{A}_{11} & \boldsymbol{A}_{21} & \cdots & \boldsymbol{A}_{n1}\\ \boldsymbol{A}_{12} & \boldsymbol{A}_{22} & \cdots & \boldsymbol{A}_{n2}\\ \vdots & \vdots & \cdots & \vdots\\ \boldsymbol{A}_{1n} & \boldsymbol{A}_{2n} & \cdots & \boldsymbol{A}_{nn}\end{pmatrix}.$$

$\boldsymbol{A}^*$ 具有如下性质：

$$\boldsymbol{AA}^*=\boldsymbol{A}^*\boldsymbol{A}=|\boldsymbol{A}|\boldsymbol{E}.$$

证 设 $\boldsymbol{A}=(a_{ij})$，记 $\boldsymbol{AA}^*=(b_{ij})$，根据 $\boldsymbol{A}^*$ 的定义知其第 j 列的元素是 $\boldsymbol{A}$ 中第 j 行元素对应的代数余子式，则 b_{ij} 即是 $\boldsymbol{A}$ 中第 i 行 $(a_{i1}, a_{i2}, \cdots, a_{in})$ 与 $\boldsymbol{A}^*$ 中第 j 列 $\begin{pmatrix}\boldsymbol{A}_{j1}\\ \boldsymbol{A}_{j2}\\ \vdots\\ \boldsymbol{A}_{jn}\end{pmatrix}$ 对应元

素乘积之和，即

$$b_{ij}=a_{i1}\boldsymbol{A}_{j1}+a_{i2}\boldsymbol{A}_{j2}+\cdots+a_{in}\boldsymbol{A}_{jn}=|\boldsymbol{A}|\delta_{ij},$$

其中 $\delta_{ij}=\begin{cases}1, & i=j\\0, & i\neq j\end{cases}$，故

$$\boldsymbol{A}\boldsymbol{A}^*=(|\boldsymbol{A}|\delta_{ij})=|\boldsymbol{A}|(\delta_{ij})=|\boldsymbol{A}|\boldsymbol{E}.$$

类似有

$$\boldsymbol{A}^*\boldsymbol{A}=\left(\sum_{k=1}^{n}\boldsymbol{A}_{ki}a_{jk}\right)=(|\boldsymbol{A}|\delta_{ij})=|\boldsymbol{A}|(\delta_{ij})=|\boldsymbol{A}|\boldsymbol{E}.$$

例 10　设 $\boldsymbol{A}=\begin{pmatrix}1 & -4\\2 & 3\end{pmatrix}$，求 $\boldsymbol{A}^*$.

解　由 $A_{11}=3$，$A_{12}=-2$；$A_{21}=4$，$A_{22}=1$，所以

$$A^*=\begin{bmatrix}A_{11} & A_{21}\\A_{12} & A_{22}\end{bmatrix}=\begin{pmatrix}3 & 4\\-2 & 1\end{pmatrix}.$$

§2.3　逆矩阵

由于矩阵间的运算关系只有加减、数乘及矩阵乘法，没有除法，而解一元线性方程 $ax=b$，当 $a\neq0$ 时，存在一个数 a^{-1}，使 $x=a^{-1}b$ 为方程的解. 那么，解矩阵方程 $\boldsymbol{AX}=\boldsymbol{b}$ 时，是否也存在一个矩阵，它所起的作用类似于非零实数的倒数在实数运算中所起的作用，即用这个矩阵乘以 $\boldsymbol{b}$ 就等于 $\boldsymbol{X}$. 这就引出了本节要讨论的逆矩阵问题.

一、逆矩阵的基本概念

定义 2.19　对于 n 阶矩阵 $\boldsymbol{A}$，如果有一个 n 阶矩阵 $\boldsymbol{B}$，使

$$\boldsymbol{AB}=\boldsymbol{BA}=\boldsymbol{E},$$

则说矩阵 $\boldsymbol{A}$ 是**可逆的**，并把矩阵 $\boldsymbol{B}$ 称为 $\boldsymbol{A}$ 的**逆矩阵**.

定理 2.1　如果 n 阶矩阵 $\boldsymbol{A}$ 是可逆的，那么 $\boldsymbol{A}$ 的逆矩阵是唯一的.

证　因为 $\boldsymbol{A}$ 可逆，所以存在 $\boldsymbol{A}$ 的逆矩阵，假设 $\boldsymbol{B}$，$\boldsymbol{C}$ 都是 $\boldsymbol{A}$ 的逆矩阵，则有

$$\boldsymbol{B}=\boldsymbol{BE}=\boldsymbol{B}(\boldsymbol{AC})=(\boldsymbol{BA})\boldsymbol{C}=\boldsymbol{EC}=\boldsymbol{C},$$

所以 $\boldsymbol{A}$ 的逆矩阵是唯一的.

$\boldsymbol{A}$ 的逆矩阵记作 $\boldsymbol{A}^{-1}$. 即若 $\boldsymbol{AB}=\boldsymbol{BA}=\boldsymbol{E}$，则 $\boldsymbol{B}=\boldsymbol{A}^{-1}$.

例 1　如果

$$\boldsymbol{A}=\begin{pmatrix}a_1 & 0 & \cdots & 0\\0 & a_2 & \cdots & 0\\\vdots & \vdots & \cdots & \vdots\\0 & 0 & \cdots & a_n\end{pmatrix}，其中\ a_i\neq0(i=1, 2, \cdots, n).$$

验证

$$A^{-1}=\begin{pmatrix} \frac{1}{a_1} & 0 & \cdots & 0 \\ 0 & \frac{1}{a_2} & \cdots & 0 \\ \vdots & \vdots & \cdots & \vdots \\ 0 & 0 & \cdots & \frac{1}{a_n} \end{pmatrix}.$$

证

$$\begin{pmatrix} a_1 & 0 & \cdots & 0 \\ 0 & a_2 & \cdots & 0 \\ \vdots & \vdots & \cdots & \vdots \\ 0 & 0 & \cdots & a_n \end{pmatrix}\begin{pmatrix} \frac{1}{a_1} & 0 & \cdots & 0 \\ 0 & \frac{1}{a_2} & \cdots & 0 \\ \vdots & \vdots & \cdots & \vdots \\ 0 & 0 & \cdots & \frac{1}{a_n} \end{pmatrix}=\boldsymbol{E},$$

$$\begin{pmatrix} \frac{1}{a_1} & 0 & \cdots & 0 \\ 0 & \frac{1}{a_2} & \cdots & 0 \\ \vdots & \vdots & \cdots & \vdots \\ 0 & 0 & \cdots & \frac{1}{a_n} \end{pmatrix}\begin{pmatrix} a_1 & 0 & \cdots & 0 \\ 0 & a_2 & \cdots & 0 \\ \vdots & \vdots & \cdots & \vdots \\ 0 & 0 & \cdots & a_n \end{pmatrix}=\boldsymbol{E},$$

所以 $A^{-1}=\begin{pmatrix} \frac{1}{a_1} & 0 & \cdots & 0 \\ 0 & \frac{1}{a_2} & \cdots & 0 \\ \vdots & \vdots & \cdots & \vdots \\ 0 & 0 & \cdots & \frac{1}{a_n} \end{pmatrix}.$

二、可逆矩阵的判定及求解

定义 2.20 若 n 阶矩阵 $\boldsymbol{A}$ 的行列式 $|\boldsymbol{A}|\neq 0$，则称 $\boldsymbol{A}$ 为**非奇异矩阵**，否则称 $\boldsymbol{A}$ 为**奇异矩阵**.

定理 2.2 n 阶矩阵 $\boldsymbol{A}$ 可逆的充分必要条件是 $\boldsymbol{A}$ 为非奇异矩阵，而且

$$\boldsymbol{A}^{-1}=\frac{\boldsymbol{A}^*}{|\boldsymbol{A}|},$$

其中 $\boldsymbol{A}^*$ 为 $\boldsymbol{A}$ 的伴随矩阵.

证 必要性. 因为 $\boldsymbol{A}$ 可逆，故存在 n 阶矩阵 $\boldsymbol{B}$，使 $\boldsymbol{AB}=\boldsymbol{E}$，等式两边取行列式，得

$$|\boldsymbol{AB}|=|\boldsymbol{E}|，即|\boldsymbol{A}||\boldsymbol{B}|=1,$$

故$|\boldsymbol{A}|\neq 0$.

充分性. 由于$\boldsymbol{AA}^*=\boldsymbol{A}^*\boldsymbol{A}=|\boldsymbol{A}|\boldsymbol{E}$，又$|\boldsymbol{A}|\neq 0$，故

$$\boldsymbol{A}\frac{\boldsymbol{A}^*}{|\boldsymbol{A}|}=\frac{\boldsymbol{A}^*}{|\boldsymbol{A}|}\boldsymbol{A}=\boldsymbol{E},$$

由可逆矩阵定义知，$\boldsymbol{A}$可逆，且$\boldsymbol{A}^{-1}=\dfrac{\boldsymbol{A}^*}{|\boldsymbol{A}|}$.

推论 若$\boldsymbol{AB}=\boldsymbol{E}$(或$\boldsymbol{BA}=\boldsymbol{E}$)，则$\boldsymbol{A}$可逆，且$\boldsymbol{B}=\boldsymbol{A}^{-1}$.

证 由$\boldsymbol{AB}=\boldsymbol{E}$知，$|\boldsymbol{AB}|=|\boldsymbol{A}||\boldsymbol{B}|=|\boldsymbol{E}|=1$，所以$|\boldsymbol{A}|\neq 0$，故$\boldsymbol{A}$可逆，因而$\boldsymbol{A}^{-1}$存在，于是，

$$\boldsymbol{B}=\boldsymbol{EB}=(\boldsymbol{A}^{-1}\cdot\boldsymbol{A})\boldsymbol{B}=\boldsymbol{A}^{-1}(\boldsymbol{AB})=\boldsymbol{A}^{-1}\boldsymbol{E}=\boldsymbol{A}^{-1}，即\boldsymbol{B}=\boldsymbol{A}^{-1}.$$

注 推论表明只要有$\boldsymbol{AB}=\boldsymbol{E}$或$\boldsymbol{BA}=\boldsymbol{E}$一个等式成立，即可确定矩阵$\boldsymbol{A}$、$\boldsymbol{B}$均可逆，且互为逆矩阵.

例2 求二阶矩阵$\boldsymbol{A}=\begin{pmatrix}a & b\\ c & d\end{pmatrix}$的逆矩阵.

解 $|\boldsymbol{A}|=ad-bc$，$\boldsymbol{A}^*=\begin{pmatrix}d & -b\\ -c & a\end{pmatrix}$，利用逆矩阵公式$\boldsymbol{A}^{-1}=\dfrac{\boldsymbol{A}^*}{|\boldsymbol{A}|}$，当$|\boldsymbol{A}|\neq 0$时，有

$$\boldsymbol{A}^{-1}=\frac{1}{|\boldsymbol{A}|}\boldsymbol{A}^*=\frac{1}{ad-bc}\begin{pmatrix}d & -b\\ -c & a\end{pmatrix}.$$

例3 求三阶矩阵

$$\boldsymbol{A}=\begin{pmatrix}1 & 2 & 3\\ 2 & 2 & 1\\ 3 & 4 & 3\end{pmatrix}$$

的逆矩阵.

解 由$|\boldsymbol{A}|=2\neq 0$知，$\boldsymbol{A}^{-1}$存在. 再计算$|\boldsymbol{A}|$的代数余子式：

$$A_{11}=2，A_{12}=-3，A_{13}=2,$$
$$A_{21}=6，A_{22}=-6，A_{23}=2,$$
$$A_{31}=-4，A_{32}=5，A_{33}=-2,$$

得

$$\boldsymbol{A}^*=\begin{pmatrix}A_{11} & A_{21} & A_{31}\\ A_{12} & A_{22} & A_{32}\\ A_{13} & A_{23} & A_{33}\end{pmatrix}=\begin{pmatrix}2 & 6 & -4\\ -3 & -6 & 5\\ 2 & 2 & -2\end{pmatrix},$$

所以

$$A^{-1}=\frac{1}{|A|}A^{*}=\begin{pmatrix}1 & 3 & -2\\ -\frac{3}{2} & -3 & \frac{5}{2}\\ 1 & 1 & -1\end{pmatrix}.$$

例 4 设 $A=\begin{pmatrix}1 & 2 & 3\\ 2 & 2 & 1\\ 3 & 4 & 3\end{pmatrix}$，$B=\begin{pmatrix}2 & 1\\ 5 & 3\end{pmatrix}$，$C=\begin{pmatrix}1 & 3\\ 2 & 0\\ 3 & 1\end{pmatrix}$，求矩阵 X 使其满足 $AXB=C$.

解 若 A^{-1}，B^{-1}存在，则用 A^{-1}左乘上式，B^{-1}右乘上式，有

$$A^{-1}AXBB^{-1}=A^{-1}CB^{-1},$$

即

$$X=A^{-1}CB^{-1}.$$

由例 3 知 $|A|\neq 0$，而 $|B|=1\neq 0$，故知 A，B 都可逆，且

$$A^{-1}=\begin{pmatrix}1 & 3 & -2\\ -\frac{3}{2} & -3 & \frac{5}{2}\\ 1 & 1 & -1\end{pmatrix},\ B^{-1}=\begin{pmatrix}3 & -1\\ -5 & 2\end{pmatrix},$$

于是

$$X=A^{-1}CB^{-1}=\begin{pmatrix}1 & 3 & -2\\ -\frac{3}{2} & -3 & \frac{5}{2}\\ 1 & 1 & -1\end{pmatrix}\begin{pmatrix}1 & 3\\ 2 & 0\\ 3 & 1\end{pmatrix}\begin{pmatrix}3 & -1\\ -5 & 2\end{pmatrix}$$

$$=\begin{pmatrix}1 & 1\\ 0 & -2\\ 0 & 2\end{pmatrix}\begin{pmatrix}3 & -1\\ -5 & 2\end{pmatrix}=\begin{pmatrix}-2 & 1\\ 10 & -4\\ -10 & 4\end{pmatrix}.$$

三、逆矩阵的性质

方阵的逆满足下列运算规律：

(1) 若 A 可逆，则 A^{-1}亦可逆，且 $(A^{-1})^{-1}=A$.

(2) 若 A 可逆，数 $\lambda\neq 0$，则 λA 可逆，且 $(\lambda A)^{-1}=\frac{1}{\lambda}A^{-1}$.

(3) 若 A 可逆，则 $|A^{-1}|=|A|^{-1}$ $(AA^{-1}=E\Rightarrow |A|\,|A^{-1}|=1\Rightarrow |A^{-1}|=|A|^{-1})$.

(4) 若 A、B 为同阶的可逆方阵，则 AB 亦可逆，且 $(AB)^{-1}=B^{-1}A^{-1}$.

事实上，$(AB)(B^{-1}A^{-1})=A(BB^{-1})A^{-1}=AEA^{-1}=AA^{-1}=E\Rightarrow (AB)^{-1}=B^{-1}A^{-1}$.

(5) 若 A 可逆，则 A^{T} 亦可逆，且 $(A^{T})^{-1}=(A^{-1})^{T}$.

因为 $A^{T}(A^{-1})^{T}=(A^{-1}A)^{T}=E^{T}=E\Rightarrow (A^{T})^{-1}=(A^{-1})^{T}$.

注 性质 (4) 可推广到有限多个可逆矩阵乘积的情形：若有同阶可逆矩阵 A_1，A_2，…，

$\boldsymbol{A}_n$，则乘积 $\boldsymbol{A}_1\boldsymbol{A}_2\cdots\boldsymbol{A}_n$ 可逆，且

$$(\boldsymbol{A}_1\boldsymbol{A}_2\cdots\boldsymbol{A}_n)^{-1}=\boldsymbol{A}_n^{-1}\boldsymbol{A}_{n-1}^{-1}\cdots\boldsymbol{A}_1^{-1}.$$

例 5　若 $\boldsymbol{A}$，$\boldsymbol{B}$，$\boldsymbol{C}$ 是同阶矩阵，且 $\boldsymbol{A}$ 可逆，证明：

(1) 若 $\boldsymbol{AB}=\boldsymbol{AC}$，则 $\boldsymbol{B}=\boldsymbol{C}$；

(2) 若 $\boldsymbol{AB}=\boldsymbol{O}$，则 $\boldsymbol{B}=\boldsymbol{O}$.

证　(1) 若 $\boldsymbol{AB}=\boldsymbol{AC}$，且 $\boldsymbol{A}$ 可逆，则存在 $\boldsymbol{A}^{-1}$，等式两端同时左乘 $\boldsymbol{A}^{-1}$，有 $\boldsymbol{A}^{-1}(\boldsymbol{AB})=\boldsymbol{A}^{-1}(\boldsymbol{AC})$，$(\boldsymbol{A}^{-1}\boldsymbol{A})\boldsymbol{B}=(\boldsymbol{A}^{-1}\boldsymbol{A})\boldsymbol{C}$，即 $\boldsymbol{EB}=\boldsymbol{EC}$，所以 $\boldsymbol{B}=\boldsymbol{C}$.

(2) 若 $\boldsymbol{AB}=\boldsymbol{O}$，且 $\boldsymbol{A}$ 可逆，则存在 $\boldsymbol{A}^{-1}$，等式两端同时左乘 $\boldsymbol{A}^{-1}$，有 $\boldsymbol{A}^{-1}\boldsymbol{AB}=\boldsymbol{A}^{-1}\boldsymbol{O}$，即 $\boldsymbol{EB}=\boldsymbol{O}$，所以 $\boldsymbol{B}=\boldsymbol{O}$.

注 1　在有可逆矩阵存在的前提下，矩阵乘法消去律成立；若乘积为零矩阵，则除可逆矩阵外，应有一个零矩阵.

注 2　当 $\boldsymbol{A}$ 可逆时，还可定义

$$\boldsymbol{A}^0=\boldsymbol{E},\ \boldsymbol{A}^{-k}=(\boldsymbol{A}^{-1})^k,$$

其中 k 为正整数.

例 6　设 $\boldsymbol{P}=\begin{pmatrix}1&2\\1&4\end{pmatrix}$，$\boldsymbol{\Lambda}=\begin{pmatrix}1&0\\0&2\end{pmatrix}$，$\boldsymbol{AP}=\boldsymbol{P\Lambda}$，求 $\boldsymbol{A}^n$.

解　$|\boldsymbol{P}|=2$，$\boldsymbol{P}^{-1}=\frac{1}{2}\begin{pmatrix}4&-2\\-1&1\end{pmatrix}$，

$$\boldsymbol{A}=\boldsymbol{P\Lambda P}^{-1},\ \boldsymbol{A}^2=\boldsymbol{P\Lambda P}^{-1}\boldsymbol{P\Lambda P}^{-1}=\boldsymbol{P\Lambda}^2\boldsymbol{P}^{-1},\ \cdots,\ \boldsymbol{A}^n=\boldsymbol{P\Lambda}^n\boldsymbol{P}^{-1},$$

而

$$\boldsymbol{\Lambda}=\begin{pmatrix}1&0\\0&2\end{pmatrix},\boldsymbol{\Lambda}^2=\begin{pmatrix}1&0\\0&2\end{pmatrix}\begin{pmatrix}1&0\\0&2\end{pmatrix}=\begin{pmatrix}1&0\\0&2^2\end{pmatrix},\ \cdots,\ \boldsymbol{\Lambda}^n=\begin{pmatrix}1&0\\0&2^n\end{pmatrix},$$

故

$$\begin{aligned}\boldsymbol{A}^n&=\begin{pmatrix}1&2\\1&4\end{pmatrix}\begin{pmatrix}1&0\\0&2^n\end{pmatrix}\frac{1}{2}\begin{pmatrix}4&-2\\-1&1\end{pmatrix}=\frac{1}{2}\begin{bmatrix}1&2^{n+1}\\1&2^{n+2}\end{bmatrix}\begin{pmatrix}4&-2\\-1&1\end{pmatrix}\\&=\frac{1}{2}\begin{bmatrix}4-2^{n+1}&2^{n+1}-2\\4-2^{n+2}&2^{n+2}-2\end{bmatrix}=\begin{bmatrix}2-2^n&2^n-1\\2-2^{n+1}&2^{n+1}-1\end{bmatrix}.\end{aligned}$$

注 3　$\boldsymbol{A}$ 的几个多项式可以像数 x 的多项式一样相乘或分解因式. 例如，

$$(\boldsymbol{E}+\boldsymbol{A})(2\boldsymbol{E}-\boldsymbol{A})=2\boldsymbol{E}+\boldsymbol{A}-\boldsymbol{A}^2,$$

$$(\boldsymbol{E}-\boldsymbol{A})^3=\boldsymbol{E}-3\boldsymbol{A}+3\boldsymbol{A}^2-\boldsymbol{A}^3.$$

例 7　设方阵 $\boldsymbol{A}$ 满足方程 $\boldsymbol{A}^2-4\boldsymbol{A}+2\boldsymbol{E}=\boldsymbol{O}$，证明：$\boldsymbol{A}-\boldsymbol{E}$ 和 $\boldsymbol{A}-3\boldsymbol{E}$ 均可逆，并求 $(\boldsymbol{A}-\boldsymbol{E})^{-1}$.

解　由 $\boldsymbol{A}^2-4\boldsymbol{A}+2\boldsymbol{E}=\boldsymbol{O}$ 可得 $\boldsymbol{A}^2-4\boldsymbol{A}+3\boldsymbol{E}=\boldsymbol{E}$，故 $(\boldsymbol{A}-\boldsymbol{E})(\boldsymbol{A}-3\boldsymbol{E})=\boldsymbol{E}$，则

$$|(\boldsymbol{A}-\boldsymbol{E})(\boldsymbol{A}-3\boldsymbol{E})|=|\boldsymbol{E}|,$$

即

$$|\boldsymbol{A}-\boldsymbol{E}|\,|\boldsymbol{A}-3\boldsymbol{E}|=1\neq 0,$$

所以，$|A-E|\neq 0$， $|A-3E|\neq 0$，从而 $A-E$ 和 $A-3E$ 均可逆，且

$$(A-E)^{-1}=A-3E.$$

例 8 设 A 是三阶方阵，A^* 是 A 的伴随矩阵，A 的行列式 $|A|=\frac{1}{2}$，求行列式 $|(3A)^{-1}-2A^*|$.

解 因为 $(3A)^{-1}=\frac{1}{3}A^{-1}$，又由 $A^{-1}=\frac{1}{|A|}A^*$ 知，$A^*=|A|\cdot A^{-1}=\frac{1}{2}A^{-1}$，所以

$$\begin{aligned}|(3A)^{-1}-2A^*|&=\left|\frac{1}{3}A^{-1}-2\cdot\frac{1}{2}A^{-1}\right|=\left|\frac{1}{3}A^{-1}-A^{-1}\right|\\&=\left|-\frac{2}{3}A^{-1}\right|=\left(-\frac{2}{3}\right)^3\frac{1}{|A|}=-\frac{16}{27}.\end{aligned}$$

§2.4 矩阵的初等变换及初等矩阵

利用消元法求解线性方程组，主要是通过对方程组进行三种变换而得到的：

(1) 交换两个方程的位置；

(2) 用非零数 k 乘以方程组的某一个方程的两边；

(3) 将某一个方程乘以相应的倍数后加到另一个方程上去.

由于这三种变换都是可逆的，因而变换前的方程组和变换后的方程组是同解的. 而每个方程组都对应着一个矩阵，因而矩阵之间的变换也是一种等价变换，我们把矩阵之间的这些变换称为矩阵的初等变换.

矩阵的初等变换是矩阵的一种最基本的运算，它在解线性方程组、求逆矩阵及矩阵理论的讨论中都起着非常重要的作用.

一、矩阵的初等变换与初等矩阵

1. 矩阵的初等变换

定义 2.21 下面三种变换称为矩阵的**初等行变换**：

(1) 交换两行（交换 i，j 两行，记作 $r_i\leftrightarrow r_j$）；

(2) 数 $k\neq 0$ 乘某一行中的所有元素（第 i 行乘 k，记为 $r_i\times k$ 或 kr_i）；

(3) 把某一行所有元素的 k 倍加到另一行对应的元素上去（第 i 行的 k 倍加到第 j 行上，记为 kr_i+r_j）.

把定义中的“行”换成“列”，即得矩阵的**初等列变换**的定义（把所有记号中的 r 换成 c 即可).

矩阵的初等行变换和初等列变换，统称为**初等变换**.

容易证明三种初等变换都是可逆的，且其逆变换是同一类型的初等变换. 变换 $r_i\leftrightarrow r_j$（或 $c_i\leftrightarrow c_j$）的逆变换就是其本身；变换 $r_i\times k$（或 $c_i\times k$）的逆变换为 $r_i\times\frac{1}{k}\left(\text{或 } c_i\times\frac{1}{k}\right)$ 或记作 $r_i\div k$、$c_i\div k$；变换 kr_i+r_j（或 kc_i+c_j）的逆变换为 $(-k)r_i+r_j$（或 $(-k)c_i+c_j$）.

2. 初等矩阵

定义 2.22 对单位矩阵 E 进行一次初等变换后得到的矩阵，称为**初等矩阵**.

初等矩阵有下列三种：

(1) 对 $\boldsymbol{E}$ 进行第 (1) 种初等变换得到的矩阵为

$$\boldsymbol{E}(i,j)=\begin{pmatrix}1&&&&&&&\\&\ddots&&&&&&\\&&0&&\cdots&1&&\\&&&1&&&&\\&&\vdots&&\ddots&&\vdots&\\&&&&&1&&\\&&1&&\cdots&0&&\\&&&&&&\ddots&\\&&&&&&&1\end{pmatrix}\begin{matrix}\\\\i\text{ 行}\\\\\\\\j\text{ 行}\\\\\\\end{matrix}.$$

i 列　　j 列

(2) 对 $\boldsymbol{E}$ 进行第 (2) 种初等变换得到的矩阵为

$$\boldsymbol{E}(i(k))=\begin{pmatrix}1&&&&\\&\ddots&&&\\&&k&&\\&&&\ddots&\\&&&&1\end{pmatrix}i\text{ 行}.$$

i 列

(3) 对 $\boldsymbol{E}$ 进行第 (3) 种初等变换得到的矩阵为

$$\boldsymbol{E}(i,j(l))=\begin{pmatrix}1&&&&&\\&\ddots&&&&\\&&1&\cdots&l&&\\&&&\ddots&\vdots&&\\&&&&1&&\\&&&&&\ddots&\\&&&&&&1\end{pmatrix}\begin{matrix}\\\\i\text{ 行}\\\\j\text{ 行}\\\\\\\end{matrix}.$$

i 列　j 列

例 1　设 $\boldsymbol{A}=\begin{pmatrix}1&2\\-2&4\\0&-6\end{pmatrix}$，$\boldsymbol{E}_3(2,3)=\begin{pmatrix}1&0&0\\0&0&1\\0&1&0\end{pmatrix}$，$\boldsymbol{E}_2(1,2)=\begin{pmatrix}0&1\\1&0\end{pmatrix}$，计算 $\boldsymbol{E}_3\boldsymbol{A}$，$\boldsymbol{A}\boldsymbol{E}_2$，并观察乘积结果的特点.

解　$\boldsymbol{E}_3(2,3)\cdot\boldsymbol{A}=\begin{pmatrix}1&0&0\\0&0&1\\0&1&0\end{pmatrix}\cdot\begin{pmatrix}1&2\\-2&4\\0&-6\end{pmatrix}=\begin{pmatrix}1&2\\0&-6\\-2&4\end{pmatrix}$，

结果是 $\boldsymbol{A}$ 交换第 2、3 行.

$$\boldsymbol{A}\cdot\boldsymbol{E}_2(1,\ 2)=\begin{pmatrix}1 & 2\\ -2 & 4\\ 0 & -6\end{pmatrix}\begin{pmatrix}0 & 1\\ 1 & 0\end{pmatrix}=\begin{pmatrix}2 & 1\\ 4 & -2\\ -6 & 0\end{pmatrix},$$

结果是 $\boldsymbol{A}$ 交换第 1、2 列.

例 1 说明，将一个初等矩阵左乘或右乘某一个矩阵 $\boldsymbol{A}$ 等于对 $\boldsymbol{A}$ 进行相同的初等行变换或列变换.

定理 2.3 设 $\boldsymbol{A}_{m\times n}=(a_{ij})_{m\times n}$，

(1) 对 $\boldsymbol{A}$ 的行进行某种初等变换得到的矩阵等于用相应的 m 阶初等矩阵左乘 $\boldsymbol{A}$；

(2) 对 $\boldsymbol{A}$ 的列进行某种初等变换得到的矩阵等于用相应的 n 阶初等矩阵右乘 $\boldsymbol{A}$.

证 现在证明交换 $\boldsymbol{A}$ 的第 i 行与第 j 行等于用 $\boldsymbol{E}_m(i,\ j)$ 左乘 $\boldsymbol{A}$. 将 $\boldsymbol{A}_{m\times n}$ 与 $\boldsymbol{E}_m$ 表示为

$$\boldsymbol{A}^{\mathrm{T}}=(\boldsymbol{A}_1,\ \boldsymbol{A}_2,\ \cdots,\boldsymbol{A}_i,\ \cdots,\ \boldsymbol{A}_j,\ \cdots,\boldsymbol{A}_m),$$
$$\boldsymbol{E}^{\mathrm{T}}=(\boldsymbol{\varepsilon}_1,\boldsymbol{\varepsilon}_2,\cdots,\boldsymbol{\varepsilon}_i,\cdots,\boldsymbol{\varepsilon}_j,\cdots,\boldsymbol{\varepsilon}_m),$$

其中

$$\boldsymbol{A}_k=(a_{k1},\ a_{k2},\ \cdots,\ a_{kn})\ (k=1,\ 2,\ \cdots,\ m),$$
$$\boldsymbol{\varepsilon}_k=(0,\ 0,\ \cdots,\ 1,\ \cdots,\ 0)\ (k=1,\ 2,\ \cdots,\ m).$$

$$\boldsymbol{E}_m(i,\ j)\cdot\boldsymbol{A}=\begin{pmatrix}\boldsymbol{\varepsilon}_1\\ \vdots\\ \boldsymbol{\varepsilon}_j\\ \vdots\\ \boldsymbol{\varepsilon}_i\\ \vdots\\ \boldsymbol{\varepsilon}_m\end{pmatrix}\boldsymbol{A}=\begin{pmatrix}\boldsymbol{\varepsilon}_1\boldsymbol{A}\\ \vdots\\ \boldsymbol{\varepsilon}_j\boldsymbol{A}\\ \vdots\\ \boldsymbol{\varepsilon}_i\boldsymbol{A}\\ \vdots\\ \boldsymbol{\varepsilon}_m\boldsymbol{A}\end{pmatrix}=\begin{pmatrix}\boldsymbol{A}_1\\ \vdots\\ \boldsymbol{A}_j\\ \vdots\\ \boldsymbol{A}_i\\ \vdots\\ \boldsymbol{A}_m\end{pmatrix}.$$

由此可见 $\boldsymbol{E}_m(i,\ j)\boldsymbol{A}$ 恰好等于矩阵第 i 行与第 j 行互相交换后得到的矩阵.

用类似的方法可以证明其他各种初等变换为相应的初等矩阵左乘或右乘矩阵 $\boldsymbol{A}$ 的运算. 所以说矩阵的初等变换实际上是矩阵与某一初等矩阵的乘法运算.

3. 初等矩阵的性质

定理 2.4 初等矩阵都是可逆的，而且它的逆矩阵也是同类型的初等矩阵.

证 因为

$$|\boldsymbol{E}(i,\ j)|=-1\neq 0,\ |\boldsymbol{E}(i(k))|=k\neq 0,\ |\boldsymbol{E}(i,\ j(l))|=1\neq 0,$$

所以初等矩阵都是可逆的，而且初等矩阵的逆矩阵仍是同一类型的初等矩阵，即

$$\boldsymbol{E}(i,\ j)^{-1}=\boldsymbol{E}(i,\ j),\ \boldsymbol{E}(i(k))^{-1}=\boldsymbol{E}\left(i\left(\frac{1}{k}\right)\right),\ \boldsymbol{E}(i,\ j(l))^{-1}=\boldsymbol{E}(i,\ j(-l)).$$

二、矩阵等价及性质

定义 2.23 若矩阵 $\boldsymbol{A}$ 经过有限次初等变换化为矩阵 $\boldsymbol{B}$，则称矩阵 $\boldsymbol{A}$ 与 $\boldsymbol{B}$ 等价，记作 $\boldsymbol{A}\to\boldsymbol{B}$.

矩阵之间的等价关系具有下列性质：

(1) 反身性：$\boldsymbol{A} \to \boldsymbol{A}$；

(2) 对称性：若 $\boldsymbol{A} \to \boldsymbol{B}$，则 $\boldsymbol{B} \to \boldsymbol{A}$；

(3) 传递性：若 $\boldsymbol{A} \to \boldsymbol{B}$，$\boldsymbol{B} \to \boldsymbol{C}$，则 $\boldsymbol{A} \to \boldsymbol{C}$.

在第三章将看到，初等行变换将成为解线性方程组的重要工具.

例 2　化矩阵 $\boldsymbol{A}$ 为行最简形矩阵.

$$\boldsymbol{A}=\begin{pmatrix}2&1&2&3\\4&1&3&5\\2&0&1&2\end{pmatrix}.$$

解

$$\boldsymbol{A}=\begin{pmatrix}2&1&2&3\\4&1&3&5\\2&0&1&2\end{pmatrix}\xrightarrow[-r_1+r_3]{-2r_1+r_2}\begin{pmatrix}2&1&2&3\\0&-1&-1&-1\\0&-1&-1&-1\end{pmatrix}\xrightarrow[-r_2]{-r_2+r_3}\begin{pmatrix}2&1&2&3\\0&1&1&1\\0&0&0&0\end{pmatrix}$$

$$\xrightarrow{-r_2+r_1}\begin{pmatrix}2&0&1&2\\0&1&1&1\\0&0&0&0\end{pmatrix}\xrightarrow{\frac{1}{2}r_1}\begin{pmatrix}1&0&\frac{1}{2}&1\\0&1&1&1\\0&0&0&0\end{pmatrix}=\boldsymbol{B}.$$

对例 2 中行最简形矩阵 $\boldsymbol{B}=\begin{pmatrix}1&0&\frac{1}{2}&1\\0&1&1&1\\0&0&0&0\end{pmatrix}$ 再作初等列变换，

$$\boldsymbol{B}\xrightarrow[-c_2+c_3]{-\frac{1}{2}c_1+c_3}\begin{pmatrix}1&0&0&1\\0&1&0&1\\0&0&0&0\end{pmatrix}\xrightarrow[-c_1+c_2]{-c_1+c_4}\begin{pmatrix}1&0&0&0\\0&1&0&0\\0&0&0&0\end{pmatrix}=\boldsymbol{C}.$$

这里的矩阵 $\boldsymbol{C}$ 称为原矩阵 $\boldsymbol{A}$ 的标准型. 一般地，矩阵 $\boldsymbol{A}$ 的标准型 $\boldsymbol{C}$ 所具有的特点为：$\boldsymbol{C}$ 的左上角是一个单位阵，其余元素均为零.

定理 2.5　任意一个矩阵 $\boldsymbol{A}=(a_{ij})_{m\times n}$ 经过有限次初等变换，可以化为下列标准型矩阵：

$$\boldsymbol{A}\sim\begin{pmatrix}1&&&&&\\&\ddots&&&&\\&&1&&&\\&&&0&&\\&&&&\ddots&\\&&&&&0\end{pmatrix},$$

其中左上角为 r 阶单位阵 $(0\leqslant r\leqslant\min(m,n))$.

证　如果所有的 a_{ij} 都等于 0，则 $\boldsymbol{A}$ 已是标准型 $(r=0)$；如果至少有一个元素不为零，不妨设 $a_{11}\neq0$（因为总可以通过交换某两行或某两列使 $a_{11}\neq0$），以 $-\frac{a_{i1}}{a_{11}}$ 乘第一行加至第

$i(i=2, \cdots, m)$ 行，以 $-\frac{a_{1j}}{a_{11}}$ 乘第一列加至第 $j(j=2, \cdots, n)$ 列，最后再以 $\frac{1}{a_{11}}$ 乘第一行，于是矩阵化为

$$A_1=\begin{pmatrix} 1 & 0 & \cdots & 0 \\ 0 & a'_{22} & \cdots & a'_{2n} \\ \vdots & \vdots & \cdots & \vdots \\ 0 & a'_{m2} & \cdots & a'_{mn} \end{pmatrix},$$

令

$$B=\begin{pmatrix} a'_{22} & \cdots & a'_{2n} \\ \vdots & \cdots & \vdots \\ a'_{m2} & \cdots & a'_{mn} \end{pmatrix},$$

若 $B=O$，则 A 已化为标准型，若 $B\neq O$，那么按上面的方法对 B 进行下去，总可以化为标准型 C 的形式.

推论 1 任一矩阵 A 总可以经过有限次初等行变换化为行阶梯形矩阵，并进而化为行最简形矩阵.

推论 2 如果 A 为 n 阶可逆矩阵，则矩阵 A 经过有限次初等变换可化为单位矩阵 E，即 $A\to E$.

证 根据定理 2.5，对 A 作有限次初等变换，可化为标准型 C. 同时，根据定理 2.3 对 A 作初等变换，等于用相应的初等矩阵左乘或右乘 A，即

$$P_1P_2\cdots P_sAQ_1Q_2\cdots Q_t=C.$$

因 A 可逆，且由定理 2.4 知初等矩阵均可逆，则 $P_1P_2\cdots P_sAQ_1Q_2\cdots Q_t$ 可逆，故 $|P_1P_2\cdots P_sAQ_1Q_2\cdots Q_t|\neq 0$，从而 $|C|\neq 0$，C 不能有零行出现，C 中单位矩阵的阶数应该等于 C 的阶数，所以 $C=E$. 即 $A\to E$.

定理 2.6 n 阶矩阵 A 可逆的充分必要条件是 A 可以表示为若干个初等矩阵的乘积.

证 必要性. 若 A 可逆，由推论 2 知，经过有限次初等变换，A 可化为 E，即存在初等矩阵 $P_1, \cdots, P_s, Q_1, \cdots, Q_t$ 使

$$E=P_1\cdots P_sAQ_1\cdots Q_t.$$

记 $P=P_1\cdots P_s$，$Q=Q_1\cdots Q_t$，且 P，Q 均可逆，则 $A=P^{-1}EQ^{-1}=P_s^{-1}\cdots P_1^{-1}Q_t^{-1}\cdots Q_1^{-1}$.

即矩阵 A 可以表示成一些初等矩阵的乘积.

充分性. 因初等矩阵可逆，由§2.3 逆矩阵的性质（4）知，充分条件是显然的.

定理 2.7 设 A 与 B 为 $m\times n$ 矩阵，则 $A\to B$ 的充分必要条件是存在 m 阶可逆矩阵 P 及 n 阶可逆矩阵 Q，使 $PAQ=B$.

证 必要性. 因 $A\to B$，故 A 经过有限次初等变换可化为 B，即存在初等矩阵 $P_1, \cdots, P_s, Q_1, \cdots, Q_t$，使

$$P_1\cdots P_sAQ_1\cdots Q_t=B,$$

记 $\boldsymbol{P}=\boldsymbol{P}_1\cdots\boldsymbol{P}_s$，$\boldsymbol{Q}=\boldsymbol{Q}_1\cdots\boldsymbol{Q}_t$，且 $\boldsymbol{P}$，$\boldsymbol{Q}$ 均可逆，所以 $\boldsymbol{PAQ}=\boldsymbol{B}$.

充分性. 因 $\boldsymbol{PAQ}=\boldsymbol{B}$，且 $\boldsymbol{P}$，$\boldsymbol{Q}$ 可逆，故 $\boldsymbol{P}$，$\boldsymbol{Q}$ 可分解为若干个初等矩阵的乘积，所以 $\boldsymbol{A}\to\boldsymbol{B}$.

三、求逆矩阵的初等变换法

若 $\boldsymbol{A}$ 可逆，则 $\boldsymbol{A}^{-1}$ 也可逆，由定理 2.6 知，存在初等矩阵 $\boldsymbol{G}_1$，$\boldsymbol{G}_2$，…，$\boldsymbol{G}_k$，使

$$\boldsymbol{A}^{-1}=\boldsymbol{G}_1\boldsymbol{G}_2\cdots\boldsymbol{G}_k,$$

在上式两端右乘 $\boldsymbol{A}$，得

$$\boldsymbol{A}^{-1}\boldsymbol{A}=\boldsymbol{G}_1\boldsymbol{G}_2\cdots\boldsymbol{G}_k\boldsymbol{A},$$

即
$$\boldsymbol{E}=\boldsymbol{G}_1\boldsymbol{G}_2\cdots\boldsymbol{G}_k\boldsymbol{A}, \tag{2.1}$$

且
$$\boldsymbol{A}^{-1}=\boldsymbol{G}_1\boldsymbol{G}_2\cdots\boldsymbol{G}_k\boldsymbol{E}. \tag{2.2}$$

式(2.1)表明对 $\boldsymbol{A}$ 施以若干次初等行变换可以将 $\boldsymbol{A}$ 化为 $\boldsymbol{E}$；式(2.2)表明对 $\boldsymbol{E}$ 施以同样的若干次初等行变换可以将 $\boldsymbol{E}$ 化为 $\boldsymbol{A}^{-1}$. 把上面的两个式子写在一起，则有

$$(\boldsymbol{G}_1\boldsymbol{G}_2\cdots\boldsymbol{G}_k)(\boldsymbol{A}\,\vdots\,\boldsymbol{E})=(\boldsymbol{E}\,\vdots\,\boldsymbol{A}^{-1}).$$

由此，可得求矩阵 $\boldsymbol{A}$ 的逆矩阵 $\boldsymbol{A}^{-1}$ 的另一种方法——**初等变换法**：构造 $n\times 2n$ 矩阵 $(\boldsymbol{A}\,\vdots\,\boldsymbol{E})$，然后对其进行初等行变换，当将 $\boldsymbol{A}$ 化为 $\boldsymbol{E}$ 的同时，将 $\boldsymbol{E}$ 化为 $\boldsymbol{A}^{-1}$. 即

$$(\boldsymbol{A}\,\vdots\,\boldsymbol{E})\xrightarrow{r}(\boldsymbol{E}\,\vdots\,\boldsymbol{A}^{-1}).$$

例 3 求矩阵 $\boldsymbol{A}=\begin{pmatrix}2&1&-1\\1&1&-1\\-1&-2&3\end{pmatrix}$ 的逆矩阵 $\boldsymbol{A}^{-1}$.

解
$$(\boldsymbol{A}\,\vdots\,\boldsymbol{E})=\left(\begin{array}{ccc:ccc}2&1&-1&1&0&0\\1&1&-1&0&1&0\\-1&-2&3&0&0&1\end{array}\right)\xrightarrow{r_1\leftrightarrow r_2}\left(\begin{array}{ccc:ccc}1&1&-1&0&1&0\\2&1&-1&1&0&0\\-1&-2&3&0&0&1\end{array}\right)$$

$$\xrightarrow[r_1+r_3]{-2r_1+r_2}\left(\begin{array}{ccc:ccc}1&1&-1&0&1&0\\0&-1&1&1&-2&0\\0&-1&2&0&1&1\end{array}\right)$$

$$\xrightarrow[\substack{-r_2+r_3\\-r_2}]{r_2+r_1}\left(\begin{array}{ccc:ccc}1&0&0&1&-1&0\\0&1&-1&-1&2&0\\0&0&1&-1&3&1\end{array}\right)\xrightarrow{r_2+r_3}\left(\begin{array}{ccc:ccc}1&0&0&1&-1&0\\0&1&0&-2&5&1\\0&0&1&-1&3&1\end{array}\right),$$

所以 $\boldsymbol{A}^{-1}=\begin{pmatrix}1&-1&0\\-2&5&1\\-1&3&1\end{pmatrix}$.

注 如果不知道矩阵 $\boldsymbol{A}$ 是否可逆，可按上述方法去做，只要 $n\times 2n$ 矩阵左边子块有一行（列）的元素为零，则 $\boldsymbol{A}$ 不可逆.

例 4 已知矩阵 $\boldsymbol{A}=\begin{pmatrix}1&0&1\\2&1&0\\-3&2&-5\end{pmatrix}$，求$(\boldsymbol{E}-\boldsymbol{A})^{-1}$.

解 $\boldsymbol{E}-\boldsymbol{A}=\begin{pmatrix}0&0&-1\\-2&0&0\\3&-2&6\end{pmatrix}$.

$$(\boldsymbol{E}-\boldsymbol{A}\mid\boldsymbol{E})=\left(\begin{array}{ccc:ccc}0&0&-1&1&0&0\\-2&0&0&0&1&0\\3&-2&6&0&0&1\end{array}\right)\xrightarrow{r_1\leftrightarrow r_2}\left(\begin{array}{ccc:ccc}-2&0&0&0&1&0\\0&0&-1&1&0&0\\3&-2&6&0&0&1\end{array}\right)$$

$$\xrightarrow[r_2\leftrightarrow r_3]{-\frac{1}{2}r_1}\left(\begin{array}{ccc:ccc}1&0&0&0&-\frac{1}{2}&0\\3&-2&6&0&0&1\\0&0&-1&1&0&0\end{array}\right)\xrightarrow[-r_3]{-3r_1+r_2}\left(\begin{array}{ccc:ccc}1&0&0&0&-\frac{1}{2}&0\\0&-2&6&0&\frac{3}{2}&1\\0&0&1&-1&0&0\end{array}\right)$$

$$\xrightarrow{-\frac{1}{2}r_2}\left(\begin{array}{ccc:ccc}1&0&0&0&-\frac{1}{2}&0\\0&1&-3&0&-\frac{3}{4}&-\frac{1}{2}\\0&0&1&-1&0&0\end{array}\right)\xrightarrow{3r_3+r_2}\left(\begin{array}{ccc:ccc}1&0&0&0&-\frac{1}{2}&0\\0&1&0&-3&-\frac{3}{4}&-\frac{1}{2}\\0&0&1&-1&0&0\end{array}\right),$$

所以，$(\boldsymbol{E}-\boldsymbol{A})^{-1}=\begin{pmatrix}0&-\frac{1}{2}&0\\-3&-\frac{3}{4}&-\frac{1}{2}\\-1&0&0\end{pmatrix}$.

四、用初等变换法求解矩阵方程 $AX=B$

设矩阵 $\boldsymbol{A}$ 可逆，则求解矩阵方程 $\boldsymbol{AX}=\boldsymbol{B}$ 等价于求矩阵 $\boldsymbol{X}=\boldsymbol{A}^{-1}\boldsymbol{B}$. 为此，可采用类似于初等变换求矩阵逆的方法，构造矩阵 $(\boldsymbol{A}\mid\boldsymbol{B})$，对其施以初等行变换，将矩阵 $\boldsymbol{A}$ 化为单位矩阵的同时，同样的初等变换将 $\boldsymbol{B}$ 化为所求的未知矩阵 $\boldsymbol{X}$. 即

$$(\boldsymbol{A}\mid\boldsymbol{B})\xrightarrow{r}(\boldsymbol{E}\mid\boldsymbol{A}^{-1}\boldsymbol{B})=(\boldsymbol{E}\mid\boldsymbol{X}).$$

这样就给出了用初等变换求解矩阵方程 $\boldsymbol{AX}=\boldsymbol{B}$ 的方法.

例 5 求矩阵 $\boldsymbol{X}$，使 $\boldsymbol{AX}=\boldsymbol{B}$，其中 $\boldsymbol{A}=\begin{pmatrix}1&2&3\\2&2&1\\3&4&3\end{pmatrix}$，$\boldsymbol{B}=\begin{pmatrix}2&5\\3&1\\4&3\end{pmatrix}$.

解 若 $\boldsymbol{A}$ 可逆，则 $\boldsymbol{X}=\boldsymbol{A}^{-1}\boldsymbol{B}$，

$$(\boldsymbol{A}\mid\boldsymbol{B})=\left(\begin{array}{ccc:cc}1&2&3&2&5\\2&2&1&3&1\\3&4&3&4&3\end{array}\right)\xrightarrow[-3r_1+r_3]{-2r_1+r_2}\left(\begin{array}{ccc:cc}1&2&3&2&5\\0&-2&-5&-1&-9\\0&-2&-6&-2&-12\end{array}\right)$$

$$\xrightarrow[r_2+r_1]{-r_2+r_3}\left(\begin{array}{ccc:cc}1 & 0 & -2 & 1 & -4\\0 & -2 & -5 & -1 & -9\\0 & 0 & -1 & -1 & -3\end{array}\right)\xrightarrow[\substack{2r_3+r_1\\5r_3+r_2}]{-r_3}\left(\begin{array}{ccc:cc}1 & 0 & 0 & 3 & 2\\0 & -2 & 0 & 4 & 6\\0 & 0 & 1 & 1 & 3\end{array}\right)$$

$$\xrightarrow{-\frac{1}{2}r_2}\left(\begin{array}{ccc:cc}1 & 0 & 0 & 3 & 2\\0 & 1 & 0 & -2 & -3\\0 & 0 & 1 & 1 & 3\end{array}\right),$$

所以，$\boldsymbol{X}=\begin{pmatrix}3 & 2\\-2 & -3\\1 & 3\end{pmatrix}$.

例 6 求解矩阵方程 $\boldsymbol{AX}=\boldsymbol{A}+\boldsymbol{X}$，其中 $\boldsymbol{A}=\begin{pmatrix}2 & 2 & 0\\2 & 1 & 3\\0 & 1 & 0\end{pmatrix}$.

解 由 $\boldsymbol{AX}=\boldsymbol{A}+\boldsymbol{X}$，得 $(\boldsymbol{A}-\boldsymbol{E})\boldsymbol{X}=\boldsymbol{A}$，且 $\boldsymbol{A}-\boldsymbol{E}=\begin{pmatrix}1 & 2 & 0\\2 & 0 & 3\\0 & 1 & -1\end{pmatrix}$,

$$(\boldsymbol{A}-\boldsymbol{E}\,\vdots\,\boldsymbol{A})=\left(\begin{array}{ccc:ccc}1 & 2 & 0 & 2 & 2 & 0\\2 & 0 & 3 & 2 & 1 & 3\\0 & 1 & -1 & 0 & 1 & 0\end{array}\right)\xrightarrow[r_2\leftrightarrow r_3]{-2r_1+r_2}\left(\begin{array}{ccc:ccc}1 & 2 & 0 & 2 & 2 & 0\\0 & 1 & -1 & 0 & 1 & 0\\0 & -4 & 3 & -2 & -3 & 3\end{array}\right)$$

$$\xrightarrow[-r_3]{4r_2+r_3}\left(\begin{array}{ccc:ccc}1 & 2 & 0 & 2 & 2 & 0\\0 & 1 & -1 & 0 & 1 & 0\\0 & 0 & 1 & 2 & -1 & -3\end{array}\right)$$

$$\xrightarrow[-2r_2+r_1]{r_3+r_2}\left(\begin{array}{ccc:ccc}1 & 0 & 0 & -2 & 2 & 6\\0 & 1 & 0 & 2 & 0 & -3\\0 & 0 & 1 & 2 & -1 & -3\end{array}\right),$$

所以，$\boldsymbol{X}=(\boldsymbol{A}-\boldsymbol{E})^{-1}\boldsymbol{A}=\begin{pmatrix}-2 & 2 & 6\\2 & 0 & -3\\2 & -1 & -3\end{pmatrix}$.

§2.5 矩阵的秩

矩阵的秩是线性代数中的又一个重要概念，它描述了矩阵的一个重要的数值特征. 矩阵秩的概念是讨论线性方程组解的存在性、向量组的线性相关性的重要工具. 从§2.4可以发现，矩阵在经过初等行变换后，总可以化为行阶梯形，而行阶梯形所含非零行的行数是唯一确定的，这个数实际上就是矩阵的秩. 鉴于这个数的唯一性尚未证明，本节我们先利用行列式来定义矩阵的秩，然后给出利用初等变换求秩的方法.

一、矩阵的秩的定义

定义 2.24 在 $m\times n$ 矩阵 $\boldsymbol{A}$ 中，任取 k 行 k 列 ($k\leqslant m$，$k\leqslant n$)，位于这些行列交叉处的

k^2 个元素，不改变它们在 $\boldsymbol{A}$ 中所处的位置次序而得到的 k 阶行列式，称为矩阵 $\boldsymbol{A}$ 的 **k 阶子式**.

注 $m\times n$ 矩阵 $\boldsymbol{A}$ 的 k 阶子式共有 $C_m^k\cdot C_n^k$ 个.

例如，设矩阵

$$\boldsymbol{A}=\begin{pmatrix}1&3&4&5\\-1&0&2&3\\0&1&-1&0\end{pmatrix},$$

矩阵 $\boldsymbol{A}$ 的第一、三行，第二、四列相交处的元素所构成的二阶子式为

$$\begin{vmatrix}3&5\\1&0\end{vmatrix}.$$

定义 2.25 设 $m\times n$ 矩阵 $\boldsymbol{A}$，如果存在 $\boldsymbol{A}$ 的某一个 r 阶子式不为零，而任意 $r+1$ 阶子式（如果存在的话）皆为零，则称数 r 为矩阵 $\boldsymbol{A}$ 的**秩**，记为 $r(\boldsymbol{A})$（或 $R(\boldsymbol{A})$）. 规定零矩阵的秩等于 0.

例 1 求矩阵 $\boldsymbol{A}=\begin{pmatrix}1&2&3\\2&3&-5\\4&7&1\end{pmatrix}$ 的秩.

解 根据定义 2.25，在 $\boldsymbol{A}$ 中，从一阶子式开始，逐阶判断是否存在非零子式.

任取一个数都可作为一阶子式，全部非零；再看二阶子式，选取 $\begin{vmatrix}1&2\\2&3\end{vmatrix}=-1\neq0$；到三阶子式，只有一个 $|\boldsymbol{A}|$，且 $|\boldsymbol{A}|=\begin{vmatrix}1&2&3\\2&3&-5\\4&7&1\end{vmatrix}\xlongequal[-4r_1+r_3]{-2r_1+r_2}\begin{vmatrix}1&2&3\\0&-1&-11\\0&-1&-11\end{vmatrix}=0$，故 $r(\boldsymbol{A})=2$.

例 2 求矩阵 $\boldsymbol{A}=\begin{pmatrix}2&-3&8&2\\2&12&-2&12\\1&3&1&4\end{pmatrix}$ 的秩.

解 根据定义 2.25 来计算 $\boldsymbol{A}$ 各阶子式的值.

$\boldsymbol{A}$ 的一个二阶子式 $\begin{vmatrix}2&-3\\2&12\end{vmatrix}=30\neq0$，故 $r(\boldsymbol{A})\geqslant2$，而 $\boldsymbol{A}$ 中的三阶子式有 4 个，且

$$\begin{vmatrix}2&-3&8\\2&12&-2\\1&3&1\end{vmatrix}=0,\quad\begin{vmatrix}2&-3&2\\2&12&12\\1&3&4\end{vmatrix}=0,\quad\begin{vmatrix}2&8&2\\2&-2&12\\1&1&4\end{vmatrix}=0,\quad\begin{vmatrix}-3&8&2\\12&-2&12\\3&1&4\end{vmatrix}=0,$$

所以，$r(\boldsymbol{A})=2$.

显然，矩阵的秩具有下列性质：

(1) 若矩阵 $\boldsymbol{A}$ 中有某个 s 阶子式不为 0，则 $r(\boldsymbol{A})\geqslant s$；

(2) 若 $\boldsymbol{A}$ 中所有 t 阶子式全为 0，则 $r(\boldsymbol{A})<t$；

(3) 若 $\boldsymbol{A}$ 为 $m\times n$ 矩阵，则 $0\leqslant r(\boldsymbol{A})\leqslant\min\{m, n\}$；

(4) $r(\boldsymbol{A})=r(\boldsymbol{A}^{\mathrm{T}})$.

注　当 $r(\boldsymbol{A})=\min\{m, n\}$ 时，称矩阵 $\boldsymbol{A}$ 为**满秩矩阵**，否则称为**降秩矩阵**.

对于 n 阶矩阵 $\boldsymbol{A}$，由于 $\boldsymbol{A}$ 的 n 阶子式只有 $|\boldsymbol{A}|$，故当 $|\boldsymbol{A}|\neq 0$ 时，$r(\boldsymbol{A})=n$；当 $|\boldsymbol{A}|=0$ 时，$r(\boldsymbol{A})<n$. 从而可逆矩阵的秩等于矩阵的阶数，不可逆矩阵的秩小于矩阵的阶数. 因此，可逆矩阵又称满秩矩阵，不可逆矩阵（奇异矩阵）又称降秩矩阵.

例如，对于矩阵 $\boldsymbol{A}=\begin{pmatrix}1&3&4&5\\0&1&0&3\\0&0&1&0\end{pmatrix}$，根据上述矩阵的性质，可知 $0\leqslant r(\boldsymbol{A})\leqslant 3$，又因 $\boldsymbol{A}$ 为行阶梯形，很容易找到三阶子式 $\begin{vmatrix}1&3&4\\0&1&0\\0&0&1\end{vmatrix}=1\neq 0$，所以 $r(\boldsymbol{A})\geqslant 3$，从而 $r(\boldsymbol{A})=3$，$\boldsymbol{A}$ 为满秩矩阵.

由上面一例的求解，相比例 1、例 2 从一阶子式逐阶寻找非零子式的计算量有所减少，但利用定义计算矩阵的秩，仍需要由高阶到低阶考虑矩阵的子式，当矩阵的行数与列数都较高时，计算量会相当大，求解并不方便.

同时我们发现，由于行阶梯形矩阵的秩很容易判断，而任意矩阵经过有限次初等行变换皆可化为行阶梯形矩阵，因而考虑借助初等变换法来求矩阵的秩.

二、初等变换求矩阵的秩

定理 2.8　若 $\boldsymbol{A}\to\boldsymbol{B}$，则 $r(\boldsymbol{A})=r(\boldsymbol{B})$.

证　即证矩阵 $\boldsymbol{A}$ 经有限次初等变换化为矩阵 $\boldsymbol{B}$，有 $r(\boldsymbol{A})=r(\boldsymbol{B})$. 我们只需证明：$\boldsymbol{A}$ 经一次初等变换化为 $\boldsymbol{B}$，有 $r(\boldsymbol{A})=r(\boldsymbol{B})$.

设 $r(\boldsymbol{A})=r$，则 $\boldsymbol{A}$ 的某个 r 阶子式 $D\neq 0$.

当 $\boldsymbol{A}\xrightarrow{r_i\leftrightarrow r_j}\boldsymbol{B}$ 或 $\boldsymbol{A}\xrightarrow{kr_i}\boldsymbol{B}$ 时，在 $\boldsymbol{B}$ 中总能找到与 D 相对应的 r 阶子式 D_1，由于 $D_1=D$ 或 $D_1=-D$ 或 $D_1=kD$，因此 $D_1\neq 0$，从而 $r(\boldsymbol{B})\geqslant r$.

当 $\boldsymbol{A}\xrightarrow{kr_j+r_i}\boldsymbol{B}$ 时，因为对于作变换 $r_i\leftrightarrow r_j$ 时结论成立，所以只需考虑 $\boldsymbol{A}\xrightarrow{kr_2+r_1}\boldsymbol{B}$ 这一特殊情形. 分两种情形讨论：① $\boldsymbol{A}$ 的 r 阶非零子式 D 不包含 $\boldsymbol{A}$ 的第一行，这时 D 也是 $\boldsymbol{B}$ 的 r 阶非零子式，故 $r(\boldsymbol{B})\geqslant r$；② D 包含 $\boldsymbol{A}$ 的第一行，这时把 $\boldsymbol{B}$ 中与 D 对应的 r 阶子式 D_1 记作

$$D_1=\begin{vmatrix}r_1+kr_2\\r_p\\\vdots\\r_q\end{vmatrix}=\begin{vmatrix}r_1\\r_p\\\vdots\\r_q\end{vmatrix}+k\begin{vmatrix}r_2\\r_p\\\vdots\\r_q\end{vmatrix}=D+kD_2,$$

若 $p=2$，则 $D_1=D\neq 0$；若 $p\neq 2$，则 D_2 也是 $\boldsymbol{B}$ 的 r 阶子式，由 $D_1-kD_2=D\neq 0$ 知，D_1 与 D_2 不同时为 0. 总之，$\boldsymbol{B}$ 中存在 r 阶非零子式 $D_1\neq 0$ 或 $D_2\neq 0$，故 $r(\boldsymbol{B})\geqslant r$.

因此，$\boldsymbol{A}$ 经一次初等行变换化为 $\boldsymbol{B}$，有 $r(\boldsymbol{A})\leqslant r(\boldsymbol{B})$. 由于 $\boldsymbol{B}$ 亦可经一次初等行变换化为 $\boldsymbol{A}$，故也有 $r(\boldsymbol{B})\leqslant r(\boldsymbol{A})$. 因此 $r(\boldsymbol{A})=r(\boldsymbol{B})$.

设 $\boldsymbol{A}$ 经初等列变换化为 $\boldsymbol{B}$，则 $\boldsymbol{A}^{\mathrm{T}}$ 经初等行变换化为 $\boldsymbol{B}^{\mathrm{T}}$，同理可知 $r(\boldsymbol{A}^{\mathrm{T}})=r(\boldsymbol{B}^{\mathrm{T}})$，又

$r(\boldsymbol{A})=r(\boldsymbol{A}^{\mathrm{T}})$，$r(\boldsymbol{B})=r(\boldsymbol{B}^{\mathrm{T}})$，因此 $r(\boldsymbol{A})=r(\boldsymbol{B})$.

以上证明了 $\boldsymbol{A}$ 经一次初等变换化为 $\boldsymbol{B}$（即 $\boldsymbol{A}\to\boldsymbol{B}$）时，有 $r(\boldsymbol{A})=r(\boldsymbol{B})$，即经过一次初等变换矩阵的秩不变，故经过有限次初等变换矩阵的秩仍不变，即若 $\boldsymbol{A}$ 经有限次初等变换化为 $\boldsymbol{B}$（即 $\boldsymbol{A}\to\boldsymbol{B}$），则 $r(\boldsymbol{A})=r(\boldsymbol{B})$.

由§2.4 的定理 2.7 可得下面的推论.

推论 若存在可逆矩阵 $\boldsymbol{P}$，$\boldsymbol{Q}$，使 $\boldsymbol{PAQ}=\boldsymbol{B}$，则 $r(\boldsymbol{A})=r(\boldsymbol{B})$.

根据定理 2.8，求矩阵的秩的问题就转化为用初等行变换化矩阵为行阶梯形矩阵的问题，得到的行阶梯形矩阵中非零行的行数即为该矩阵的秩.

例 3 设 $\boldsymbol{A}=\begin{pmatrix}1&6&-4&-1&4\\3&-2&3&6&-1\\2&0&1&5&-3\\3&2&0&5&0\end{pmatrix}$，求 $\boldsymbol{A}$ 的秩，并求 $\boldsymbol{A}$ 的一个最高阶非零子式.

解 先求矩阵 $\boldsymbol{A}$ 的秩，为此对 $\boldsymbol{A}$ 作初等行变换变成行阶梯形矩阵：

$$\boldsymbol{A}=\begin{pmatrix}1&6&-4&-1&4\\3&-2&3&6&-1\\2&0&1&5&-3\\3&2&0&5&0\end{pmatrix}\xrightarrow[\substack{-2r_1+r_3\\-3r_1+r_4}]{-r_4+r_2}\begin{pmatrix}1&6&-4&-1&4\\0&-4&3&1&-1\\0&-12&9&7&-11\\0&-16&12&8&-12\end{pmatrix}$$

$$\xrightarrow[-4r_2+r_4]{-3r_2+r_3}\begin{pmatrix}1&6&-4&-1&4\\0&-4&3&1&-1\\0&0&0&4&-8\\0&0&0&4&-8\end{pmatrix}\xrightarrow{-r_3+r_4}\begin{pmatrix}1&6&-4&-1&4\\0&-4&3&1&-1\\0&0&0&4&-8\\0&0&0&0&0\end{pmatrix},$$

因为行阶梯形矩阵有 3 个非零行，所以 $r(\boldsymbol{A})=3$.

再求 $\boldsymbol{A}$ 的一个最高阶非零子式. 因 $r(\boldsymbol{A})=3$，故 $\boldsymbol{A}$ 的最高阶非零子式为 3 阶. $\boldsymbol{A}$ 的 3 阶子式共有 $\mathrm{C}_4^3\cdot\mathrm{C}_5^3=40$ 个，考察 $\boldsymbol{A}$ 的行阶梯形矩阵，其中非零行的非零首元素在 1、2、4 列，并注意到对 $\boldsymbol{A}$ 只进行过初等行变换，故可取 $\boldsymbol{A}$ 的子矩阵 $\boldsymbol{C}=\begin{pmatrix}1&6&-1\\3&-2&6\\2&0&5\\3&2&5\end{pmatrix}$，因为 $\boldsymbol{C}$ 的行阶梯形矩阵为 $\begin{pmatrix}1&6&-1\\0&-4&1\\0&0&4\\0&0&0\end{pmatrix}$，可知 $r(\boldsymbol{C})=3$，故 $\boldsymbol{A}$ 中必有 3 阶非零子式，而 $\boldsymbol{A}$ 的行阶梯形矩阵中，3 阶子式只有 4 个（比 $\boldsymbol{A}$ 中的少得多）. 计算 $\boldsymbol{A}$ 的前三行构成的子式：

$$\begin{vmatrix}1&6&-1\\3&-2&6\\2&0&5\end{vmatrix}=\begin{vmatrix}1&6&-1\\0&-20&9\\0&-12&7\end{vmatrix}=\begin{vmatrix}-20&9\\-12&7\end{vmatrix}=-4\begin{vmatrix}5&9\\3&7\end{vmatrix}=-32\neq0.$$

此子式即为 $\boldsymbol{A}$ 的一个最高阶非零子式.

例 4　设$\boldsymbol{A}=\begin{pmatrix}1&2&-1&1\\3&2&\lambda&-1\\5&6&3&\mu\end{pmatrix}$，已知$r(\boldsymbol{A})=2$，求$\lambda$与$\mu$的值.

解　$\boldsymbol{A}\xrightarrow[-5r_1+r_3]{-3r_1+r_2}\begin{pmatrix}1&2&-1&1\\0&-4&\lambda+3&-4\\0&-4&8&\mu-5\end{pmatrix}\xrightarrow{-r_2+r_3}\begin{pmatrix}1&2&-1&1\\0&-4&\lambda+3&-4\\0&0&5-\lambda&\mu-1\end{pmatrix}$，

因$r(\boldsymbol{A})=2$，故

$$\begin{cases}5-\lambda=0\\\mu-1=0\end{cases}，即\quad\begin{cases}\lambda=5\\\mu=1\end{cases}.$$

习题二

一、填空题

1. 设$\boldsymbol{A}=\begin{pmatrix}1&2\\-1&3\end{pmatrix}$，$\boldsymbol{B}=\begin{pmatrix}3&-2\\2&1\end{pmatrix}$，则$3\boldsymbol{A}+2\boldsymbol{B}=$________；$\boldsymbol{AB}=$________.

2. 设$\boldsymbol{A}=\begin{pmatrix}-1&5\\1&3\end{pmatrix}$，$\boldsymbol{B}=\begin{pmatrix}3&1\\-2&0\end{pmatrix}$，则$\boldsymbol{A}^{\mathrm{T}}=$________；$\boldsymbol{B}^{\mathrm{T}}=$________.

3. 设$\boldsymbol{A}=\begin{pmatrix}1&2&0\\3&4&0\\-1&2&1\end{pmatrix}$，$\boldsymbol{B}=\begin{pmatrix}2&3&-1\\-2&4&0\end{pmatrix}$，则$\boldsymbol{AB}^{\mathrm{T}}=$________.

4. 设$\boldsymbol{A}=\begin{pmatrix}2&&\\&3&\\&&4\end{pmatrix}$，$\boldsymbol{A}^2=$______，$\boldsymbol{A}^n=$______.

5. 设$\boldsymbol{A}$为3阶方阵，且$|\boldsymbol{A}|=5$，则$|2\boldsymbol{A}|=$________；$|\boldsymbol{A}^*|=$________.

6. 若$\boldsymbol{A}=\begin{pmatrix}1&0&0\\0&3&0\\0&0&5\end{pmatrix}$，则$\boldsymbol{A}^*=$________，$\boldsymbol{A}^{-1}=$________.

7. 设矩阵$\boldsymbol{A}$为4阶方阵，且$|\boldsymbol{A}|=5$，则$|\boldsymbol{A}^*|=$______，$|2\boldsymbol{A}|=$______，$|\boldsymbol{A}^{-1}|=$______.

8. $\boldsymbol{A}$为3阶方阵，$|\boldsymbol{A}|=2$，则$|3\boldsymbol{A}^*|=$________.

9. 设$\boldsymbol{A}$，$\boldsymbol{B}$均为3阶方阵，且$|\boldsymbol{A}|=\frac{1}{2}$，$|\boldsymbol{B}|=2$，则$|2(\boldsymbol{B}^{\mathrm{T}}\boldsymbol{A}^{-1})|=$________.

10. 设$\boldsymbol{A}$为3阶方阵，且$|\boldsymbol{A}|=2$，则$|2\boldsymbol{A}^*-\boldsymbol{A}^{-1}|=$________.

11. 设$\boldsymbol{A}$为3阶方阵，$|\boldsymbol{A}|=\frac{1}{2}$，则$|(2\boldsymbol{A})^{-1}-5\boldsymbol{A}^*|=$________.

12. 设$\boldsymbol{A}=\begin{pmatrix}1&0&0\\2&2&0\\3&4&5\end{pmatrix}$，则$(\boldsymbol{A}^*)^{-1}=$________.

13. 设$\boldsymbol{A}=\begin{pmatrix}3&0&0\\1&4&0\\0&0&3\end{pmatrix}$，则$(\boldsymbol{A}-2\boldsymbol{E})^{-1}=$____________.

14. 若$\boldsymbol{A}=\begin{pmatrix}1&2&3&3\\0&3&-1&2\\0&6&-2&4\\0&0&0&0\end{pmatrix}$，则$r(\boldsymbol{A})=$____________.

15. 设$\boldsymbol{A}=\begin{pmatrix}1&1&1\\2&2&5\\1&1&t\end{pmatrix}$，且$r(\boldsymbol{A})=2$，则$t=$____________.

16. 设矩阵$\boldsymbol{A}=\begin{pmatrix}1&-1\\2&3\end{pmatrix}$，$\boldsymbol{B}=\boldsymbol{A}^2-3\boldsymbol{A}+2\boldsymbol{E}$，则$\boldsymbol{B}^{-1}=$____________.

17. 设$\boldsymbol{A}$是方阵，已知$\boldsymbol{A}^2-2\boldsymbol{A}-2\boldsymbol{E}=\boldsymbol{O}$，则$(\boldsymbol{A}+\boldsymbol{E})^{-1}=$____________.

18. 设矩阵$\boldsymbol{A}$满足$\boldsymbol{A}^2+\boldsymbol{A}-4\boldsymbol{E}=\boldsymbol{O}$，则$(\boldsymbol{A}-\boldsymbol{E})^{-1}=$____________.

二、选择题

1. 设$\boldsymbol{A}$为3阶方阵，$|\boldsymbol{A}|=3$，则行列式$|3\boldsymbol{A}|=$(　　).

(A) 3；　(B) 3^2；　(C) 3^3；　(D) 3^4.

2. 若$\boldsymbol{A}^2=\boldsymbol{A}$，则下列一定正确的是(　　).

(A) $\boldsymbol{A}=\boldsymbol{O}$；　(B) $\boldsymbol{A}=\boldsymbol{E}$；

(C) $\boldsymbol{A}=\boldsymbol{O}$或$\boldsymbol{A}=\boldsymbol{E}$；　(D) 以上可能均不成立.

3. 设$\boldsymbol{A}$，$\boldsymbol{B}$为n阶矩阵，下列命题正确的是(　　).

(A) $(\boldsymbol{A}+\boldsymbol{B})^2=\boldsymbol{A}^2+2\boldsymbol{A}\boldsymbol{B}+\boldsymbol{B}^2$；　(B) $(\boldsymbol{A}+\boldsymbol{B})(\boldsymbol{A}-\boldsymbol{B})=\boldsymbol{A}^2-\boldsymbol{B}^2$；

(C) $\boldsymbol{A}^2-\boldsymbol{E}=(\boldsymbol{A}+\boldsymbol{E})(\boldsymbol{A}-\boldsymbol{E})$；　(D) $(\boldsymbol{A}\boldsymbol{B})^2=\boldsymbol{A}^2\boldsymbol{B}^2$.

4. 设$\boldsymbol{A}$是方阵，若$\boldsymbol{A}\boldsymbol{B}=\boldsymbol{A}\boldsymbol{C}$，则必有(　　).

(A) $\boldsymbol{A}\neq 0$时，$\boldsymbol{B}=\boldsymbol{C}$；　(B) $\boldsymbol{B}\neq\boldsymbol{C}$时，$\boldsymbol{A}=0$；

(C) $\boldsymbol{B}=\boldsymbol{C}$时，$|\boldsymbol{A}|\neq 0$；　(D) $|\boldsymbol{A}|\neq 0$时，$\boldsymbol{B}=\boldsymbol{C}$.

5. 下列矩阵为初等矩阵的是(　　).

(A) $\begin{pmatrix}0&0&1\\0&1&0\\1&0&0\end{pmatrix}$；　(B) $\begin{pmatrix}1&0&0\\0&1&2\\0&1&2\end{pmatrix}$；　(C) $\begin{pmatrix}3&1&2\\1&2&3\\2&3&1\end{pmatrix}$；　(D) $\begin{pmatrix}1&0&0\\0&0&0\\0&0&1\end{pmatrix}$.

6. 设$\boldsymbol{A}$、$\boldsymbol{B}$为同阶方阵，且$\boldsymbol{A}\boldsymbol{B}=\boldsymbol{O}$，则必有(　　).

(A) $\boldsymbol{A}=\boldsymbol{O}$或$\boldsymbol{B}=\boldsymbol{O}$；　(B) $\boldsymbol{A}+\boldsymbol{B}=\boldsymbol{O}$；

(C) $|\boldsymbol{A}|=0$或$|\boldsymbol{B}|=0$；　(D) $|\boldsymbol{A}|+|\boldsymbol{B}|=0$.

7. $\boldsymbol{A}$、$\boldsymbol{B}$为同阶方阵，则下列式子成立的是(　　).

(A) $|\boldsymbol{A}+\boldsymbol{B}|=|\boldsymbol{A}|+|\boldsymbol{B}|$；　(B) $\boldsymbol{A}\boldsymbol{B}=\boldsymbol{B}\boldsymbol{A}$；

(C) $|\boldsymbol{A}\boldsymbol{B}|=|\boldsymbol{B}\boldsymbol{A}|$；　(D) $(\boldsymbol{A}+\boldsymbol{B})^{-1}=\boldsymbol{A}^{-1}+\boldsymbol{B}^{-1}$.

8. 设n阶方阵$\boldsymbol{A}$、$\boldsymbol{B}$、$\boldsymbol{C}$满足关系式$\boldsymbol{A}\boldsymbol{B}\boldsymbol{C}=\boldsymbol{E}$，则有(　　).

(A) $\boldsymbol{A}\boldsymbol{C}\boldsymbol{B}=\boldsymbol{E}$；　(B) $\boldsymbol{C}\boldsymbol{B}\boldsymbol{A}=\boldsymbol{E}$；　(C) $\boldsymbol{B}\boldsymbol{A}\boldsymbol{C}=\boldsymbol{E}$；　(D) $\boldsymbol{B}\boldsymbol{C}\boldsymbol{A}=\boldsymbol{E}$.

9. 设 $\boldsymbol{A}$ 为 n 阶方阵，且 $|\boldsymbol{A}|=a\neq0$，则 $|\boldsymbol{A}^*|=$(　　).

(A) a；　(B) $\frac{1}{a}$；　(C) a^{n-1}；　(D) a^n.

10. 设 $\boldsymbol{A}=\begin{pmatrix}a_{11}&a_{12}&a_{13}\\a_{21}&a_{22}&a_{23}\\a_{31}&a_{32}&a_{33}\end{pmatrix}$，$\boldsymbol{B}=\begin{pmatrix}a_{11}&a_{12}&a_{13}\\a_{11}+a_{31}&a_{12}+a_{32}&a_{13}+a_{33}\\a_{21}&a_{22}&a_{23}\end{pmatrix}$，$\boldsymbol{C}=\begin{pmatrix}1&0&0\\0&0&1\\0&1&0\end{pmatrix}$，$\boldsymbol{D}=\begin{pmatrix}1&0&0\\0&1&0\\1&0&1\end{pmatrix}$，则必有(　　).

(A) $\boldsymbol{ACD}=\boldsymbol{B}$；　(B) $\boldsymbol{ADC}=\boldsymbol{B}$；　(C) $\boldsymbol{CDA}=\boldsymbol{B}$；　(D) $\boldsymbol{DCA}=\boldsymbol{B}$.

三、计算题

1. 设 $\boldsymbol{A}=\begin{pmatrix}1&2&1&2\\2&1&2&1\\1&2&3&4\end{pmatrix}$，$\boldsymbol{B}=\begin{pmatrix}4&3&2&1\\-2&1&-2&1\\0&-1&0&-1\end{pmatrix}$.

求：(1) $3\boldsymbol{A}-\boldsymbol{B}$；$2\boldsymbol{A}+3\boldsymbol{B}$；

(2) 若 $\boldsymbol{Y}$ 满足 $(2\boldsymbol{A}-\boldsymbol{Y})+2(\boldsymbol{B}-\boldsymbol{Y})=\boldsymbol{O}$，求 $\boldsymbol{Y}$.

2. 设 $\boldsymbol{A}=\begin{pmatrix}x&0\\6&y\end{pmatrix}$，$\boldsymbol{B}=\begin{pmatrix}u&2\\y&v\end{pmatrix}$，$\boldsymbol{C}=\begin{pmatrix}2&x\\-4&v\end{pmatrix}$，且 $\boldsymbol{A}+2\boldsymbol{B}-\boldsymbol{C}=\boldsymbol{O}$，求 x，y，u，v 的值.

3. 计算下列矩阵的乘积：

(1) $\begin{pmatrix}3&-2\\5&-4\end{pmatrix}\begin{pmatrix}3&4\\2&5\end{pmatrix}$；

(2) $\begin{pmatrix}4&3&1\\1&-2&3\\5&7&0\end{pmatrix}\begin{pmatrix}7\\2\\1\end{pmatrix}$；

(3) $\begin{pmatrix}1&2&3\\-2&1&2\end{pmatrix}\begin{pmatrix}1&2&0\\0&1&1\\3&0&-1\end{pmatrix}$；

(4) $(1\quad 2\quad 3)\begin{pmatrix}3\\2\\1\end{pmatrix}$；

(5) $\begin{pmatrix}2\\1\\3\end{pmatrix}(-1\quad 2\quad 1)$.

4. 已知 $\boldsymbol{A}=\begin{pmatrix}1&0&3\\0&2&1\\0&0&1\end{pmatrix}$，$\boldsymbol{B}=\begin{pmatrix}1&0&0\\0&2&1\\3&0&1\end{pmatrix}$，求：

(1) $3\boldsymbol{AB}-2\boldsymbol{A}$；

(2) $\boldsymbol{AB}$、$\boldsymbol{BA}$；

(3) $(\boldsymbol{A}+\boldsymbol{B})(\boldsymbol{A}-\boldsymbol{B})$、$\boldsymbol{A}^2-\boldsymbol{B}^2$；

(4) 结合 (2) 比较 (3) 的两个结果，可得出什么结论？

5. 计算下列矩阵（其中 n 为正整数）：

(1) $\begin{pmatrix}1&-2\\3&4\end{pmatrix}^3$；

(2) $\begin{pmatrix}1&1&1\\0&1&1\\0&0&1\end{pmatrix}^2$；

(3) $\begin{pmatrix}1 & 1\\1 & 1\end{pmatrix}^n$；　　(4) $\begin{bmatrix}a & 0 & 0\\0 & b & 0\\0 & 0 & c\end{bmatrix}^n$.

6. 求下列矩阵的伴随矩阵：

(1) $\boldsymbol{A}=\begin{pmatrix}11 & 0\\-5 & 2\end{pmatrix}$；　　(2) $\boldsymbol{A}=\begin{bmatrix}1 & 0 & 0\\2 & -3 & -1\\1 & 0 & 2\end{bmatrix}$；

(3) $\boldsymbol{A}=\begin{bmatrix}-1 & 1 & -3\\0 & 4 & -1\\1 & 0 & 0\end{bmatrix}$；　　(4) $\boldsymbol{A}=\begin{bmatrix}0 & 1 & 3\\-2 & 0 & -1\\1 & 1 & -1\end{bmatrix}$.

7. 把下列矩阵化为行最简形矩阵：

(1) $\boldsymbol{A}=\begin{bmatrix}1 & 1 & 1 & 2\\-1 & 1 & 0 & -1\\1 & 3 & 2 & 3\end{bmatrix}$；　　(2) $\boldsymbol{A}=\begin{bmatrix}-1 & 2 & 1 & 0\\1 & 3 & -2 & 1\\-1 & 7 & 0 & 1\end{bmatrix}$；

(3) $\boldsymbol{A}=\begin{bmatrix}1 & 0 & 2 & -1\\2 & 0 & 3 & 1\\3 & 0 & 4 & -3\end{bmatrix}$；　　(4) $\boldsymbol{A}=\begin{bmatrix}1 & 0 & -1\\1 & 2 & -3\\0 & 1 & 2\end{bmatrix}$.

8. 求下列矩阵的逆：

(1) $\boldsymbol{A}=\begin{pmatrix}2 & 1\\3 & 4\end{pmatrix}$；　　(2) $\boldsymbol{A}=\begin{bmatrix}2 & 1 & 1\\3 & 2 & 1\\2 & 1 & 2\end{bmatrix}$；

(3) $\boldsymbol{A}=\begin{bmatrix}2 & 2 & 3\\1 & -1 & 0\\-1 & 2 & 1\end{bmatrix}$；　　(4) $\boldsymbol{A}=\begin{bmatrix}1 & 1 & 1\\-1 & 0 & -1\\-1 & -1 & 0\end{bmatrix}$.

9. 解下列矩阵方程：

(1) $\boldsymbol{AX}=\boldsymbol{B}$，其中 $\boldsymbol{A}=\begin{pmatrix}2 & 5\\1 & 3\end{pmatrix}$，$\boldsymbol{B}=\begin{pmatrix}4 & -6\\2 & 1\end{pmatrix}$.

(2) $\boldsymbol{AX}=\boldsymbol{B}$，其中 $\boldsymbol{A}=\begin{pmatrix}1 & 1\\3 & 4\end{pmatrix}$，$\boldsymbol{B}=\begin{pmatrix}0 & 2 & 0\\1 & 0 & -3\end{pmatrix}$.

(3) $\boldsymbol{AX}=\boldsymbol{B}+\boldsymbol{E}$，其中 $\boldsymbol{A}=\begin{pmatrix}1 & 1\\0 & -3\end{pmatrix}$，$\boldsymbol{B}=\begin{pmatrix}-1 & 1\\1 & -2\end{pmatrix}$.

(4) $\boldsymbol{AX}=\boldsymbol{B}+\boldsymbol{X}$，其中 $\boldsymbol{A}=\begin{pmatrix}1 & 2\\-1 & 1\end{pmatrix}$，$\boldsymbol{B}=\begin{pmatrix}0 & -1\\3 & 1\end{pmatrix}$.

10. 设 $\boldsymbol{A}=\begin{bmatrix}0 & 3 & 3\\1 & 1 & 0\\-1 & 2 & 3\end{bmatrix}$，$\boldsymbol{AB}=\boldsymbol{A}+2\boldsymbol{B}$，求 $\boldsymbol{B}$.

11. 设 $\boldsymbol{A}=\begin{bmatrix}1 & 0 & 1\\0 & 2 & 0\\1 & 0 & 1\end{bmatrix}$，且 $\boldsymbol{AB}+\boldsymbol{E}=\boldsymbol{A}^2+\boldsymbol{B}$，求 $\boldsymbol{B}$.

12. 设$\boldsymbol{A}=\mathrm{diag}(1,-2,1)$，$\boldsymbol{A}^*\boldsymbol{B}\boldsymbol{A}=2\boldsymbol{B}\boldsymbol{A}-8\boldsymbol{E}$，求$\boldsymbol{B}$.

13. 设n阶方阵$\boldsymbol{A}$满足$\boldsymbol{A}^3=2\boldsymbol{E}$，试证明$\boldsymbol{A}+2\boldsymbol{E}$可逆，并求$(\boldsymbol{A}+2\boldsymbol{E})^{-1}$.

14. 已知$\boldsymbol{A}=\begin{pmatrix}4&6&7\\1&6&8\\8&5&9\end{pmatrix}$，满足$\boldsymbol{A}^2-3\boldsymbol{A}-10\boldsymbol{E}=\boldsymbol{O}$，试证$\boldsymbol{A}$和$\boldsymbol{A}-4\boldsymbol{E}$都可逆，并求它们的逆.

15. 设矩阵$\boldsymbol{A}$可逆，证明其伴随矩阵$\boldsymbol{A}^*$可逆，且$(\boldsymbol{A}^*)^{-1}=(\boldsymbol{A}^{-1})^*$.

16. 设矩阵$\boldsymbol{A}$为n阶方阵，证明：(1) 若$|\boldsymbol{A}|\neq0$，则$|\boldsymbol{A}^*|=|\boldsymbol{A}|^{n-1}$；(2) 若$|\boldsymbol{A}|=0$，则$|\boldsymbol{A}^*|=0$.

17. 设$f(x)=ax^2+bx+c$，$\boldsymbol{A}$为n阶矩阵，$\boldsymbol{E}$为n阶单位矩阵. 定义

$$f(\boldsymbol{A})=a\boldsymbol{A}^2+b\boldsymbol{A}+c\boldsymbol{E}.$$

(1) 已知$f(x)=x^2-x-1$，$\boldsymbol{A}=\begin{pmatrix}2&-1\\-3&3\end{pmatrix}$，求$f(\boldsymbol{A})$；

(2) 已知$f(x)=x^2-5x+3$，$\boldsymbol{A}=\begin{pmatrix}3&1&1\\3&1&2\\1&-1&0\end{pmatrix}$，求$f(\boldsymbol{A})$.

18. 设$\boldsymbol{P}^{-1}\boldsymbol{A}\boldsymbol{P}=\boldsymbol{\Lambda}$，其中$\boldsymbol{P}=\begin{pmatrix}-1&-4\\1&1\end{pmatrix}$，$\boldsymbol{\Lambda}=\begin{pmatrix}-1&0\\0&2\end{pmatrix}$，求$\boldsymbol{A}^{11}$.

19. 用初等变换判定下列矩阵是否可逆；若可逆，求其逆矩阵.

(1) $\boldsymbol{A}=\begin{pmatrix}2&2&-1\\1&-2&4\\5&8&2\end{pmatrix}$；　　(2) $\boldsymbol{A}=\begin{pmatrix}1&2&-1\\3&4&-2\\5&-4&1\end{pmatrix}$.

20. 求下列矩阵的秩，并求一个最高阶非零子式：

(1) $\boldsymbol{A}=\begin{pmatrix}1&0&1\\0&-1&1\\-1&1&1\end{pmatrix}$；　　(2) $\boldsymbol{A}=\begin{pmatrix}1&2&3&4\\0&1&-1&2\\1&2&3&-1\end{pmatrix}$；

(3) $\boldsymbol{A}=\begin{pmatrix}1&1&2&2&1\\0&2&1&5&-1\\2&0&3&-1&3\\1&1&0&4&-1\end{pmatrix}$；　　(4) $\boldsymbol{A}=\begin{pmatrix}1&1&0&0\\2&1&1&0\\1&0&1&0\\0&-1&1&0\end{pmatrix}$.

21. 设$\boldsymbol{A}=\begin{pmatrix}1&-2&3k\\-1&2k&-3\\k&-2&3\end{pmatrix}$，问$k$为何值，可使

(1) $r(\boldsymbol{A})=1$；(2) $r(\boldsymbol{A})=2$；(3) $r(\boldsymbol{A})=3$.

第三章

线性方程组

求解线性方程组是线性代数最主要的任务，此类问题在科学技术与经济管理领域有着广泛的应用，因而有必要从更普遍的角度来讨论线性方程组的一般理论. 对于线性方程组，只有当方程个数与未知量个数相等且系数行列式不等于零时，才能用克莱姆法则求出其解. 本章以矩阵为工具来讨论一般线性方程组，即含有 n 个未知数、m 个方程的方程组的解的情况，以及介绍向量的线性相关性、向量组的秩.

§3.1 线性方程组

下面介绍线性方程组的一般形式。

设有方程组 $\begin{cases} a_{11}x_1+a_{12}x_2+\cdots+a_{1n}x_n=b_1 \\ a_{21}x_1+a_{22}x_2+\cdots+a_{2n}x_n=b_2 \\ \cdots\cdots \\ a_{m1}x_1+a_{m2}x_2+\cdots+a_{mn}x_n=b_m \end{cases}$，

用矩阵表示为 $\begin{pmatrix} a_{11} & a_{12} & \cdots & a_{1n} \\ a_{21} & a_{22} & \cdots & a_{2n} \\ \vdots & \vdots & \cdots & \vdots \\ a_{m1} & a_{m2} & \cdots & a_{mn} \end{pmatrix}\begin{pmatrix} x_1 \\ x_2 \\ \vdots \\ x_n \end{pmatrix}=\begin{pmatrix} b_1 \\ b_2 \\ \vdots \\ b_m \end{pmatrix}$，

即 $\boldsymbol{AX}=\boldsymbol{b}$，

其中 $\boldsymbol{A}=\begin{pmatrix} a_{11} & a_{12} & \cdots & a_{1n} \\ a_{21} & a_{22} & \cdots & a_{2n} \\ \vdots & \vdots & \cdots & \vdots \\ a_{m1} & a_{m2} & \cdots & a_{mn} \end{pmatrix}$ 为系数矩阵，$\boldsymbol{X}=\begin{pmatrix} x_1 \\ x_2 \\ \vdots \\ x_n \end{pmatrix}$ 为未知数矩阵，$\boldsymbol{b}=\begin{pmatrix} b_1 \\ b_2 \\ \vdots \\ b_m \end{pmatrix}$ 为常数项矩阵，称矩阵 $(\boldsymbol{A} \vdots \boldsymbol{b})$ 为线性方程组的**增广矩阵**. 当 $b_i=0$（$i=1, 2, \cdots, m$）时，线性方程组称为**齐次的**；否则称为**非齐次的**. 齐次线性方程组的矩阵形式为 $\boldsymbol{AX}=\boldsymbol{0}$.

对于非齐次线性方程组，它的解会出现三种情况：(1) 无解；(2) 唯一解；(3) 无穷多解. 接下来我们通过矩阵的结构看能否得到解的不同情况需要满足的条件.

例 1 求解方程组$\begin{cases}x_1+3x_2-x_3-x_4=6\\3x_1-x_2+5x_3-3x_4=6\\2x_1+x_2+2x_3-2x_4=8\end{cases}$.

解

$$(\boldsymbol{A}\,\vdots\,\boldsymbol{b})=\begin{pmatrix}1&3&-1&-1&6\\3&-1&5&-3&6\\2&1&2&-2&8\end{pmatrix}\xrightarrow[-2r_1+r_3]{-3r_1+r_2}\begin{pmatrix}1&3&-1&-1&6\\0&-10&8&0&-12\\0&-5&4&0&-4\end{pmatrix}$$

$$\xrightarrow{-2r_3+r_2}\begin{pmatrix}1&3&-1&-1&6\\0&0&0&0&-4\\0&-5&4&0&-4\end{pmatrix}\xrightarrow{r_2\leftrightarrow r_3}\begin{pmatrix}1&3&-1&-1&6\\0&-5&4&0&-4\\0&0&0&0&-4\end{pmatrix},$$

对应的方程组为

$$\begin{cases}x_1+3x_2-x_3-x_4=6\\-5x_2+4x_3=-4\\0=-4\end{cases},$$

出现矛盾方程，所以此方程组无解，通过此方程组发现 $r(\boldsymbol{A})=2$，$r(\boldsymbol{A}\,\vdots\,\boldsymbol{b})=3$，$r(\boldsymbol{A})\neq r(\boldsymbol{A}\,\vdots\,\boldsymbol{b})$.

由此可以看出非齐次线性方程组 $\boldsymbol{AX}=\boldsymbol{b}$ 无解的充要条件是 $r(\boldsymbol{A})\neq r(\boldsymbol{A}\,\vdots\,\boldsymbol{b})$.

例 2 求解方程组$\begin{cases}2x_1-x_2+3x_3=1\\2x_1+2x_3=6\\4x_1+2x_2+5x_3=4\end{cases}$.

解 $$(\boldsymbol{A}\,\vdots\,\boldsymbol{b})=\begin{pmatrix}2&-1&3&1\\2&0&2&6\\4&2&5&4\end{pmatrix}\xrightarrow[-2r_1+r_3]{-r_1+r_2}\begin{pmatrix}2&-1&3&1\\0&1&-1&5\\0&4&-1&2\end{pmatrix}\xrightarrow{-4r_2+r_3}\begin{pmatrix}2&-1&3&1\\0&1&-1&5\\0&0&3&-18\end{pmatrix}$$

$$\xrightarrow[r_2+r_1]{r_3\times\frac{1}{3}}\begin{pmatrix}2&0&2&6\\0&1&-1&5\\0&0&1&-6\end{pmatrix}\xrightarrow[r_3+r_2]{-2r_3+r_1}\begin{pmatrix}2&0&0&18\\0&1&0&-1\\0&0&1&-6\end{pmatrix}\xrightarrow{r_1\times\frac{1}{2}}\begin{pmatrix}1&0&0&9\\0&1&0&-1\\0&0&1&-6\end{pmatrix},$$

对应的方程组为

$$\begin{cases}x_1=9\\x_2=-1,\\x_3=-6\end{cases}$$

此方程组有解，并且是唯一解，通过此方程组发现 $r(\boldsymbol{A})=r(\boldsymbol{A}\,\vdots\,\boldsymbol{b})=3=$未知量个数.

由此可以看出非齐次线性方程组有唯一解的充分必要条件是 $r(\boldsymbol{A})=r(\boldsymbol{A}\,\vdots\,\boldsymbol{b})=$未知量个数.

例 3 $\begin{cases}2x_1+x_2-x_3-x_4=2\\x_1-x_3-3x_4=5\\4x_1+x_2-3x_3-7x_4=12\end{cases}$.

解

$$(\boldsymbol{A} \vdots \boldsymbol{b})=\begin{pmatrix}2&1&-1&-1&2\\1&0&-1&-3&5\\4&1&-3&-7&12\end{pmatrix}\xrightarrow{r_1\leftrightarrow r_2}\begin{pmatrix}1&0&-1&-3&5\\2&1&-1&-1&2\\4&1&-3&-7&12\end{pmatrix}$$

$$\xrightarrow[-4r_1+r_3]{-2r_1+r_2}\begin{pmatrix}1&0&-1&-3&5\\0&1&1&5&-8\\0&1&1&5&-8\end{pmatrix}\xrightarrow{-r_2+r_3}\begin{pmatrix}1&0&-1&-3&5\\0&1&1&5&-8\\0&0&0&0&0\end{pmatrix},$$

对应的方程组为

$$\begin{cases}x_1-x_3-3x_4=5\\x_2+x_3+5x_4=-8\end{cases},$$

由于未知量有 4 个，有效方程只有两个，说明此方程组一定有自由未知量，不妨设 x_3，x_4 为自由未知量，将自由未知量移到等号右端，得到

$$\begin{cases}x_1=5+x_3+3x_4\\x_2=-8-x_3-5x_4\end{cases},$$

令 $x_3=c_1$，$x_4=c_2$，得方程组的解

$$\begin{cases}x_1=5+c_1+3c_2\\x_2=-8-c_1-5c_2\\x_3=c_1\\x_4=c_2\end{cases}(c_1,\ c_2 \text{ 为任意常数}),$$

随着自由未知量的不同取值，此方程组有无穷多解. 通过此方程组发现 $r(\boldsymbol{A})=r(\boldsymbol{A} \vdots \boldsymbol{b})=2<4$，从而有无穷多解.

从而可以看出非齐次线性方程组有无穷多解的充分必要条件是 $r(\boldsymbol{A})=r(\boldsymbol{A} \vdots \boldsymbol{b})=r<n$.

因此我们可以得出下面的定理.

定理 3.1 n 元非齐次线性方程组 $\boldsymbol{AX}=\boldsymbol{b}$ 有解的充要条件是 $r(\boldsymbol{A})=r(\boldsymbol{A} \vdots \boldsymbol{b})$.

证 (1) 若 $r(\boldsymbol{A})<r(\boldsymbol{A} \vdots \boldsymbol{b})$，则 $(\boldsymbol{A} \vdots \boldsymbol{b})$ 的行阶梯形矩阵中最后一个非零行是矛盾方程，这与方程组有解矛盾，因此 $r(\boldsymbol{A})=r(\boldsymbol{A} \vdots \boldsymbol{b})$.

(2) 若 $r(\boldsymbol{A})=r(\boldsymbol{A} \vdots \boldsymbol{b})=s(s\leqslant n)$，则 $r(\boldsymbol{A} \vdots \boldsymbol{b})$ 的行阶梯形矩阵中含有 s 个非零行，把这 s 行的第一个非零元所对应的未知量作为非自由未知量，其余 $n-s$ 个作为自由未知量，并令这 $n-s$ 个自由未知量全为零，即可得到方程组的一个解. 特别地，当 $r(\boldsymbol{A})=r(\boldsymbol{A} \vdots \boldsymbol{b})=n$ 时，有唯一解.

注 对于齐次线性方程组，由于它可以看成是定理 3.1 的特殊情况，即 $b_i=0$（$i=1, 2, \cdots, m$），此时一定有 $r(\boldsymbol{A})=r(\boldsymbol{A} \vdots \boldsymbol{0})$，因此齐次线性方程组必有解. 则它的解只有两种情况：(1) 只有零解；(2) 有非零解. 于是我们有下面的推论：

推论 n 元齐次线性方程组 $\boldsymbol{AX}=\boldsymbol{0}$ 有非零解的充要条件是 $r(\boldsymbol{A})<n$；只有零解的充要条件是 $r(\boldsymbol{A})=n$.

特别地，对于方程的个数等于未知量的个数的齐次线性方程组，只有零解的充要条件是$|\boldsymbol{A}|\neq 0$，有非零解的充要条件是$|\boldsymbol{A}|=0$.

例 4 $\begin{cases} x_1+2x_2+2x_3+x_4=0 \\ 2x_1+x_2-2x_3-2x_4=0. \\ x_1-x_2-4x_3-3x_4=0 \end{cases}$

解 $\boldsymbol{A}=\begin{pmatrix} 1 & 2 & 2 & 1 \\ 2 & 1 & -2 & -2 \\ 1 & -1 & -4 & -3 \end{pmatrix} \xrightarrow[-r_1+r_3]{-2r_1+r_2} \begin{pmatrix} 1 & 2 & 2 & 1 \\ 0 & -3 & -6 & -4 \\ 0 & -3 & -6 & -4 \end{pmatrix} \xrightarrow[r_2\times\left(-\frac{1}{3}\right)]{-r_2+r_3} \begin{pmatrix} 1 & 2 & 2 & 1 \\ 0 & 1 & 2 & 4/3 \\ 0 & 0 & 0 & 0 \end{pmatrix}$

$\xrightarrow{-2r_2+r_1} \begin{pmatrix} 1 & 0 & -2 & -5/3 \\ 0 & 1 & 2 & 4/3 \\ 0 & 0 & 0 & 0 \end{pmatrix}.$

对应的方程组为

$$\begin{cases} x_1=2x_3+(5/3)x_4 \\ x_2=-2x_3-(4/3)x_4 \end{cases}.$$

令 $x_3=c_1$，$x_4=c_2$，将其写成向量形式为

$$\begin{cases} x_1=2c_1+\dfrac{5}{3}c_2 \\ x_2=-2c_1-\dfrac{4}{3}c_2 \quad (c_1,\ c_2 \text{ 为任意常数}). \\ x_3=c_1 \\ x_4=c_2 \end{cases}$$

通过此例发现 $r(\boldsymbol{A})=2$，即有效方程只有两个，而未知数共有 4 个，说明一定有自由未知量，从而导致方程组有非零解.

§ 3.2 *n* 维向量的概念及线性相关性

生活中许多事物往往要用两个或两个以上的数字来描述，例如，物理中的力、速度，还有平面上的点、空间上的点，等等，这些有序的数字构成一个整体，就形成了数学中向量的概念. 向量是重要的数学工具，引入向量并建立向量的理论不仅是为了研究方程组，而且在自然科学及经济管理中也有广泛的应用.

一、*n* 维向量

定义 3.1 n 个实数 a_1，a_2，…，a_n 组成的有序数组称为 **n 维向量**. 其中 a_i 为向量的第 i 个分量.

n 维向量一般用粗体 $\boldsymbol{\alpha}$，$\boldsymbol{\beta}$，$\boldsymbol{\gamma}$，$\boldsymbol{o}$，$\boldsymbol{x}$，$\boldsymbol{y}$ 等表示. 记为 $\boldsymbol{\alpha}=(a_1,\ a_2,\ \cdots,\ a_n)$.

向量的分类：n 维向量写成一行，称为**行向量**，也就是**行矩阵**；n 维向量写成一列，称

为**列向量**，也就是**列矩阵**.

如：$(1, 2, 0)$，$(a_1, a_2, \cdots, a_n)$，$\begin{pmatrix}0\\0\\1\\2\end{pmatrix}$，$\begin{pmatrix}x_1\\x_2\\\vdots\\x_n\end{pmatrix}$分别称为3维行向量、$n$维行向量、4维列向量、$n$维列向量.

注1 行向量就是行矩阵；列向量就是列矩阵，存在着转置的关系.

注2 向量是矩阵，故也可以作矩阵运算.

定义3.2 若干个n维列向量（或行向量）组成的集合称为**n维列（行）向量组**.

1. 向量与矩阵的关系

设$\boldsymbol{A}=\begin{pmatrix}a_{11} & a_{12} & \cdots & a_{1n}\\a_{21} & a_{22} & \cdots & a_{2n}\\\vdots & \vdots & \cdots & \vdots\\a_{m1} & a_{m2} & \cdots & a_{mn}\end{pmatrix}$，若记$\boldsymbol{\alpha}_j=\begin{pmatrix}a_{1j}\\a_{2j}\\\vdots\\a_{mj}\end{pmatrix}$，则$\boldsymbol{A}=(\boldsymbol{\alpha}_1, \boldsymbol{\alpha}_2, \cdots, \boldsymbol{\alpha}_n)$，若记$\boldsymbol{\beta}_i=(a_{i1}, a_{i2}, \cdots, a_{in})$，则$\boldsymbol{A}=\begin{pmatrix}\boldsymbol{\beta}_1\\\boldsymbol{\beta}_2\\\vdots\\\boldsymbol{\beta}_m\end{pmatrix}$.

由此说明矩阵可以用行向量组表示，也可以用列向量组表示.

定义3.3 设n维向量$\boldsymbol{\alpha}=(a_1, a_2, \cdots, a_n)^{\mathrm{T}}$，$\boldsymbol{\beta}=(b_1, b_2, \cdots, b_n)^{\mathrm{T}}$，若$a_i=b_i$ $(i=1, 2, \cdots, n)$，则称**向量$\boldsymbol{\alpha}$与$\boldsymbol{\beta}$相等**（与矩阵类似）.

例1 设$\boldsymbol{\alpha}=\left(x, xy, \dfrac{y}{x}\right)^{\mathrm{T}}$，$\boldsymbol{\beta}=(1, 1, 1)^{\mathrm{T}}$，且$\boldsymbol{\alpha}=\boldsymbol{\beta}$，求$x$，$y$.

解 由$\boldsymbol{\alpha}=\boldsymbol{\beta}$知，$x=1$，$xy=1$，$\dfrac{y}{x}=1$；则$x=1$，$y=1$.

2. 特殊的向量

① 零向量$\boldsymbol{0}=(0, 0, \cdots, 0)^{\mathrm{T}}$.

② 设$\boldsymbol{\alpha}=(a_1, a_2, \cdots, a_n)^{\mathrm{T}}$，则$-\boldsymbol{\alpha}=(-a_1, -a_2, \cdots, -a_n)^{\mathrm{T}}$称为向量$\boldsymbol{\alpha}$的**负向量**.

③ $\boldsymbol{\varepsilon}_1=(1, 0, 0, \cdots, 0)^{\mathrm{T}}$，$\boldsymbol{\varepsilon}_2=(0, 1, 0, \cdots, 0)^{\mathrm{T}}$，$\cdots$，$\boldsymbol{\varepsilon}_n=(0, 0, 0, \cdots, 1)^{\mathrm{T}}$称为**单位向量**，$\boldsymbol{\varepsilon}_1, \boldsymbol{\varepsilon}_2, \cdots, \boldsymbol{\varepsilon}_n$称为**$n$维单位向量组**.

二、向量的线性运算

定义3.4 两个n维向量$\boldsymbol{\alpha}=(a_1, a_2, \cdots, a_n)^{\mathrm{T}}$与$\boldsymbol{\beta}=(b_1, b_2, \cdots, b_n)^{\mathrm{T}}$的各对应分量之和组成的向量，称为**向量$\boldsymbol{\alpha}$与$\boldsymbol{\beta}$的和**，记为$\boldsymbol{\alpha}+\boldsymbol{\beta}$，即

$$\boldsymbol{\alpha}+\boldsymbol{\beta}=(a_1+b_1, a_2+b_2, \cdots, a_n+b_n)^{\mathrm{T}}.$$

由加法和负向量的定义，可定义**向量的减法**：

$$\boldsymbol{\alpha}-\boldsymbol{\beta}=\boldsymbol{\alpha}+(-\boldsymbol{\beta})=(a_1-b_1, a_2-b_2, \cdots, a_n-b_n)^{\mathrm{T}}.$$

定义 3.5 n 维向量 $\boldsymbol{\alpha}=(a_1, a_2, \cdots, a_n)^T$ 的各个分量都乘以实数 k 所组成的向量，称为**数 k 与向量 $\boldsymbol{\alpha}$ 的乘积**，记为 $k\boldsymbol{\alpha}$，即 $k\boldsymbol{\alpha}=(ka_1, ka_2, \cdots, ka_n)^T$.

向量的加法和数乘运算统称为向量的**线性运算**.

注 行（列）向量的线性运算与行（列）矩阵的运算规律相同，从而也满足下列运算规律（其中 $\boldsymbol{\alpha}, \boldsymbol{\beta}, \boldsymbol{\gamma}\in R^n$，$k, l\in R$）：

(1) $\boldsymbol{\alpha}+\boldsymbol{\beta}=\boldsymbol{\beta}+\boldsymbol{\alpha}$；

(2) $(\boldsymbol{\alpha}+\boldsymbol{\beta})+\boldsymbol{\gamma}=\boldsymbol{\alpha}+(\boldsymbol{\beta}+\boldsymbol{\gamma})$；

(3) $\boldsymbol{\alpha}+\boldsymbol{0}=\boldsymbol{\alpha}$；

(4) $\boldsymbol{\alpha}+(-\boldsymbol{\alpha})=\boldsymbol{0}$；

(5) $1\boldsymbol{\alpha}=\boldsymbol{\alpha}$；

(6) $k(l\boldsymbol{\alpha})=(kl)\boldsymbol{\alpha}$；

(7) $k(\boldsymbol{\alpha}+\boldsymbol{\beta})=k\boldsymbol{\alpha}+k\boldsymbol{\beta}$；

(8) $(k+l)\boldsymbol{\alpha}=k\boldsymbol{\alpha}+l\boldsymbol{\alpha}$.

例 2 已知 $\boldsymbol{\alpha}_1=(-1, 0, 2)^T$，$\boldsymbol{\alpha}_2=(2, 1, -3)^T$，且 $2\boldsymbol{\alpha}_1+3(\boldsymbol{\alpha}_2-\boldsymbol{\beta})=\boldsymbol{0}$，求 $\boldsymbol{\beta}$.

解 由 $2\boldsymbol{\alpha}_1+3(\boldsymbol{\alpha}_2-\boldsymbol{\beta})=\boldsymbol{0}$ 知，$\boldsymbol{\beta}=\frac{1}{3}(2\boldsymbol{\alpha}_1+3\boldsymbol{\alpha}_2)=\frac{1}{3}(4, 3, -5)^T$.

三、向量的线性组合、线性表示、线性相关的概念

1. 向量的线性表示

设有方程组
$$\begin{cases} a_{11}x_1+a_{12}x_2+\cdots+a_{1n}x_n=b_1 \\ a_{21}x_1+a_{22}x_2+\cdots+a_{2n}x_n=b_2 \\ \cdots\cdots \\ a_{m1}x_1+a_{m2}x_2+\cdots+a_{mn}x_n=b_m \end{cases},$$

用矩阵表示为
$$\begin{pmatrix} a_{11} & a_{12} & \cdots & a_{1n} \\ a_{21} & a_{22} & \cdots & a_{2n} \\ \vdots & \vdots & \cdots & \vdots \\ a_{m1} & a_{m2} & \cdots & a_{mn} \end{pmatrix}\begin{pmatrix} x_1 \\ x_2 \\ \vdots \\ x_n \end{pmatrix}=\begin{pmatrix} b_1 \\ b_2 \\ \vdots \\ b_m \end{pmatrix},$$

即为 $\boldsymbol{AX}=\boldsymbol{b}$，其中 $\boldsymbol{A}$ 为系数矩阵，$\boldsymbol{X}$ 为未知数矩阵，$\boldsymbol{b}$ 为常数项矩阵.

如果用向量表示方程组，则有：

$$x_1\begin{pmatrix} a_{11} \\ a_{21} \\ \vdots \\ a_{m1} \end{pmatrix}+x_2\begin{pmatrix} a_{12} \\ a_{22} \\ \vdots \\ a_{m2} \end{pmatrix}+\cdots+x_n\begin{pmatrix} a_{1n} \\ a_{2n} \\ \vdots \\ a_{mn} \end{pmatrix}=\begin{pmatrix} b_1 \\ b_2 \\ \vdots \\ b_m \end{pmatrix},$$

其中 $\boldsymbol{\alpha}_j=\begin{pmatrix} a_{1j} \\ a_{2j} \\ \vdots \\ a_{mj} \end{pmatrix}$ $(j=1, 2, \cdots, n)$，$b=\begin{pmatrix} b_1 \\ b_2 \\ \vdots \\ b_m \end{pmatrix}$，

即 $x_1\boldsymbol{\alpha}_1+x_2\boldsymbol{\alpha}_2+\cdots+x_n\boldsymbol{\alpha}_n=\boldsymbol{b}$.

于是，方程组是否有解就转变成能否找到一组数 $x_1, x_2, \cdots, x_n$，使得此线性关系式 $x_1\boldsymbol{\alpha}_1+x_2\boldsymbol{\alpha}_2+\cdots+x_n\boldsymbol{\alpha}_n=\boldsymbol{b}$ 成立.

定义 3.6 设 $\boldsymbol{\alpha}_1, \boldsymbol{\alpha}_2, \cdots, \boldsymbol{\alpha}_s$ 为 n 维向量，$k_1, k_2, \cdots, k_s$ 为一组数，称向量

$$k_1\boldsymbol{\alpha}_1+k_2\boldsymbol{\alpha}_2+\cdots+k_s\boldsymbol{\alpha}_s$$

为 $\boldsymbol{\alpha}_1$，$\boldsymbol{\alpha}_2$，…，$\boldsymbol{\alpha}_s$ 的线性组合.

定义 3.7 设有 n 维向量 $\boldsymbol{\beta}$，$\boldsymbol{\alpha}_1$，$\boldsymbol{\alpha}_2$，…，$\boldsymbol{\alpha}_s$，如果存在一组数 k_1，k_2，…，k_s，使得

$$\boldsymbol{\beta}=k_1\boldsymbol{\alpha}_1+k_2\boldsymbol{\alpha}_2+\cdots+k_s\boldsymbol{\alpha}_s,$$

则称 $\boldsymbol{\beta}$ 可以由 $\boldsymbol{\alpha}_1$，$\boldsymbol{\alpha}_2$，…，$\boldsymbol{\alpha}_s$ **线性表示**（或**线性表出**），或者称 $\boldsymbol{\beta}$ 是向量组 $\boldsymbol{\alpha}_1$，$\boldsymbol{\alpha}_2$，…，$\boldsymbol{\alpha}_s$ 的线性组合.

注 k_1，k_2，…，k_s 可以为任意数，甚至全为 0.

上述方程组是否有解的问题，也就类似于向量 $\boldsymbol{\beta}$ 是否可以表示成 $\boldsymbol{\alpha}_1$，$\boldsymbol{\alpha}_2$，…，$\boldsymbol{\alpha}_s$ 的一个组合. 如果可以，在这个组合中，向量 $\boldsymbol{\alpha}_1$，$\boldsymbol{\alpha}_2$，…，$\boldsymbol{\alpha}_s$ 的次数都是一次，存在线性关系，则我们称 $\boldsymbol{\beta}$ 可以由 $\boldsymbol{\alpha}_1$，$\boldsymbol{\alpha}_2$，…，$\boldsymbol{\alpha}_s$ 线性表示出来；反之，若方程组无解，则 $\boldsymbol{\beta}$ 就不能被这一组向量表示. 今后，方程组有无解的问题，就等价于向量 $\boldsymbol{\beta}$ 能否由向量组 $\boldsymbol{\alpha}_1$，$\boldsymbol{\alpha}_2$，…，$\boldsymbol{\alpha}_s$ 线性表示出来的问题.

例 3 $\boldsymbol{\alpha}_1=(1, -1, 2)^{\mathrm{T}}$，$\boldsymbol{\alpha}_2=(0, 1, 3)^{\mathrm{T}}$，$\boldsymbol{\alpha}_3=(2, 1, 4)^{\mathrm{T}}$，$\boldsymbol{\beta}=(3, -3, -3)^{\mathrm{T}}$，问 $\boldsymbol{\beta}$ 能否由 $\boldsymbol{\alpha}_1$，$\boldsymbol{\alpha}_2$，$\boldsymbol{\alpha}_3$ 线性表示？

解 因为 $\boldsymbol{\alpha}_1-3\boldsymbol{\alpha}_2+\boldsymbol{\alpha}_3=\boldsymbol{\beta}$，所以 $\boldsymbol{\beta}$ 可以由 $\boldsymbol{\alpha}_1$，$\boldsymbol{\alpha}_2$，$\boldsymbol{\alpha}_3$ 线性表示，或者说 $\boldsymbol{\beta}$ 可以表示成 $\boldsymbol{\alpha}_1$，$\boldsymbol{\alpha}_2$，$\boldsymbol{\alpha}_3$ 的线性组合.

对应的线性方程组为

$$\begin{cases}x_1+2x_3=3\\-x_1+x_2+x_3=-3\\2x_1+3x_2+4x_3=-3\end{cases},$$

即 $x_1\boldsymbol{\alpha}_1+x_2\boldsymbol{\alpha}_2+x_3\boldsymbol{\alpha}_3=\boldsymbol{\beta}$ 有解，为 $x_1=1$，$x_2=-3$，$x_3=1$.

由此可以得出如下定理.

定理 3.2 设同维列向量组 $\boldsymbol{\beta}$，$\boldsymbol{\alpha}_j(j=1, 2, \cdots, s)$，则向量 $\boldsymbol{\beta}$ 能由向量组 $\boldsymbol{\alpha}_1$，$\boldsymbol{\alpha}_2$，…，$\boldsymbol{\alpha}_s$ 线性表示的充要条件是 $r(\boldsymbol{\alpha}_1, \boldsymbol{\alpha}_2, \cdots, \boldsymbol{\alpha}_s)=r(\boldsymbol{\alpha}_1, \boldsymbol{\alpha}_2, \cdots, \boldsymbol{\alpha}_s, \boldsymbol{\beta})$.

注 $\boldsymbol{\alpha}_1$，$\boldsymbol{\alpha}_2$，…，$\boldsymbol{\alpha}_s$ 构成的矩阵即线性方程组的系数矩阵，$\boldsymbol{\alpha}_1$，$\boldsymbol{\alpha}_2$，…，$\boldsymbol{\alpha}_s$，$\boldsymbol{\beta}$ 构成的矩阵即线性方程组的增广矩阵. 因此，也可以得出非齐次线性方程组 $\boldsymbol{AX}=\boldsymbol{\beta}$ 有解的充要条件是 $r(\boldsymbol{A})=r(\boldsymbol{A}\,\vdots\,\boldsymbol{\beta})$.

注 1 任意 n 维向量 $\boldsymbol{\alpha}=(a_1, a_2, \cdots, a_n)^{\mathrm{T}}$ 可以表示成 n 维单位向量组 $\boldsymbol{\varepsilon}_1=(1, 0, \cdots, 0)^{\mathrm{T}}$，$\boldsymbol{\varepsilon}_2=(0, 1, \cdots, 0)^{\mathrm{T}}$，…，$\boldsymbol{\varepsilon}_n=(0, 0, \cdots, 1)^{\mathrm{T}}$ 的线性组合.

因为 $\boldsymbol{\alpha}=a_1\boldsymbol{\varepsilon}_1+a_2\boldsymbol{\varepsilon}_2+\cdots+a_n\boldsymbol{\varepsilon}_n$.

注 2 零向量是任意向量组的线性组合.

因为 $\boldsymbol{0}=0\boldsymbol{\alpha}_1+0\boldsymbol{\alpha}_2+\cdots+0\boldsymbol{\alpha}_n$.

注 3 向量组 $\boldsymbol{\alpha}_1$，$\boldsymbol{\alpha}_2$，…，$\boldsymbol{\alpha}_s$ 中的任意一个向量 $\boldsymbol{\alpha}_i(1\leqslant i\leqslant s)$ 都是该向量组的线性组合（可由该向量组线性表示）.

因为 $\boldsymbol{\alpha}_i=0\boldsymbol{\alpha}_1+\cdots+1\boldsymbol{\alpha}_i+\cdots+0\boldsymbol{\alpha}_s$.

例 4 已知 $\boldsymbol{\beta}=(3, 5, -6)^{\mathrm{T}}$，$\boldsymbol{\alpha}_1=(1, 0, 1)^{\mathrm{T}}$，$\boldsymbol{\alpha}_2=(1, 1, 1)^{\mathrm{T}}$，$\boldsymbol{\alpha}_3=(0, -1, -1)^{\mathrm{T}}$，

问 $\boldsymbol{\beta}$ 能否由 $\boldsymbol{\alpha}_1$，$\boldsymbol{\alpha}_2$，$\boldsymbol{\alpha}_3$ 线性表示？

解　设存在常数 k_1，k_2，k_3 使得 $k_1\boldsymbol{\alpha}_1+k_2\boldsymbol{\alpha}_2+k_3\boldsymbol{\alpha}_3=\boldsymbol{\beta}$，对应的方程组为

$$\begin{cases}k_1+k_2=3\\k_2-k_3=5\\k_1+k_2-k_3=-6\end{cases}.$$

$$\begin{pmatrix}1&1&0&3\\0&1&-1&5\\1&1&-1&-6\end{pmatrix}\xrightarrow{-r_1+r_3}\begin{pmatrix}1&1&0&3\\0&1&-1&5\\0&0&-1&-9\end{pmatrix}\xrightarrow[-r_3+r_2]{-r_2+r_1}\begin{pmatrix}1&0&1&-2\\0&1&0&14\\0&0&-1&-9\end{pmatrix}$$

$$\xrightarrow[r_3\times(-1)]{r_3+r_1}\begin{pmatrix}1&0&0&-11\\0&1&0&14\\0&0&1&9\end{pmatrix}.$$

因为 $r(\boldsymbol{\alpha}_1,\boldsymbol{\alpha}_2,\boldsymbol{\alpha}_3)=r(\boldsymbol{\alpha}_1,\boldsymbol{\alpha}_2,\boldsymbol{\alpha}_3,\boldsymbol{\beta})=3$，所以 $\boldsymbol{\beta}=-11\boldsymbol{\alpha}_1+14\boldsymbol{\alpha}_2+9\boldsymbol{\alpha}_3$.

例 5　试问 $\boldsymbol{\beta}=\begin{pmatrix}0\\4\\5\end{pmatrix}$ 能否由 $\boldsymbol{\alpha}_1=\begin{pmatrix}1\\1\\-1\end{pmatrix}$，$\boldsymbol{\alpha}_2=\begin{pmatrix}2\\2\\-2\end{pmatrix}$，$\boldsymbol{\alpha}_3=\begin{pmatrix}-1\\0\\2\end{pmatrix}$，$\boldsymbol{\alpha}_4=\begin{pmatrix}-1\\1\\4\end{pmatrix}$ 线性表示？

解　设 $k_1\boldsymbol{\alpha}_1+k_2\boldsymbol{\alpha}_2+k_3\boldsymbol{\alpha}_3+k_4\boldsymbol{\alpha}_4=\boldsymbol{\beta}$，则对应的方程组为

$$\begin{cases}k_1+2k_2-k_3-k_4=0\\k_1+2k_2+k_4=4\\-k_1-2k_2+2k_3+4k_4=5\end{cases},$$

$$\begin{pmatrix}1&2&-1&-1&0\\1&2&0&1&4\\-1&-2&2&4&5\end{pmatrix}\xrightarrow[r_1+r_3]{-r_1+r_2}\begin{pmatrix}1&2&-1&-1&0\\0&0&1&2&4\\0&0&1&3&5\end{pmatrix}\xrightarrow[-r_2+r_3]{r_2+r_1}\begin{pmatrix}1&2&0&1&4\\0&0&1&2&4\\0&0&0&1&1\end{pmatrix}$$

$$\xrightarrow[-2r_3+r_2]{-r_3+r_1}\begin{pmatrix}1&2&0&0&3\\0&0&1&0&2\\0&0&0&1&1\end{pmatrix}.$$

因为 $r(\boldsymbol{\alpha}_1,\boldsymbol{\alpha}_2,\boldsymbol{\alpha}_3,\boldsymbol{\alpha}_4)=r(\boldsymbol{\alpha}_1,\boldsymbol{\alpha}_2,\boldsymbol{\alpha}_3,\boldsymbol{\alpha}_4,\boldsymbol{\beta})=3$，所以 $\boldsymbol{\beta}$ 能由 $\boldsymbol{\alpha}_1$，$\boldsymbol{\alpha}_2$，$\boldsymbol{\alpha}_3$，$\boldsymbol{\alpha}_4$ 线性表示.

此时等价方程组为

$$\begin{cases}k_1=-2k_2+3\\k_3=2\\k_4=1\end{cases},$$

k_2 可任意取值，而 k_1 的取值随着 k_2 的变化而变化，所以 $\boldsymbol{\beta}$ 是可由 $\boldsymbol{\alpha}_1$，$\boldsymbol{\alpha}_2$，$\boldsymbol{\alpha}_3$，$\boldsymbol{\alpha}_4$ 线性表示的，但表示式不唯一.

注　当 $r(\boldsymbol{A})=r(\boldsymbol{A}\,\vdots\,\boldsymbol{\beta})=n$ 时，表示法唯一；当 $r(\boldsymbol{A})=r(\boldsymbol{A}\,\vdots\,\boldsymbol{\beta})<n$ 时，表示法不唯一；当 $r(\boldsymbol{A})\neq r(\boldsymbol{A}\,\vdots\,\boldsymbol{\beta})$ 时，不能表出.

如果说向量的线性组合所讨论的是向量和向量组的关系，那么向量组的线性相关性则是讨论向量组自身、内部的关系，可以看做线性组合的特殊情况.

2. 向量组的线性相关性

定义 3.8 设有向量组 $\boldsymbol{\alpha}_1, \boldsymbol{\alpha}_2, \cdots, \boldsymbol{\alpha}_n$，若存在一组不全为零的数 $k_1, k_2, \cdots, k_n$，使得

$$k_1\boldsymbol{\alpha}_1+k_2\boldsymbol{\alpha}_2+\cdots+k_n\boldsymbol{\alpha}_n=\mathbf{0},$$

则称向量组 $\boldsymbol{\alpha}_1, \boldsymbol{\alpha}_2, \cdots, \boldsymbol{\alpha}_n$ **线性相关**，否则称为**线性无关**.

注 1 当 $\boldsymbol{\alpha}_1, \boldsymbol{\alpha}_2, \cdots, \boldsymbol{\alpha}_n$ 确定后，$k_1, k_2, \cdots, k_n$ 也就为一组确定的数，若其中一个 $\boldsymbol{\alpha}_i$ 改变，$k_1, k_2, \cdots, k_n$ 也随之改变.

注 2 若 $\boldsymbol{\alpha}_1, \boldsymbol{\alpha}_2, \cdots, \boldsymbol{\alpha}_n$ 线性相关，则 $k_1, k_2, \cdots, k_n$ 中至少有一个非零，从而向量组中至少有一个向量可被其余向量线性表示；反之，若向量组 $\boldsymbol{\alpha}_1, \boldsymbol{\alpha}_2, \cdots, \boldsymbol{\alpha}_n$ 中至少有一个向量可以被该向量组的其余向量线性表示，则该向量组线性相关.

注 3 不全为零的一组数 $k_1, k_2, \cdots, k_n$ 可能仅有一组，也可能有无穷多组，但只要存在一组，就可以说向量组线性相关.

注 4 向量组线性相（无）关性与 $k_1, k_2, \cdots, k_n$ 的关系：

对任意一组不全为零的数 $k_1, k_2, \cdots, k_n$，总有 $k_1\boldsymbol{\alpha}_1+k_2\boldsymbol{\alpha}_2+\cdots+k_n\boldsymbol{\alpha}_n=\mathbf{0}$ 成立，则称 $\boldsymbol{\alpha}_1, \boldsymbol{\alpha}_2, \cdots, \boldsymbol{\alpha}_n$ 线性相关；

若只有当 $k_1, k_2, \cdots, k_n$ 全为零时，$k_1\boldsymbol{\alpha}_1+k_2\boldsymbol{\alpha}_2+\cdots+k_n\boldsymbol{\alpha}_n=\mathbf{0}$ 才成立，则称 $\boldsymbol{\alpha}_1, \boldsymbol{\alpha}_2, \cdots, \boldsymbol{\alpha}_n$ 线性无关.

例 6 判定下列向量组是否线性相关.

(1) $\boldsymbol{\varepsilon}_1=(1, 0, \cdots, 0)^{\mathrm{T}}, \boldsymbol{\varepsilon}_2=(0, 1, \cdots, 0)^{\mathrm{T}}, \cdots, \boldsymbol{\varepsilon}_n=(0, 0, \cdots, 1)^{\mathrm{T}}$.

(2) $\boldsymbol{\alpha}_1=(1, 2, -1, 2)^{\mathrm{T}}, \boldsymbol{\alpha}_2=(2, -1, 1, 4)^{\mathrm{T}}, \boldsymbol{\alpha}_3=(4, 3, -1, 8)^{\mathrm{T}}$.

解 (1) 令 $k_1\boldsymbol{\varepsilon}_1+k_2\boldsymbol{\varepsilon}_2+\cdots+k_n\boldsymbol{\varepsilon}_n=\mathbf{0}$,

即

$$k_1\begin{pmatrix}1\\0\\\vdots\\0\end{pmatrix}+k_2\begin{pmatrix}0\\1\\\vdots\\0\end{pmatrix}+\cdots+k_n\begin{pmatrix}0\\0\\\vdots\\1\end{pmatrix}=\begin{pmatrix}0\\0\\\vdots\\0\end{pmatrix},$$

得

$$\begin{pmatrix}k_1\\k_2\\\vdots\\k_n\end{pmatrix}=\begin{pmatrix}0\\0\\\vdots\\0\end{pmatrix},$$

于是只有 $k_1=k_2=\cdots=k_n=0$，由定义可知，n 维单位向量组 $\boldsymbol{\varepsilon}_1, \boldsymbol{\varepsilon}_2, \cdots, \boldsymbol{\varepsilon}_n$ 线性无关.

(2) 令 $k_1\boldsymbol{\alpha}_1+k_2\boldsymbol{\alpha}_2+k_3\boldsymbol{\alpha}_3=\mathbf{0}$，即

$$k_1\begin{pmatrix}1\\2\\-1\\2\end{pmatrix}+k_2\begin{pmatrix}2\\-1\\1\\4\end{pmatrix}+k_3\begin{pmatrix}4\\3\\-1\\8\end{pmatrix}=\begin{pmatrix}0\\0\\0\\0\end{pmatrix},$$

$$\begin{cases} k_1+2k_2+4k_3=0 \\ 2k_1-k_2+3k_3=0 \\ -k_1+k_2-k_3=0 \\ 2k_1+4k_2+8k_3=0 \end{cases},$$

对应的同解方程组为

$$\begin{cases} k_1+2k_2+4k_3=0 \\ k_2+k_3=0 \end{cases}.$$

由于 k_3 可以任意取值，所以方程组有非零解，即有不全为零的数 k_1，k_2，k_3 使得 $k_1\boldsymbol{\alpha}_1+k_2\boldsymbol{\alpha}_2+k_3\boldsymbol{\alpha}_3=\mathbf{0}$ 成立，可知 $\boldsymbol{\alpha}_1$，$\boldsymbol{\alpha}_2$，$\boldsymbol{\alpha}_3$ 线性相关.

3. 向量组线性相关的判定

由上面的例题和§3.1有关齐次线性方程组解的结论，我们有如下定理.

定理 3.3 向量组 $\boldsymbol{\alpha}_1$，$\boldsymbol{\alpha}_2$，…，$\boldsymbol{\alpha}_n$ 线性相关的充要条件是对应的齐次线性方程组有非零解，即 $r(\boldsymbol{\alpha}_1,\boldsymbol{\alpha}_2,\cdots,\boldsymbol{\alpha}_n)<n$.

方法：用向量组构造矩阵 $\boldsymbol{A}=(\boldsymbol{\alpha}_1,\boldsymbol{\alpha}_2,\cdots,\boldsymbol{\alpha}_n)$，再求 $r(\boldsymbol{A})$.

推论 1 n 个 n 维的列向量组 $\boldsymbol{\alpha}_1$，$\boldsymbol{\alpha}_2$，…，$\boldsymbol{\alpha}_n$ 线性无（相）关的充要条件是 $|(\boldsymbol{\alpha}_1,\boldsymbol{\alpha}_2,\cdots,\boldsymbol{\alpha}_n)|\neq(=)0$.

注 $|(\boldsymbol{\alpha}_1,\boldsymbol{\alpha}_2,\cdots,\boldsymbol{\alpha}_n)|$ 表示由 $\boldsymbol{\alpha}_1$，$\boldsymbol{\alpha}_2$，…，$\boldsymbol{\alpha}_n$ 构成的行列式.

推论 2 任意 m 个 n 维向量（$m>n$）必线性相关，即向量个数大于向量维数时必线性相关.

例 7 判断下列向量组的线性相关性.

(1) $\boldsymbol{\alpha}_1=(1,-1,2)^{\mathrm{T}}$，$\boldsymbol{\alpha}_2=(0,1,3)^{\mathrm{T}}$，$\boldsymbol{\alpha}_3=(2,1,4)^{\mathrm{T}}$.

(2) $\boldsymbol{\alpha}_1=(1,1,0,1)^{\mathrm{T}}$，$\boldsymbol{\alpha}_2=(2,3,2,5)^{\mathrm{T}}$，$\boldsymbol{\alpha}_3=(2,2,0,2)^{\mathrm{T}}$.

(3) $\boldsymbol{\alpha}_1=(1,2,0)^{\mathrm{T}}$，$\boldsymbol{\alpha}_2=(3,5,3)^{\mathrm{T}}$，$\boldsymbol{\alpha}_3=(1,2,7)^{\mathrm{T}}$，$\boldsymbol{\alpha}_4=(2,3,4)^{\mathrm{T}}$.

解 (1)

$$|(\boldsymbol{\alpha}_1,\boldsymbol{\alpha}_2,\boldsymbol{\alpha}_3)|=\begin{vmatrix} 1 & 0 & 2 \\ -1 & 1 & 1 \\ 2 & 3 & 4 \end{vmatrix} \xlongequal[-2r_1+r_3]{r_1+r_2} \begin{vmatrix} 1 & 0 & 2 \\ 0 & 1 & 3 \\ 0 & 3 & 0 \end{vmatrix} =\begin{vmatrix} 1 & 3 \\ 3 & 0 \end{vmatrix}=-9\neq 0,$$

故只有 $k_1=k_2=k_3=0$，所以向量组线性无关.

(2) $$(\boldsymbol{\alpha}_1,\boldsymbol{\alpha}_2,\boldsymbol{\alpha}_3)=\begin{pmatrix} 1 & 2 & 2 \\ 1 & 3 & 2 \\ 0 & 2 & 0 \\ 1 & 5 & 2 \end{pmatrix} \to \begin{pmatrix} 1 & 2 & 2 \\ 0 & 1 & 0 \\ 0 & 2 & 0 \\ 0 & 3 & 0 \end{pmatrix} \to \begin{pmatrix} 1 & 2 & 2 \\ 0 & 1 & 0 \\ 0 & 0 & 0 \\ 0 & 0 & 0 \end{pmatrix},$$ $r(\boldsymbol{\alpha}_1,\boldsymbol{\alpha}_2,\boldsymbol{\alpha}_3)=2<3$，所以向量组线性相关.

(3)因为向量的个数大于向量的维数，故此向量组线性相关.

例 8 已知 $\boldsymbol{\alpha}_1=\begin{pmatrix}1\\0\\\lambda\end{pmatrix}$，$\boldsymbol{\alpha}_2=\begin{pmatrix}2\\2\\\lambda\end{pmatrix}$，$\boldsymbol{\alpha}_3=\begin{pmatrix}\lambda+1\\4\\6\end{pmatrix}$，$\lambda$ 为何值时 $\boldsymbol{\alpha}_1$，$\boldsymbol{\alpha}_2$，$\boldsymbol{\alpha}_3$ 线性相关？并将 $\boldsymbol{\alpha}_3$ 用 $\boldsymbol{\alpha}_1$，$\boldsymbol{\alpha}_2$ 线性表示.

解 $\begin{pmatrix}1&2&\lambda+1\\0&2&4\\\lambda&\lambda&6\end{pmatrix}\to\begin{pmatrix}1&0&\lambda-3\\0&1&2\\0&0&6-\lambda^2+\lambda\end{pmatrix}$，要使 $\boldsymbol{\alpha}_1$，$\boldsymbol{\alpha}_2$，$\boldsymbol{\alpha}_3$ 线性相关，需要 $r(\boldsymbol{A})<3$，则 $6-\lambda^2+\lambda=0$，得 $\lambda=-2$ 或 $\lambda=3$. $\lambda=-2$ 时，$\boldsymbol{\alpha}_3=-5\boldsymbol{\alpha}_1+2\boldsymbol{\alpha}_2$；$\lambda=3$ 时，$\boldsymbol{\alpha}_3=0\cdot\boldsymbol{\alpha}_1+2\boldsymbol{\alpha}_2$.

4. 几个特殊情况

(1) n 维单位向量组线性无关.

因为 $r(\boldsymbol{\varepsilon}_1, \boldsymbol{\varepsilon}_2, \cdots, \boldsymbol{\varepsilon}_n)=n$，所以线性无关.

(2) 一个零向量线性相关，一个非零向量线性无关.

因为对于零向量，任意 $k\neq 0$ 都可使 $k\cdot\mathbf{0}=\mathbf{0}$；对于非零向量 $\boldsymbol{\alpha}$，只有 $k=0$ 时，$k\boldsymbol{\alpha}=\mathbf{0}$.

(3) 含有零向量的向量组一定线性相关.

设向量组 $\mathbf{0}$，$\boldsymbol{\alpha}_1$，$\boldsymbol{\alpha}_2$，…，$\boldsymbol{\alpha}_n$，则至少有一个非零数 k 可使 $k\cdot\mathbf{0}+0\boldsymbol{\alpha}_1+0\boldsymbol{\alpha}_2+\cdots+0\boldsymbol{\alpha}_n=\mathbf{0}$.

(4) 若向量组 $\boldsymbol{\alpha}_1$，$\boldsymbol{\alpha}_2$，…，$\boldsymbol{\alpha}_n$ 线性无关，则其中任意部分向量构成的向量组也线性无关，即"全部无关，部分无关".

(5) 若向量组 $\boldsymbol{\alpha}_1$，$\boldsymbol{\alpha}_2$，…，$\boldsymbol{\alpha}_n$ 中一部分向量线性相关，则该向量组线性相关，即"部分相关，全部相关".

例 9 判断下列向量组的线性相关性.

(1) $\boldsymbol{\alpha}_1=(1, 2, 3)^{\mathrm{T}}$，$\boldsymbol{\alpha}_2=(0, 0, 0)^{\mathrm{T}}$，$\boldsymbol{\alpha}_3=(3, 2, 4)^{\mathrm{T}}$.

(2) $\boldsymbol{\alpha}_1=(0, 1)^{\mathrm{T}}$，$\boldsymbol{\alpha}_2=(1, 0)^{\mathrm{T}}$，$\boldsymbol{\alpha}_3=(1, 1)^{\mathrm{T}}$，$\boldsymbol{\alpha}_4=(0, 2)^{\mathrm{T}}$

解 (1) 此向量组包含零向量，故一定线性相关.

(2) 因为 $\boldsymbol{\alpha}_1$，$\boldsymbol{\alpha}_2$，$\boldsymbol{\alpha}_3$ 线性相关，所以 $\boldsymbol{\alpha}_1$，$\boldsymbol{\alpha}_2$，$\boldsymbol{\alpha}_3$，$\boldsymbol{\alpha}_4$ 也线性相关.

例 10 试证若 $\boldsymbol{\alpha}$，$\boldsymbol{\beta}$，$\boldsymbol{\gamma}$ 线性无关，则 $\boldsymbol{\alpha}+\boldsymbol{\beta}$，$\boldsymbol{\alpha}+\boldsymbol{\gamma}$，$\boldsymbol{\beta}+\boldsymbol{\gamma}$ 也线性无关.

证 设存在 k_1，k_2，k_3，使 $k_1(\boldsymbol{\alpha}+\boldsymbol{\beta})+k_2(\boldsymbol{\beta}+\boldsymbol{\gamma})+k_3(\boldsymbol{\alpha}+\boldsymbol{\gamma})=\mathbf{0}$，得

$$(k_1+k_3)\boldsymbol{\alpha}+(k_1+k_2)\boldsymbol{\beta}+(k_2+k_3)\boldsymbol{\gamma}=\mathbf{0},$$

由于 $\boldsymbol{\alpha}$，$\boldsymbol{\beta}$，$\boldsymbol{\gamma}$ 线性无关，则

$$\begin{cases}k_1+k_3=0\\k_1+k_2=0.\\k_2+k_3=0\end{cases}$$

因为方程组为齐次线性方程组，系数行列式为

$$\begin{vmatrix}1&0&1\\1&1&0\\0&1&1\end{vmatrix}=\begin{vmatrix}1&0&1\\0&1&-1\\0&1&1\end{vmatrix}=\begin{vmatrix}1&-1\\1&1\end{vmatrix}=2\neq 0,$$

则方程组只有零解，即

$$\begin{cases} k_1=0 \\ k_2=0. \\ k_3=0 \end{cases}$$

所以，$\boldsymbol{\alpha}+\boldsymbol{\beta}$，$\boldsymbol{\alpha}+\boldsymbol{\gamma}$，$\boldsymbol{\beta}+\boldsymbol{\gamma}$ 也线性无关.

四、关于线性组合与线性相关的定理

定理 3.4 向量组 $\boldsymbol{\alpha}_1$，$\boldsymbol{\alpha}_2$，…，$\boldsymbol{\alpha}_n$ 线性相关的充要条件是至少有一个 $\boldsymbol{\alpha}_i$ 可以表示成其余 $n-1$ 个向量的线性组合.

证 充分性. 由 $\boldsymbol{\alpha}_1$，$\boldsymbol{\alpha}_2$，…，$\boldsymbol{\alpha}_n$ 线性相关，则存在一组不全为零的数 k_1，k_2，…，k_n，使得

$$k_1\boldsymbol{\alpha}_1+k_2\boldsymbol{\alpha}_2+\cdots+k_n\boldsymbol{\alpha}_n=\mathbf{0},$$

假定 $k_i\neq 0$，则有

$$k_i\boldsymbol{\alpha}_i=-k_1\boldsymbol{\alpha}_1-k_2\boldsymbol{\alpha}_2-\cdots-k_{i-1}\boldsymbol{\alpha}_{i-1}-k_{i+1}\boldsymbol{\alpha}_{i+1}-k_n\boldsymbol{\alpha}_n,$$

$$\boldsymbol{\alpha}_i=-\frac{k_1}{k_i}\boldsymbol{\alpha}_1-\frac{k_2}{k_i}\boldsymbol{\alpha}_2-\cdots-\frac{k_{i-1}}{k_i}\boldsymbol{\alpha}_{i-1}-\frac{k_{i+1}}{k_i}\boldsymbol{\alpha}_{i+1}-\cdots-\frac{k_n}{k_i}\boldsymbol{\alpha}_n,$$

所以，$\boldsymbol{\alpha}_i$ 可以表示成 $\boldsymbol{\alpha}_1$，$\boldsymbol{\alpha}_2$，…，$\boldsymbol{\alpha}_{i-1}$，$\boldsymbol{\alpha}_{i+1}$，…，$\boldsymbol{\alpha}_n$ 的线性组合.

必要性. 设 $\boldsymbol{\alpha}_i=k_1\boldsymbol{\alpha}_1+k_2\boldsymbol{\alpha}_2+\cdots+k_{i-1}\boldsymbol{\alpha}_{i-1}+k_{i+1}\boldsymbol{\alpha}_{i+1}+\cdots+k_n\boldsymbol{\alpha}_n$，则

$$k_1\boldsymbol{\alpha}_1+k_2\boldsymbol{\alpha}_2+\cdots+k_{i-1}\boldsymbol{\alpha}_{i-1}+(-1)\boldsymbol{\alpha}_i+k_{i+1}\boldsymbol{\alpha}_{i+1}+\cdots+k_n\boldsymbol{\alpha}_n=\mathbf{0}.$$

因 k_1，k_2，…，k_{i-1}，-1，k_{i+1}，…，k_n 不全为零，从而 $\boldsymbol{\alpha}_1$，$\boldsymbol{\alpha}_2$，…，$\boldsymbol{\alpha}_n$ 线性相关.

注意：与之前 $\boldsymbol{\alpha}_i=0\cdot\boldsymbol{\alpha}_1+\cdots+1\cdot\boldsymbol{\alpha}_i+\cdots+0\cdot\boldsymbol{\alpha}_n$ 的区别.

定理 3.5 若 $\boldsymbol{\alpha}_1$，$\boldsymbol{\alpha}_2$，…，$\boldsymbol{\alpha}_n$，$\boldsymbol{\beta}$ 线性相关，而 $\boldsymbol{\alpha}_1$，$\boldsymbol{\alpha}_2$，…，$\boldsymbol{\alpha}_n$ 线性无关，则 $\boldsymbol{\beta}$ 可由 $\boldsymbol{\alpha}_1$，$\boldsymbol{\alpha}_2$，…，$\boldsymbol{\alpha}_n$ 线性表示，且表示法唯一.

证 因为 $\boldsymbol{\alpha}_1$，$\boldsymbol{\alpha}_2$，…，$\boldsymbol{\alpha}_n$，$\boldsymbol{\beta}$ 线性相关，则存在一组不全为零的数 k_1，k_2，…，k_n，k_{n+1} 使得

$$k_1\boldsymbol{\alpha}_1+k_2\boldsymbol{\alpha}_2+\cdots+k_n\boldsymbol{\alpha}_n+k_{n+1}\boldsymbol{\beta}=\mathbf{0}. \qquad (*)$$

则必有 $k_{n+1}\neq 0$，因为假若 $k_{n+1}=0$，则有 k_1，k_2，…，k_n 不全为零，使得

$$k_1\boldsymbol{\alpha}_1+k_2\boldsymbol{\alpha}_2+\cdots+k_n\boldsymbol{\alpha}_n=\mathbf{0}.$$

这与题设向量组 $\boldsymbol{\alpha}_1$，$\boldsymbol{\alpha}_2$，…，$\boldsymbol{\alpha}_n$ 线性无关矛盾，因此，

$$\boldsymbol{\beta}=-\frac{k_1}{k_{n+1}}\boldsymbol{\alpha}_1-\frac{k_2}{k_{n+1}}\boldsymbol{\alpha}_2-\cdots-\frac{k_n}{k_{n+1}}\boldsymbol{\alpha}_n.$$

（再证表示法唯一）

设 $\boldsymbol{\beta}=k_1\boldsymbol{\alpha}_1+k_2\boldsymbol{\alpha}_2+\cdots+k_n\boldsymbol{\alpha}_n$，$\boldsymbol{\beta}=l_1\boldsymbol{\alpha}_1+l_2\boldsymbol{\alpha}_2+\cdots+l_n\boldsymbol{\alpha}_n$，两式相减可得

$$\mathbf{0}=(k_1-l_1)\boldsymbol{\alpha}_1+(k_2-l_2)\boldsymbol{\alpha}_2+\cdots+(k_n-l_n)\boldsymbol{\alpha}_n.$$

由于 $\boldsymbol{\alpha}_1$，$\boldsymbol{\alpha}_2$，…，$\boldsymbol{\alpha}_n$ 线性无关，则 $k_i-l_i=0 \Rightarrow k_i=l_i$，$i=1, 2, \cdots, n$，所以表示法唯一.

例 11 若 $\boldsymbol{\alpha}_1$，$\boldsymbol{\alpha}_2$，$\boldsymbol{\alpha}_3$ 线性相关，而 $\boldsymbol{\alpha}_2$，$\boldsymbol{\alpha}_3$，$\boldsymbol{\alpha}_4$ 线性无关，试证 $\boldsymbol{\alpha}_4$ 不能表示成 $\boldsymbol{\alpha}_1$，$\boldsymbol{\alpha}_2$，$\boldsymbol{\alpha}_3$ 的线性组合.

证 设 $\boldsymbol{\alpha}_4$ 能表示成 $\boldsymbol{\alpha}_1$，$\boldsymbol{\alpha}_2$，$\boldsymbol{\alpha}_3$ 的线性组合，则 $\boldsymbol{\alpha}_4=k_1\boldsymbol{\alpha}_1+k_2\boldsymbol{\alpha}_2+k_3\boldsymbol{\alpha}_3$，由于 $\boldsymbol{\alpha}_1$，$\boldsymbol{\alpha}_2$，$\boldsymbol{\alpha}_3$ 线性相关，$\boldsymbol{\alpha}_2$，$\boldsymbol{\alpha}_3$，$\boldsymbol{\alpha}_4$ 线性无关，进而 $\boldsymbol{\alpha}_2$，$\boldsymbol{\alpha}_3$ 线性无关，则 $\boldsymbol{\alpha}_1=l_1\boldsymbol{\alpha}_2+l_2\boldsymbol{\alpha}_3$，$\boldsymbol{\alpha}_4=(k_1l_1+k_2)\boldsymbol{\alpha}_2+(k_1l_2+k_3)\boldsymbol{\alpha}_3$，即 $\boldsymbol{\alpha}_4$ 能表示成 $\boldsymbol{\alpha}_2$，$\boldsymbol{\alpha}_3$ 的线性组合，所以 $\boldsymbol{\alpha}_2$，$\boldsymbol{\alpha}_3$，$\boldsymbol{\alpha}_4$ 线性相关，与题目条件矛盾，所以 $\boldsymbol{\alpha}_4$ 不能表示成 $\boldsymbol{\alpha}_1$，$\boldsymbol{\alpha}_2$，$\boldsymbol{\alpha}_3$ 的线性组合.

例 12 若 $\boldsymbol{\alpha}_1$，$\boldsymbol{\alpha}_2$，$\boldsymbol{\alpha}_3$ 线性无关，$\boldsymbol{\alpha}_1$，$\boldsymbol{\alpha}_2$，$\boldsymbol{\alpha}_4$ 线性相关，证明 $\boldsymbol{\alpha}_4$ 可以由 $\boldsymbol{\alpha}_1$，$\boldsymbol{\alpha}_2$，$\boldsymbol{\alpha}_3$ 线性表出.

证 因为 $\boldsymbol{\alpha}_1$，$\boldsymbol{\alpha}_2$，$\boldsymbol{\alpha}_3$ 线性无关，所以 $\boldsymbol{\alpha}_1$，$\boldsymbol{\alpha}_2$ 也线性无关.

又因为 $\boldsymbol{\alpha}_1$，$\boldsymbol{\alpha}_2$，$\boldsymbol{\alpha}_4$ 线性相关，所以 $\boldsymbol{\alpha}_4$ 可以表示成 $\boldsymbol{\alpha}_1$，$\boldsymbol{\alpha}_2$ 的线性组合，即 $\boldsymbol{\alpha}_4=k_1\boldsymbol{\alpha}_1+k_2\boldsymbol{\alpha}_2 \Rightarrow \boldsymbol{\alpha}_4=k_1\boldsymbol{\alpha}_1+k_2\boldsymbol{\alpha}_2+0\boldsymbol{\alpha}_3$，故 $\boldsymbol{\alpha}_4$ 可以由 $\boldsymbol{\alpha}_1$，$\boldsymbol{\alpha}_2$，$\boldsymbol{\alpha}_3$ 线性表出.

例 13 设向量 $\boldsymbol{\beta}$ 可由向量组 $\boldsymbol{\alpha}_1$，$\boldsymbol{\alpha}_2$，…，$\boldsymbol{\alpha}_m$ 线性表示，但不能由向量组 $\boldsymbol{\alpha}_1$，$\boldsymbol{\alpha}_2$，…，$\boldsymbol{\alpha}_{m-1}$ 线性表示，证明（1）$\boldsymbol{\alpha}_m$ 不能由 $\boldsymbol{\alpha}_1$，$\boldsymbol{\alpha}_2$，…，$\boldsymbol{\alpha}_{m-1}$ 线性表示；（2）$\boldsymbol{\alpha}_m$ 可由 $\boldsymbol{\alpha}_1$，$\boldsymbol{\alpha}_2$，…，$\boldsymbol{\alpha}_{m-1}$，$\boldsymbol{\beta}$ 线性表示.

证 （1）若 $\boldsymbol{\alpha}_m$ 能由 $\boldsymbol{\alpha}_1$，$\boldsymbol{\alpha}_2$，…，$\boldsymbol{\alpha}_{m-1}$ 线性表示，则 $\boldsymbol{\beta}$ 可由 $\boldsymbol{\alpha}_1$，$\boldsymbol{\alpha}_2$，…，$\boldsymbol{\alpha}_{m-1}$ 线性表示，与题设矛盾，故 $\boldsymbol{\alpha}_m$ 不能由 $\boldsymbol{\alpha}_1$，$\boldsymbol{\alpha}_2$，…，$\boldsymbol{\alpha}_{m-1}$ 线性表示.

（2）由于 $\boldsymbol{\beta}$ 可由向量组 $\boldsymbol{\alpha}_1$，$\boldsymbol{\alpha}_2$，…，$\boldsymbol{\alpha}_m$ 线性表示，不能由 $\boldsymbol{\alpha}_1$，$\boldsymbol{\alpha}_2$，…，$\boldsymbol{\alpha}_{m-1}$ 线性表示，故在用 $\boldsymbol{\alpha}_1$，$\boldsymbol{\alpha}_2$，…，$\boldsymbol{\alpha}_m$ 线性表示 $\boldsymbol{\beta}$ 时，$\boldsymbol{\alpha}_m$ 的系数不为 0，故 $\boldsymbol{\alpha}_m$ 可由 $\boldsymbol{\alpha}_1$，$\boldsymbol{\alpha}_2$，…，$\boldsymbol{\alpha}_{m-1}$，$\boldsymbol{\beta}$ 线性表示.

例 14 设向量组 $\boldsymbol{\alpha}_1=(a_{11}, a_{12}, \cdots, a_{1p})^{\mathrm{T}}$，$\boldsymbol{\alpha}_2=(a_{21}, a_{22}, \cdots, a_{2p})^{\mathrm{T}}$，…，$\boldsymbol{\alpha}_m=(a_{m1}, a_{m2}, \cdots, a_{mp})^{\mathrm{T}}$ 线性无关，将每个向量增加 s 个分量后得到向量组 $\boldsymbol{\beta}_1=(a_{11}, a_{12}, \cdots, a_{1p}, a_{1,p+1}, \cdots, a_{1,p+s})^{\mathrm{T}}$，$\boldsymbol{\beta}_2=(a_{21}, a_{22}, \cdots, a_{2p}, a_{2,p+1}, \cdots, a_{2,p+s})^{\mathrm{T}}$，…，$\boldsymbol{\beta}_m=(a_{m1}, a_{m2}, \cdots, a_{mp}, a_{m,p+1}, \cdots, a_{m,p+s})^{\mathrm{T}}$，则 $\boldsymbol{\beta}_1$，$\boldsymbol{\beta}_2$，…，$\boldsymbol{\beta}_m$ 线性无关.

证 令 $\boldsymbol{A}=(\boldsymbol{\alpha}_1, \boldsymbol{\alpha}_2, \cdots, \boldsymbol{\alpha}_m)$，$\boldsymbol{B}=(\boldsymbol{\beta}_1, \boldsymbol{\beta}_2, \cdots, \boldsymbol{\beta}_m)$，因为 $\boldsymbol{\alpha}_1$，$\boldsymbol{\alpha}_2$，…，$\boldsymbol{\alpha}_m$ 线性无关，所以 $r(\boldsymbol{A})=m$.

由于

$$r(\boldsymbol{A})\leqslant r(\boldsymbol{B})\leqslant \min\{m, p+s\}\leqslant m,$$

所以 $r(\boldsymbol{B})=m$. 因此 $\boldsymbol{\beta}_1$，$\boldsymbol{\beta}_2$，…，$\boldsymbol{\beta}_m$ 线性无关.

§3.3 向量组的秩

在§3.1 的例 3 中我们看到，经过同解变换将方程组中的三个方程化为两个方程，这说明原方程组中有一个方程是多余的. 一般来讲，一个方程组由 m 个方程组成，如果这 m 个方程线性无关，则 m 是方程组中方程的真正个数；如果线性相关，其中必有某个方程是其余方程的线性组合，可以认为这个方程是“多余的”. 将这个多余的方程从方程组中删去，剩下的方程所组成的方程组与原方程组等价，具有相同的解，我们现在想得到由多少个方程构成的方程组与原方程组是等价的. 由此引入向量组的秩与极大无关组的概念.

一、等价向量组

下面我们讨论两个向量组之间的关系

定义 3.9 设有两个向量组①$\boldsymbol{\alpha}_1, \boldsymbol{\alpha}_2, \cdots, \boldsymbol{\alpha}_m$；②$\boldsymbol{\beta}_1, \boldsymbol{\beta}_2, \cdots, \boldsymbol{\beta}_n$. 若②中的每一个向量可以由向量组①线性表示，则称向量组②可以被向量组①**线性表示**，若向量组①与向量组②可以相互表示，则称这两个向量组**等价**.

若向量组②可以被向量组①线性表示，其矩阵形式

$$\begin{aligned}\boldsymbol{\beta}_1 &= k_{11}\boldsymbol{\alpha}_1 + k_{12}\boldsymbol{\alpha}_2 + \cdots + k_{1m}\boldsymbol{\alpha}_m \\ \boldsymbol{\beta}_2 &= k_{21}\boldsymbol{\alpha}_1 + k_{22}\boldsymbol{\alpha}_2 + \cdots + k_{2m}\boldsymbol{\alpha}_m \\ &\cdots\cdots \\ \boldsymbol{\beta}_n &= k_{n1}\boldsymbol{\alpha}_1 + k_{n2}\boldsymbol{\alpha}_2 + \cdots + k_{nm}\boldsymbol{\alpha}_m\end{aligned} \Rightarrow \begin{pmatrix}\boldsymbol{\beta}_1\\ \boldsymbol{\beta}_2\\ \vdots\\ \boldsymbol{\beta}_n\end{pmatrix} = \begin{pmatrix}k_{11} & k_{12} & \cdots & k_{1m}\\ k_{21} & k_{22} & \cdots & k_{2m}\\ \vdots & \vdots & \cdots & \vdots\\ k_{n1} & k_{n2} & \cdots & k_{nm}\end{pmatrix}\begin{pmatrix}\boldsymbol{\alpha}_1\\ \boldsymbol{\alpha}_2\\ \vdots\\ \boldsymbol{\alpha}_m\end{pmatrix}$$

记 $$\boldsymbol{C} = \begin{pmatrix}k_{11} & k_{12} & \cdots & k_{1m}\\ k_{21} & k_{22} & \cdots & k_{2m}\\ \vdots & \vdots & \cdots & \vdots\\ k_{n1} & k_{n2} & \cdots & k_{nm}\end{pmatrix}, \boldsymbol{A} = \begin{pmatrix}\boldsymbol{\beta}_1\\ \boldsymbol{\beta}_2\\ \vdots\\ \boldsymbol{\beta}_n\end{pmatrix}, \boldsymbol{B} = \begin{pmatrix}\boldsymbol{\alpha}_1\\ \boldsymbol{\alpha}_2\\ \vdots\\ \boldsymbol{\alpha}_m\end{pmatrix},$$

则 $\boldsymbol{A} = \boldsymbol{CB}$.

如：

$$\begin{aligned}\boldsymbol{\beta}_1 &= 2\boldsymbol{\alpha}_1 - 3\boldsymbol{\alpha}_2 + \boldsymbol{\alpha}_3 - \boldsymbol{\alpha}_4 \\ \boldsymbol{\beta}_2 &= \boldsymbol{\alpha}_1 - 2\boldsymbol{\alpha}_2 - 3\boldsymbol{\alpha}_3 + 2\boldsymbol{\alpha}_4 \\ \boldsymbol{\beta}_3 &= -\boldsymbol{\alpha}_1 + 3\boldsymbol{\alpha}_2 - 2\boldsymbol{\alpha}_3 - \boldsymbol{\alpha}_4\end{aligned} \Rightarrow \begin{pmatrix}\boldsymbol{\beta}_1\\ \boldsymbol{\beta}_2\\ \boldsymbol{\beta}_3\end{pmatrix} = \begin{pmatrix}2 & -3 & 1 & -1\\ 1 & -2 & -3 & 2\\ -1 & 3 & -2 & -1\end{pmatrix}\begin{pmatrix}\boldsymbol{\alpha}_1\\ \boldsymbol{\alpha}_2\\ \boldsymbol{\alpha}_3\\ \boldsymbol{\alpha}_4\end{pmatrix},$$

其中 $$\boldsymbol{C} = \begin{pmatrix}2 & -3 & 1 & -1\\ 1 & -2 & -3 & 2\\ -1 & 3 & -2 & -1\end{pmatrix}.$$

定理 3.6 设①$\boldsymbol{\alpha}_1, \boldsymbol{\alpha}_2, \cdots, \boldsymbol{\alpha}_m$，②$\boldsymbol{\beta}_1, \boldsymbol{\beta}_2, \cdots, \boldsymbol{\beta}_n$，且②中每个向量可以被向量组①线性表示，若 $m<n$，则向量组②线性相关.

证 设 $$(\boldsymbol{\beta}_1, \boldsymbol{\beta}_2, \cdots, \boldsymbol{\beta}_n) = (\boldsymbol{\alpha}_1, \boldsymbol{\alpha}_2, \cdots, \boldsymbol{\alpha}_m)\begin{pmatrix}k_{11} & k_{12} & \cdots & k_{1n}\\ k_{21} & k_{22} & \cdots & k_{2n}\\ \vdots & \vdots & \cdots & \vdots\\ k_{m1} & k_{m2} & \cdots & k_{mn}\end{pmatrix}. \tag{1}$$

欲证存在不全为零的数 $x_1, x_2, \cdots, x_n$ 使

$$x_1\boldsymbol{\beta}_1+x_2\boldsymbol{\beta}_2+\cdots+x_n\boldsymbol{\beta}_n=(\boldsymbol{\beta}_1,\boldsymbol{\beta}_2,\cdots,\boldsymbol{\beta}_n)\begin{pmatrix}x_1\\x_2\\\vdots\\x_n\end{pmatrix}=\mathbf{0}, \tag{2}$$

将 (1) 代入 (2)，并注意到 $m<n$，则知齐次线性方程组

$$\begin{pmatrix}k_{11}&k_{12}&\cdots&k_{1n}\\k_{21}&k_{22}&\cdots&k_{2n}\\\vdots&\vdots&\cdots&\vdots\\k_{m1}&k_{m2}&\cdots&k_{mn}\end{pmatrix}\begin{pmatrix}x_1\\x_2\\\vdots\\x_n\end{pmatrix}=\mathbf{0}$$

有非零解，从而向量组 $\boldsymbol{\beta}_1$，$\boldsymbol{\beta}_2$，…，$\boldsymbol{\beta}_n$ 线性相关.

推论 1 设向量组②能由向量组①线性表示，若向量组②线性无关，则 $n\leqslant m$.

推论 2 设向量组①与②可以相互表示，若①与②都是线性无关的，则 $m=n$.

二、极大无关组

1. 引入极大无关组概念

设一向量组 $\boldsymbol{\alpha}_1=\begin{pmatrix}1\\0\\0\\0\end{pmatrix}$，$\boldsymbol{\alpha}_2=\begin{pmatrix}0\\1\\0\\0\end{pmatrix}$，$\boldsymbol{\alpha}_3=\begin{pmatrix}0\\0\\1\\0\end{pmatrix}$，$\boldsymbol{\alpha}_4=\begin{pmatrix}0\\0\\0\\1\end{pmatrix}$，$\boldsymbol{\alpha}_5=\begin{pmatrix}2\\4\\6\\8\end{pmatrix}$，$\boldsymbol{\alpha}_6=\begin{pmatrix}8\\2\\4\\6\end{pmatrix}$.

在该向量组中 $\boldsymbol{\alpha}_1$ 线性无关，$\boldsymbol{\alpha}_1$，$\boldsymbol{\alpha}_2$ 线性无关，$\boldsymbol{\alpha}_1$，$\boldsymbol{\alpha}_2$，$\boldsymbol{\alpha}_3$ 线性无关，$\boldsymbol{\alpha}_1$，$\boldsymbol{\alpha}_2$，$\boldsymbol{\alpha}_3$，$\boldsymbol{\alpha}_4$ 线性无关，但 $\boldsymbol{\alpha}_1$，$\boldsymbol{\alpha}_2$，$\boldsymbol{\alpha}_3$，$\boldsymbol{\alpha}_4$，$\boldsymbol{\alpha}_5$ 线性相关，并且该向量组本身线性相关. 通过观察，可以发现，该向量组可以找到线性无关的部分组，该部分组最多可以找到 4 个向量构成的部分组线性无关，向这个部分组中任意加入 1 个向量，构成的部分组线性相关，于是 $\boldsymbol{\alpha}_1$，$\boldsymbol{\alpha}_2$，$\boldsymbol{\alpha}_3$，$\boldsymbol{\alpha}_4$ 是该向量组的最大线性无关部分组，称为极大无关组.

定义 3.10 设向量组 $\boldsymbol{\alpha}_1$，$\boldsymbol{\alpha}_2$，…，$\boldsymbol{\alpha}_n$ 有一个部分组 $\boldsymbol{\alpha}_{i_1}$，$\boldsymbol{\alpha}_{i_2}$，…，$\boldsymbol{\alpha}_{i_m}$，此部分组满足

(1) $\boldsymbol{\alpha}_{i_1}$，$\boldsymbol{\alpha}_{i_2}$，…，$\boldsymbol{\alpha}_{i_m}$ 线性无关；

(2) $\boldsymbol{\alpha}_1$，$\boldsymbol{\alpha}_2$，…，$\boldsymbol{\alpha}_n$ 中任何一个向量均可由 $\boldsymbol{\alpha}_{i_1}$，$\boldsymbol{\alpha}_{i_2}$，…，$\boldsymbol{\alpha}_{i_m}$ 线性表示，则称 $\boldsymbol{\alpha}_{i_1}$，$\boldsymbol{\alpha}_{i_2}$，…，$\boldsymbol{\alpha}_{i_m}$ 是 $\boldsymbol{\alpha}_1$，$\boldsymbol{\alpha}_2$，…，$\boldsymbol{\alpha}_n$ 的一个**极大线性无关组**，简称**极大无关组**.

注 1 由极大无关组的定义知，任意一个不全为零向量的向量组必有极大无关组，而线性无关的向量组的极大无关组为其本身.

注 2 极大无关组不一定是唯一的，但其中包含的向量个数一定是相同的.

2. 极大无关组的判定

定理 3.7 设 $\boldsymbol{\alpha}_{i_1}$，$\boldsymbol{\alpha}_{i_2}$，…，$\boldsymbol{\alpha}_{i_m}$ 为向量组 $\boldsymbol{\alpha}_1$，$\boldsymbol{\alpha}_2$，…，$\boldsymbol{\alpha}_n$ 的线性无关部分组，则 $\boldsymbol{\alpha}_{i_1}$，$\boldsymbol{\alpha}_{i_2}$，…，$\boldsymbol{\alpha}_{i_m}$ 是极大无关组的充要条件是向量组 $\boldsymbol{\alpha}_1$，$\boldsymbol{\alpha}_2$，…，$\boldsymbol{\alpha}_n$ 中的任意向量都可以由 $\boldsymbol{\alpha}_{i_1}$，$\boldsymbol{\alpha}_{i_2}$，…，$\boldsymbol{\alpha}_{i_m}$ 线性表出.

事实上，极大无关组 $\boldsymbol{\alpha}_{i_1}$，$\boldsymbol{\alpha}_{i_2}$，…，$\boldsymbol{\alpha}_{i_m}$ 本身也可以被 $\boldsymbol{\alpha}_1$，$\boldsymbol{\alpha}_2$，…，$\boldsymbol{\alpha}_n$ 线性表示，即向量组的极大无关组和该向量组本身等价. 从而也可得出同一向量组的任意两个极大无关组

等价.

三、向量组的秩

定义 3.11　向量组 $\boldsymbol{\alpha}_1, \boldsymbol{\alpha}_2, \cdots, \boldsymbol{\alpha}_n$ 的极大无关组所含向量的个数，称为**向量组的秩**，记为 $r(\boldsymbol{\alpha}_1, \boldsymbol{\alpha}_2, \cdots, \boldsymbol{\alpha}_n)$.

若能够求得向量组的秩，便能很方便地寻找极大无关组，而求向量组的秩需要初等变换. 所以，求极大无关组的做法是对 $\boldsymbol{A}=(\boldsymbol{\alpha}_1, \boldsymbol{\alpha}_2, \cdots, \boldsymbol{\alpha}_n)$ 施以初等行变换，直到变成行最简形矩阵，此时，单位向量所对应的向量就是极大无关组，而其余向量也可直接由极大无关组线性表示.

例 1　求向量组 $\boldsymbol{\alpha}_1=\begin{pmatrix}1\\2\\3\\4\end{pmatrix}$，$\boldsymbol{\alpha}_2=\begin{pmatrix}2\\3\\5\\9\end{pmatrix}$，$\boldsymbol{\alpha}_3=\begin{pmatrix}3\\5\\6\\0\end{pmatrix}$的秩，并求它的一个极大无关组.

解

$$(\boldsymbol{\alpha}_1, \boldsymbol{\alpha}_2, \boldsymbol{\alpha}_3)=\begin{pmatrix}1&2&3\\2&3&5\\3&5&6\\4&9&0\end{pmatrix}\xrightarrow[-4r_1+r_4]{\substack{-2r_1+r_2\\-3r_1+r_3}}\begin{pmatrix}1&2&3\\0&-1&-1\\0&-1&-3\\0&1&-12\end{pmatrix}\xrightarrow[r_2+r_4]{-r_2+r_3}\begin{pmatrix}1&2&3\\0&-1&-1\\0&0&-2\\0&0&-13\end{pmatrix}$$

$$\xrightarrow[r_3\times\left(-\frac{1}{2}\right)]{-\frac{13}{2}r_3+r_4}\begin{pmatrix}1&2&3\\0&-1&-1\\0&0&1\\0&0&0\end{pmatrix},$$

所以 $r(\boldsymbol{\alpha}_1, \boldsymbol{\alpha}_2, \boldsymbol{\alpha}_3)=3$，因而它的极大无关组为其本身.

例 2　设向量组 $\boldsymbol{\alpha}_1=\begin{pmatrix}1\\2\\1\\1\end{pmatrix}$，$\boldsymbol{\alpha}_2=\begin{pmatrix}1\\-1\\7\\10\end{pmatrix}$，$\boldsymbol{\alpha}_3=\begin{pmatrix}1\\3\\-1\\-2\end{pmatrix}$，$\boldsymbol{\alpha}_4=\begin{pmatrix}5\\8\\9\\11\end{pmatrix}$，求该向量组的秩和极大无关组，并将其余向量用此极大无关组线性表出.

解　$$(\boldsymbol{\alpha}_1, \boldsymbol{\alpha}_2, \boldsymbol{\alpha}_3, \boldsymbol{\alpha}_4)=\begin{pmatrix}1&1&1&5\\2&-1&3&8\\1&7&-1&9\\1&10&-2&11\end{pmatrix}\to\begin{pmatrix}1&1&1&5\\0&-3&1&-2\\0&6&-2&4\\0&9&-3&6\end{pmatrix}$$

$$\to\begin{pmatrix}1&0&4/3&13/3\\0&1&-1/3&2/3\\0&0&0&0\\0&0&0&0\end{pmatrix},$$

所以向量组的秩为 2；$\boldsymbol{\alpha}_1$，$\boldsymbol{\alpha}_2$ 为一个极大无关组；且

$$\boldsymbol{\alpha}_3=\frac{4}{3}\boldsymbol{\alpha}_1-\frac{1}{3}\boldsymbol{\alpha}_2,\ \boldsymbol{\alpha}_4=\frac{13}{3}\boldsymbol{\alpha}_1+\frac{2}{3}\boldsymbol{\alpha}_2.$$

例 3 求向量组 $\boldsymbol{\alpha}_1=(1,2,-1)^{\mathrm{T}}$，$\boldsymbol{\alpha}_2=(0,2,5)^{\mathrm{T}}$，$\boldsymbol{\alpha}_3=(0,2,3)^{\mathrm{T}}$，$\boldsymbol{\alpha}_4=(5,6,7)^{\mathrm{T}}$ 的秩和极大无关组，并将其余向量用该极大无关组线性表示.

解

$$(\boldsymbol{\alpha}_1,\boldsymbol{\alpha}_2,\boldsymbol{\alpha}_3,\boldsymbol{\alpha}_4)=\begin{pmatrix}1&0&0&5\\2&2&2&6\\-1&5&3&7\end{pmatrix}\to\begin{pmatrix}1&0&0&5\\0&2&2&-4\\0&5&3&12\end{pmatrix}$$

$$\to\begin{pmatrix}1&0&0&5\\0&1&1&-2\\0&0&-2&22\end{pmatrix}\to\begin{pmatrix}1&0&0&5\\0&1&0&9\\0&0&1&-11\end{pmatrix},$$

所以 $r(\boldsymbol{\alpha}_1,\boldsymbol{\alpha}_2,\boldsymbol{\alpha}_3,\boldsymbol{\alpha}_4)=3$，$\boldsymbol{\alpha}_1,\boldsymbol{\alpha}_2,\boldsymbol{\alpha}_3$ 为极大无关组，$\boldsymbol{\alpha}_4=5\boldsymbol{\alpha}_1+9\boldsymbol{\alpha}_2-11\boldsymbol{\alpha}_3$.

例 4 求向量组 $\boldsymbol{\alpha}_1=(1,1,1,k)^{\mathrm{T}}$，$\boldsymbol{\alpha}_2=(1,1,k,1)^{\mathrm{T}}$，$\boldsymbol{\alpha}_3=(1,2,1,1)^{\mathrm{T}}$ 的秩及其一个极大无关组.

解 $\boldsymbol{A}=(\boldsymbol{\alpha}_1,\boldsymbol{\alpha}_2,\boldsymbol{\alpha}_3)=\begin{pmatrix}1&1&1\\1&1&2\\1&k&1\\k&1&1\end{pmatrix}\xrightarrow[-r_1+r_4]{\substack{-r_1+r_2\\-r_1+r_3}}\begin{pmatrix}1&1&1\\0&0&1\\0&k-1&0\\k-1&0&0\end{pmatrix}=\boldsymbol{B}$，若 $k=1$，则 $r(\boldsymbol{\alpha}_1,\boldsymbol{\alpha}_2,\boldsymbol{\alpha}_3)=2$，$\boldsymbol{\alpha}_1,\boldsymbol{\alpha}_3$ 是 $\boldsymbol{\alpha}_1,\boldsymbol{\alpha}_2,\boldsymbol{\alpha}_3$ 的一个极大无关组，$\boldsymbol{\alpha}_2,\boldsymbol{\alpha}_3$ 也是 $\boldsymbol{\alpha}_1,\boldsymbol{\alpha}_2,\boldsymbol{\alpha}_3$ 的一个极大无关组.

若 $k\neq1$，则 $r(\boldsymbol{\alpha}_1,\boldsymbol{\alpha}_2,\boldsymbol{\alpha}_3)=3$，故 $\boldsymbol{\alpha}_1,\boldsymbol{\alpha}_2,\boldsymbol{\alpha}_3$ 本身是其唯一的极大无关组.

§3.4 齐次线性方程组解的结构

在本节我们讨论齐次线性方程组的一般形式、解的性质以及解的结构，为讨论非齐次线性方程组的解的结构奠定基础.

一、齐次线性方程组的一般形式

设齐次线性方程组 $\begin{cases}a_{11}x_1+a_{12}x_2+\cdots+a_{1n}x_n=0\\a_{21}x_1+a_{22}x_2+\cdots+a_{2n}x_n=0\\\cdots\cdots\\a_{m1}x_1+a_{m2}x_2+\cdots+a_{mn}x_n=0\end{cases}$，

系数矩阵 $\boldsymbol{A}=\begin{pmatrix}a_{11}&a_{12}&\cdots&a_{1n}\\a_{21}&a_{22}&\cdots&a_{2n}\\\vdots&\vdots&\cdots&\vdots\\a_{m1}&a_{m2}&\cdots&a_{mn}\end{pmatrix}=(\boldsymbol{\alpha}_1,\boldsymbol{\alpha}_2,\cdots,\boldsymbol{\alpha}_n)$，$\boldsymbol{X}=\begin{pmatrix}x_1\\x_2\\\vdots\\x_n\end{pmatrix}$，$\boldsymbol{0}=\begin{pmatrix}0\\0\\\vdots\\0\end{pmatrix}$，

所以齐次线性方程组的矩阵形式为 $\boldsymbol{AX}=\boldsymbol{0}$，其向量形式：$x_1\boldsymbol{\alpha}_1+x_2\boldsymbol{\alpha}_2+\cdots+x_n\boldsymbol{\alpha}_n=\boldsymbol{0}$.

二、齐次线性方程组 $\boldsymbol{AX}=\boldsymbol{0}$ 解的结构

1. 解的判定

对于齐次线性方程组，只有零解的充要条件是 $r(\boldsymbol{A})=n$；有无穷多解的充要条件是 $r(\boldsymbol{A})=r<n$.

特别地，如果方程的个数 m 等于未知数的个数 n，则只有零解的充要条件是 $|\boldsymbol{A}|\neq 0$；有非零解的充要条件是 $|\boldsymbol{A}|=0$.

2. 齐次线性方程组解的性质

性质 1 若 $\boldsymbol{v}_1$，$\boldsymbol{v}_2$ 为齐次线性方程组 $\boldsymbol{AX}=\boldsymbol{0}$ 的解，则 $\boldsymbol{v}_1+\boldsymbol{v}_2$ 也是齐次线性方程组 $\boldsymbol{AX}=\boldsymbol{0}$ 的解.

证 因为 $\boldsymbol{Av}_1=\boldsymbol{0}$，$\boldsymbol{Av}_2=\boldsymbol{0}$，所以 $\boldsymbol{A}(\boldsymbol{v}_1+\boldsymbol{v}_2)=\boldsymbol{Av}_1+\boldsymbol{Av}_2=\boldsymbol{0}$，即 $\boldsymbol{v}_1+\boldsymbol{v}_2$ 也是齐次线性方程组的解.

性质 2 若 $\boldsymbol{v}_1$ 是齐次线性方程组 $\boldsymbol{AX}=\boldsymbol{0}$ 的解，对于任意常数 k，则 $k\boldsymbol{v}_1$ 是齐次线性方程组 $\boldsymbol{AX}=\boldsymbol{0}$ 的解.

证 由于 $\boldsymbol{Av}_1=\boldsymbol{0}$，所以 $\boldsymbol{A}(k\boldsymbol{v}_1)=k\boldsymbol{Av}_1=k\cdot\boldsymbol{0}=\boldsymbol{0}$，即 $k\boldsymbol{v}_1$ 是齐次线性方程组 $\boldsymbol{AX}=\boldsymbol{0}$ 的解.

性质 3 若 $\boldsymbol{v}_1$，$\boldsymbol{v}_2$，…，$\boldsymbol{v}_m$ 均为齐次线性方程组 $\boldsymbol{AX}=\boldsymbol{0}$ 的解，k_1，k_2，…，k_m 为任意常数，则 $k_1\boldsymbol{v}_1+k_2\boldsymbol{v}_2+\cdots+k_m\boldsymbol{v}_m$ 也是齐次线性方程组 $\boldsymbol{AX}=\boldsymbol{0}$ 的解.

对于 $\boldsymbol{AX}=\boldsymbol{0}$，如果它有无穷多个解，每一个解都是一个向量，那便有无穷多个向量，形成了一个向量组，这个向量组的秩是多少，极大无关组是什么，都是需要关注的问题.

对于这无穷多个解向量，如果写成矩阵形式，是一个 n 行若干列的矩阵，可见该矩阵的秩不会超过 n，只能为不超过 n 的有限数，因此一定可以找到解向量组的极大无关组，这时，该向量组中的每一个向量都可以由该极大无关组线性表示出来. 所以，对于齐次线性方程组，只要能找到解向量组的极大无关组，方程组的全部解就能够表示出来.

3. 齐次线性方程组解的结构

定义 3.12 若齐次线性方程组 $\boldsymbol{AX}=\boldsymbol{0}$的有限个解 $\boldsymbol{v}_1$，$\boldsymbol{v}_2$，…，$\boldsymbol{v}_m$ 满足

(1) $\boldsymbol{v}_1$，$\boldsymbol{v}_2$，…，$\boldsymbol{v}_m$ 线性无关；

(2) $\boldsymbol{AX}=\boldsymbol{0}$ 的任意一个解均可由 $\boldsymbol{v}_1$，$\boldsymbol{v}_2$，…，$\boldsymbol{v}_m$ 线性表示，则称 $\boldsymbol{v}_1$，$\boldsymbol{v}_2$，…，$\boldsymbol{v}_m$ 为齐次线性方程组 $\boldsymbol{AX}=\boldsymbol{0}$ 的一个**基础解系**.

注 显然，$\boldsymbol{AX}=\boldsymbol{0}$ 的基础解系就是 $\boldsymbol{AX}=\boldsymbol{0}$解向量组的一个极大无关组.

定理 3.8 对于齐次线性方程组 $\boldsymbol{AX}=\boldsymbol{0}$，若 $r(\boldsymbol{A})=r<n$，则该方程组的基础解系一定存在，且每个基础解系中所含解向量的个数均等于 $n-r$，其中 n 为方程组中未知数的个数 ($n-r$ 即自由未知量的个数).

证 因为 $r(\boldsymbol{A})=r<n$，故对矩阵 $\boldsymbol{A}$ 施以初等行变换，可化为如下形式：

$$B=\begin{pmatrix}1 & 0 & \cdots & 0 & b_{11} & b_{12} & \cdots & b_{1,n-r}\\ 0 & 1 & \cdots & 0 & b_{21} & b_{22} & \cdots & b_{2,n-r}\\ \vdots & \vdots & \cdots & \vdots & \vdots & \vdots & \cdots & \vdots\\ 0 & 0 & \cdots & 1 & b_{r1} & b_{r2} & \cdots & b_{r,n-r}\\ 0 & 0 & \cdots & 0 & 0 & 0 & \cdots & 0\\ \vdots & \vdots & \cdots & \vdots & \vdots & \vdots & \cdots & \vdots\\ 0 & 0 & \cdots & 0 & 0 & 0 & \cdots & 0\end{pmatrix}$$

即齐次线性方程组 $\boldsymbol{AX}=\boldsymbol{0}$ 与下面的方程组同解：

$$\begin{cases}x_1=-b_{11}x_{r+1}-b_{12}x_{r+2}-\cdots-b_{1,n-r}x_n\\ x_2=-b_{21}x_{r+1}-b_{22}x_{r+2}-\cdots-b_{2,n-r}x_n\\ \cdots\cdots\\ x_r=-b_{r1}x_{r+1}-b_{r2}x_{r+2}-\cdots-b_{r,n-r}x_n\end{cases},\tag{1}$$

其中 x_{r+1}，x_{r+2}，…，x_n 是自由未知量. 分别取 $\begin{pmatrix}x_{r+1}\\ x_{r+2}\\ \vdots\\ x_n\end{pmatrix}=\begin{pmatrix}1\\ 0\\ \vdots\\ 0\end{pmatrix}$，$\begin{pmatrix}0\\ 1\\ \vdots\\ 0\end{pmatrix}$，…，$\begin{pmatrix}0\\ 0\\ \vdots\\ 1\end{pmatrix}$ 代入 (1)，

即可得到方程组 $\boldsymbol{AX}=\boldsymbol{0}$ 的 $n-r$ 个解：

$$\boldsymbol{v}_1=\begin{pmatrix}-b_{11}\\ \vdots\\ -b_{r1}\\ 1\\ 0\\ \vdots\\ 0\end{pmatrix},\ \boldsymbol{v}_2=\begin{pmatrix}-b_{12}\\ \vdots\\ -b_{r2}\\ 0\\ 1\\ \vdots\\ 0\end{pmatrix},\cdots,\ \boldsymbol{v}_{n-r}=\begin{pmatrix}-b_{1,n-r}\\ \vdots\\ -b_{r,n-r}\\ 0\\ 0\\ \vdots\\ 1\end{pmatrix}.$$

现证 $\boldsymbol{v}_1$，$\boldsymbol{v}_2$，…，$\boldsymbol{v}_{n-r}$ 就是线性方程组 $\boldsymbol{AX}=\boldsymbol{0}$ 的一个基础解系.

(1) $\boldsymbol{v}_1$，$\boldsymbol{v}_2$，…，$\boldsymbol{v}_{n-r}$ 线性无关.

因为 $n-r$ 个 $n-r$ 维向量 $\begin{pmatrix}1\\ 0\\ \vdots\\ 0\end{pmatrix}$，$\begin{pmatrix}0\\ 1\\ \vdots\\ 0\end{pmatrix}$，…，$\begin{pmatrix}0\\ 0\\ \vdots\\ 1\end{pmatrix}$ 线性无关，所以 $n-r$ 个 n 维向量 $\boldsymbol{v}_1$，$\boldsymbol{v}_2$，…，$\boldsymbol{v}_{n-r}$ 亦线性无关.

(2) 方程组 $\boldsymbol{AX}=\boldsymbol{0}$ 的任一解向量 $\boldsymbol{x}$ 都可表示为 $\boldsymbol{v}_1$，$\boldsymbol{v}_2$，…，$\boldsymbol{v}_{n-r}$ 的线性组合.

事实上，由式（1）有，$\boldsymbol{x}=\begin{pmatrix}x_1\\ \vdots\\ x_r\\ x_{r+1}\\ \vdots\\ x_n\end{pmatrix}=\begin{pmatrix}-b_{11}x_{r+1}-b_{12}x_{r+2}-\cdots-b_{1,n-r}x_n\\ \vdots\\ -b_{r1}x_{r+1}-b_{r2}x_{r+2}-\cdots-b_{r,n-r}x_n\\ x_{r+1}\\ \vdots\\ x_n\end{pmatrix}$

$$=x_{r+1}\begin{pmatrix}-b_{11}\\ \vdots\\ -b_{r1}\\ 1\\ 0\\ \vdots\\ 0\end{pmatrix}+x_{r+2}\begin{pmatrix}-b_{12}\\ \vdots\\ -b_{r2}\\ 0\\ 1\\ \vdots\\ 0\end{pmatrix}+\cdots+x_n\begin{pmatrix}-b_{1,n-r}\\ \vdots\\ -b_{r,n-r}\\ 0\\ 0\\ \vdots\\ 1\end{pmatrix}$$

$$=x_{r+1}\boldsymbol{v}_1+x_{r+2}\boldsymbol{v}_2+\cdots+x_n\boldsymbol{v}_{n-r},$$

即解 $\boldsymbol{x}$ 可表示为 $\boldsymbol{v}_1$，$\boldsymbol{v}_2$，…，$\boldsymbol{v}_{n-r}$的线性组合.

综上可知 $\boldsymbol{v}_1$，$\boldsymbol{v}_2$，…，$\boldsymbol{v}_{n-r}$是$\boldsymbol{AX}=\boldsymbol{0}$ 的一个基础解系.

注　显然，若 $r(\boldsymbol{A})=r<n$，则 $\boldsymbol{AX}=\boldsymbol{0}$ 的任何 $n-r$ 个线性无关的解都是$\boldsymbol{AX}=\boldsymbol{0}$的基础解系.

所以如果 $\boldsymbol{AX}=\boldsymbol{0}$ 的基础解系为 $\boldsymbol{v}_1$，$\boldsymbol{v}_2$，…，$\boldsymbol{v}_{n-r}$，则 $k_1\boldsymbol{v}_1+k_2\boldsymbol{v}_2+\cdots+k_{n-r}\boldsymbol{v}_{n-r}$表示了方程组的全部解.

由以上的分析可知，求齐次线性方程组的全部解就是找到其基础解系，并利用基础解系的线性组合表示全部解.

例 1　求齐次线性方程组$\begin{cases}x_1+x_2-x_3+x_4=0\\ 2x_1+3x_2+x_3-x_4=0\\ 5x_1+6x_2-2x_3+2x_4=0\end{cases}$ 的全部解.

解　$\boldsymbol{A}=\begin{pmatrix}1&1&-1&1\\ 2&3&1&-1\\ 5&6&-2&2\end{pmatrix}\xrightarrow[-5r_1+r_3]{-2r_1+r_2}\begin{pmatrix}1&1&-1&1\\ 0&1&3&-3\\ 0&1&3&-3\end{pmatrix}\xrightarrow[-r_2+r_1]{-r_2+r_3}\begin{pmatrix}1&0&-4&4\\ 0&1&3&-3\\ 0&0&0&0\end{pmatrix}$，

可见 $r(\boldsymbol{A})=2<4$，所以该方程组有无穷多解，且同解方程组为

$$\begin{cases}x_1=4x_3-4x_4\\ x_2=-3x_3+3x_4\end{cases},$$

x_3，x_4 为自由未知量，令$\begin{pmatrix}x_3\\ x_4\end{pmatrix}=\begin{pmatrix}1\\ 0\end{pmatrix}$，$\begin{pmatrix}0\\ 1\end{pmatrix}$，求出

$$\begin{pmatrix}x_1\\ x_2\end{pmatrix}=\begin{pmatrix}4\\ -3\end{pmatrix},\ \begin{pmatrix}-4\\ 3\end{pmatrix},$$

得到方程组的基础解系为 $\boldsymbol{\eta}_1=\begin{pmatrix}4\\-3\\1\\0\end{pmatrix}$，$\boldsymbol{\eta}_2=\begin{pmatrix}-4\\3\\0\\1\end{pmatrix}$.

所以方程组的全部解为 $k_1\begin{pmatrix}4\\-3\\1\\0\end{pmatrix}+k_2\begin{pmatrix}-4\\3\\0\\1\end{pmatrix}$，$k_1$，$k_2$ 为任意常数.

例 2 求$\begin{cases}x_1-x_2+x_3=0\\2x_1+x_2-2x_3+5x_4=0\\-x_1-x_2+x_3-4x_4=0\\x_1+x_2+x_3+6x_4=0\end{cases}$的全部解.

解 $\boldsymbol{A}=\begin{pmatrix}1&-1&1&0\\2&1&-2&5\\-1&-1&1&-4\\1&1&1&6\end{pmatrix}\xrightarrow[-r_1+r_4]{\substack{-2r_1+r_2\\r_1+r_3}}\begin{pmatrix}1&-1&1&0\\0&3&-4&5\\0&-2&2&-4\\0&2&0&6\end{pmatrix}$

$\xrightarrow[r_3\times\left(-\frac{1}{2}\right)]{r_3+r_4}\begin{pmatrix}1&-1&1&0\\0&3&-4&5\\0&1&-1&2\\0&0&2&2\end{pmatrix}\xrightarrow{-3r_3+r_2}\begin{pmatrix}1&-1&1&0\\0&0&-1&-1\\0&1&-1&2\\0&0&2&2\end{pmatrix}$

$\xrightarrow[r_2\leftrightarrow r_3]{2r_2+r_4}\begin{pmatrix}1&-1&1&0\\0&1&-1&2\\0&0&-1&-1\\0&0&0&0\end{pmatrix}\xrightarrow[\substack{-r_3+r_2\\r_3\times(-1)}]{r_2+r_1}\begin{pmatrix}1&0&0&2\\0&1&0&3\\0&0&1&1\\0&0&0&0\end{pmatrix}$,

可见 $r(\boldsymbol{A})=3<4$，同解方程组为

$$\begin{cases}x_1=-2x_4\\x_2=-3x_4,\\x_3=-x_4\end{cases}$$

令 $x_4=1$，得

$$\boldsymbol{\eta}=\begin{pmatrix}-2\\-3\\-1\\1\end{pmatrix},$$

则 $\boldsymbol{\eta}$ 为基础解系，且方程组的全部解为 $k\begin{pmatrix}-2\\-3\\-1\\1\end{pmatrix}$，$k$ 为任意常数.

例 3　设 $\boldsymbol{\alpha}_1$，$\boldsymbol{\alpha}_2$，$\boldsymbol{\alpha}_3$ 是 n 元齐次线性方程组 $\boldsymbol{AX}=\boldsymbol{0}$ 的一个基础解系，又 $\boldsymbol{\beta}_1=\boldsymbol{\alpha}_1+2\boldsymbol{\alpha}_2+\boldsymbol{\alpha}_3$，$\boldsymbol{\beta}_2=\boldsymbol{\alpha}_2-2\boldsymbol{\alpha}_3$，$\boldsymbol{\beta}_3=\boldsymbol{\alpha}_2+\boldsymbol{\alpha}_3$，问 $\boldsymbol{\beta}_1$，$\boldsymbol{\beta}_2$，$\boldsymbol{\beta}_3$ 是否也是 $\boldsymbol{AX}=\boldsymbol{0}$ 的基础解系，并说明理由.

解　由题设知齐次线性方程组的基础解系含有三个解向量，并知 $\boldsymbol{\alpha}_1$，$\boldsymbol{\alpha}_2$，$\boldsymbol{\alpha}_3$ 是三个线性无关的解向量. 因此 $\boldsymbol{AX}=\boldsymbol{0}$ 的任意三个线性无关的解向量都是它的一个基础解系. 由齐次线性方程组解向量的性质知：$\boldsymbol{\beta}_1$，$\boldsymbol{\beta}_2$，$\boldsymbol{\beta}_3$ 是 $\boldsymbol{AX}=\boldsymbol{0}$ 的解向量，因此如果 $\boldsymbol{\beta}_1$，$\boldsymbol{\beta}_2$，$\boldsymbol{\beta}_3$ 线性无关则是基础解系，如果 $\boldsymbol{\beta}_1$，$\boldsymbol{\beta}_2$，$\boldsymbol{\beta}_3$ 线性相关则不是基础解系. 为此令

$$k_1\boldsymbol{\beta}_1+k_2\boldsymbol{\beta}_2+k_3\boldsymbol{\beta}_3=\boldsymbol{0},$$

即

$$k_1(\boldsymbol{\alpha}_1+2\boldsymbol{\alpha}_2+\boldsymbol{\alpha}_3)+k_2(\boldsymbol{\alpha}_2-2\boldsymbol{\alpha}_3)+k_3(\boldsymbol{\alpha}_2+\boldsymbol{\alpha}_3)=\boldsymbol{0},$$
$$k_1\boldsymbol{\alpha}_1+(2k_1+k_2+k_3)\boldsymbol{\alpha}_2+(k_1-2k_2+k_3)\boldsymbol{\alpha}_3=\boldsymbol{0},$$

由于 $\boldsymbol{\alpha}_1$，$\boldsymbol{\alpha}_2$，$\boldsymbol{\alpha}_3$ 线性无关，所以有

$$\begin{cases}k_1=0\\2k_1+k_2+k_3=0,\\k_1-2k_2+k_3=0\end{cases}$$

因为系数行列式

$$D=\begin{vmatrix}1&0&0\\2&1&1\\1&-2&1\end{vmatrix}=3\neq0,$$

所以方程组只有零解 $k_1=k_2=k_3=0$，因此 $\boldsymbol{\beta}_1$，$\boldsymbol{\beta}_2$，$\boldsymbol{\beta}_3$ 线性无关，从而是齐次线性方程组的基础解系.

例 4　设 $\boldsymbol{A}$ 为 n 阶方阵，且 $\boldsymbol{A}\neq\boldsymbol{0}$，证明：存在一个 n 阶非零矩阵 $\boldsymbol{B}$，使得 $\boldsymbol{AB}=\boldsymbol{0}$ 的充要条件是 $\boldsymbol{A}$ 的行列式 $|\boldsymbol{A}|=0$.

证　必要性. 设 $\boldsymbol{AB}=\boldsymbol{0}$，且 $\boldsymbol{B}\neq\boldsymbol{0}$，故 $\boldsymbol{B}$ 中至少有一个列向量 $\boldsymbol{B}\neq\boldsymbol{0}$，且满足 $\boldsymbol{Ab}=\boldsymbol{0}$，即方程组 $\boldsymbol{AX}=\boldsymbol{0}$ 有非零解，故 $|\boldsymbol{A}|=0$.

充分性. 设 $|\boldsymbol{A}|=0$，则齐次线性方程组 $\boldsymbol{AX}=\boldsymbol{0}$ 有非零解，设其非零解为 $\boldsymbol{b}=(b_1, b_2, \cdots, b_n)^{\mathrm{T}}$，令矩阵 $\boldsymbol{B}=\begin{pmatrix}b_1&0&\cdots&0\\b_2&0&\cdots&0\\\vdots&\vdots&\cdots&\vdots\\b_n&0&\cdots&0\end{pmatrix}$，则 $\boldsymbol{B}\neq\boldsymbol{0}$，但 $\boldsymbol{AB}=\boldsymbol{0}$.

§3.5 非齐次线性方程组解的结构

一、非齐次线性方程组 $AX=b$ 的一般形式

设非齐次线性方程组 $\begin{cases} a_{11}x_1+a_{12}x_2+\cdots+a_{1n}x_n=b_1 \\ a_{21}x_1+a_{22}x_2+\cdots+a_{2n}x_n=b_2 \\ \cdots\cdots \\ a_{m1}x_1+a_{m2}x_2+\cdots+a_{mn}x_n=b_m \end{cases}$，

系数矩阵为

$$\boldsymbol{A}=\begin{pmatrix} a_{11} & a_{12} & \cdots & a_{1n} \\ a_{21} & a_{22} & \cdots & a_{2n} \\ \vdots & \vdots & \cdots & \vdots \\ a_{m1} & a_{m2} & \cdots & a_{mn} \end{pmatrix}=(\boldsymbol{\alpha}_1,\boldsymbol{\alpha}_2,\cdots,\boldsymbol{\alpha}_n),\ \boldsymbol{X}=\begin{pmatrix} x_1 \\ x_2 \\ \vdots \\ x_n \end{pmatrix},\ \boldsymbol{b}=\begin{pmatrix} b_1 \\ b_2 \\ \vdots \\ b_m \end{pmatrix},$$

则此方程组可简化为 $\boldsymbol{AX}=\boldsymbol{b}$，其向量形式为 $x_1\boldsymbol{\alpha}_1+x_2\boldsymbol{\alpha}_2+\cdots+x_n\boldsymbol{\alpha}_n=\boldsymbol{b}$. 而 $\boldsymbol{AX}=\boldsymbol{0}$ 一般称为 $\boldsymbol{AX}=\boldsymbol{b}$ 的导出组，其向量形式为 $x_1\boldsymbol{\alpha}_1+x_2\boldsymbol{\alpha}_2+\cdots+x_n\boldsymbol{\alpha}_n=\boldsymbol{0}$.

二、非齐次线性方程组 $AX=b$ 解的结构

1. 解的判定

由§3.1知，$\boldsymbol{AX}=\boldsymbol{b}$ 有解 $\Leftrightarrow r(\boldsymbol{A})=r(\boldsymbol{A}\,\vdots\,\boldsymbol{b})$，其中 $r(\boldsymbol{A})=r(\boldsymbol{A}\,\vdots\,\boldsymbol{b})=n$ 时，有唯一解；$r(\boldsymbol{A})=r(\boldsymbol{A}\,\vdots\,\boldsymbol{b})=r<n$ 时有无穷多个解，现在我们只考虑无穷多个解的情况.

2. 解的性质

性质1 若 $\boldsymbol{u}$ 为 $\boldsymbol{AX}=\boldsymbol{b}$ 的解，$\boldsymbol{v}$ 为 $\boldsymbol{AX}=\boldsymbol{0}$ 的解，则 $\boldsymbol{u}+\boldsymbol{v}$ 为 $\boldsymbol{AX}=\boldsymbol{b}$ 的解.（非齐次线性方程组的一个解加对应的导出组的一个解为非齐次线性方程组的解.）

证 因为 $\boldsymbol{Au}=\boldsymbol{b}$，$\boldsymbol{Av}=\boldsymbol{0}$，所以

$$\boldsymbol{A}(\boldsymbol{u}+\boldsymbol{v})=\boldsymbol{Au}+\boldsymbol{Av}=\boldsymbol{b}+\boldsymbol{0}=\boldsymbol{b}.$$

所以 $\boldsymbol{u}+\boldsymbol{v}$ 为 $\boldsymbol{AX}=\boldsymbol{b}$ 的解.

性质2 若 $\boldsymbol{u}_1$，$\boldsymbol{u}_2$ 为 $\boldsymbol{AX}=\boldsymbol{b}$ 的两个解，则 $\boldsymbol{u}_1-\boldsymbol{u}_2$ 为 $\boldsymbol{AX}=\boldsymbol{0}$ 的解.（非齐次线性方程组的两个解之差为其导出组的一个解.）

证 因为 $\boldsymbol{Au}_1=\boldsymbol{b}$，$\boldsymbol{Au}_2=\boldsymbol{b}$，所以

$$\boldsymbol{A}(\boldsymbol{u}_1-\boldsymbol{u}_2)=\boldsymbol{Au}_1-\boldsymbol{Au}_2=\boldsymbol{b}-\boldsymbol{b}=\boldsymbol{0}.$$

所以 $\boldsymbol{u}_1-\boldsymbol{u}_2$ 为 $\boldsymbol{AX}=\boldsymbol{0}$ 的解.

注 非齐次线性方程组没有基础解系这种说法.

3. 解的结构

定理3.9 设 $\boldsymbol{v}$ 为 $\boldsymbol{AX}=\boldsymbol{b}$ 导出组 $\boldsymbol{AX}=\boldsymbol{0}$ 的通解，$\boldsymbol{u}$ 为 $\boldsymbol{AX}=\boldsymbol{b}$ 的一个特解，则 $\boldsymbol{x}=\boldsymbol{u}+\boldsymbol{v}$ 为 $\boldsymbol{AX}=\boldsymbol{b}$ 的通解.

证　由性质 1 可知，$\boldsymbol{x}=\boldsymbol{u}+\boldsymbol{v}$ 是 $\boldsymbol{AX}=\boldsymbol{b}$ 的解，下面证明非齐次线性方程组 $\boldsymbol{AX}=\boldsymbol{b}$ 的任一解 $\boldsymbol{\zeta}$ 都可表示成 $\boldsymbol{u}$ 和 $\boldsymbol{AX}=\boldsymbol{0}$ 的某一个解之和．由于 $\boldsymbol{\zeta}=\boldsymbol{u}+(\boldsymbol{\zeta}-\boldsymbol{u})$，令 $\boldsymbol{\zeta}-\boldsymbol{u}=\boldsymbol{v}_0$，即 $\boldsymbol{\zeta}=\boldsymbol{u}+\boldsymbol{v}_0$．由非齐次线性方程组 $\boldsymbol{AX}=\boldsymbol{b}$ 解的性质 2 知，$\boldsymbol{v}_0$ 是 $\boldsymbol{AX}=\boldsymbol{0}$ 的一个解，即表明 $\boldsymbol{AX}=\boldsymbol{b}$ 的任一解都是 $\boldsymbol{u}$ 与其导出组 $\boldsymbol{AX}=\boldsymbol{0}$ 的某个解 $\boldsymbol{v}_0$ 之和．当 $\boldsymbol{v}$ 是导出组 $\boldsymbol{AX}=\boldsymbol{0}$ 的通解时，$\boldsymbol{x}=\boldsymbol{u}+\boldsymbol{v}$ 为 $\boldsymbol{AX}=\boldsymbol{b}$ 的通解．

由定理知，对于非齐次线性方程组 $\boldsymbol{AX}=\boldsymbol{b}$，当 $r(\boldsymbol{A})=r(\boldsymbol{A}\,\vdots\,\boldsymbol{b})=r<n$ 可按以下步骤求出它的通解：

(1) 先求出 $\boldsymbol{AX}=\boldsymbol{b}$ 的一个特解；

(2) 再求出 $\boldsymbol{AX}=\boldsymbol{0}$ 的通解；

(3) 写出 $\boldsymbol{AX}=\boldsymbol{b}$ 的全部解．

例 1　求非齐次线性方程组 $\begin{cases}x_1+x_2+x_3+x_4=2\\3x_1+2x_2+x_3+x_4=8\\x_2+2x_3+2x_4=-2\end{cases}$ 的全部解．

解

$$(\boldsymbol{A}\,\vdots\,\boldsymbol{b})=\begin{pmatrix}1&1&1&1&2\\3&2&1&1&8\\0&1&2&2&-2\end{pmatrix}\to\begin{pmatrix}1&1&1&1&2\\0&-1&-2&-2&2\\0&1&2&2&-2\end{pmatrix}$$

$$\to\begin{pmatrix}1&0&-1&-1&4\\0&1&2&2&-2\\0&0&0&0&0\end{pmatrix},$$

则 $r(\boldsymbol{A}\,\vdots\,\boldsymbol{b})=r(\boldsymbol{A})=2<4$，故 $\boldsymbol{AX}=\boldsymbol{b}$ 有无穷多解，其同解方程组为

$$\begin{cases}x_1=x_3+x_4+4\\x_2=-2x_3-2x_4-2\end{cases},$$

x_3，x_4 为自由未知量，取 $\begin{pmatrix}x_3\\x_4\end{pmatrix}=\begin{pmatrix}0\\0\end{pmatrix}$，得

$$\boldsymbol{X}_0=\begin{pmatrix}4\\-2\\0\\0\end{pmatrix}$$

为 $\boldsymbol{AX}=\boldsymbol{b}$ 的一个特解，再取 $\begin{pmatrix}x_3\\x_4\end{pmatrix}=\begin{pmatrix}0\\1\end{pmatrix}$，$\begin{pmatrix}1\\0\end{pmatrix}$，代入对应的齐次线性方程组

$$\begin{cases}x_1=x_3+x_4\\x_2=-2x_3-2x_4\end{cases},$$

得

$$\boldsymbol{\eta}_1=\begin{pmatrix}1\\-2\\1\\0\end{pmatrix},\ \boldsymbol{\eta}_2=\begin{pmatrix}1\\-2\\0\\1\end{pmatrix}$$

为导出组 $\boldsymbol{AX}=\boldsymbol{0}$ 的基础解系，所以

$$\boldsymbol{X}=\boldsymbol{X}_0+k_1\boldsymbol{\eta}_1+k_2\boldsymbol{\eta}_2=\begin{pmatrix}4\\-2\\0\\0\end{pmatrix}+k_1\begin{pmatrix}1\\-2\\1\\0\end{pmatrix}+k_2\begin{pmatrix}1\\-2\\0\\1\end{pmatrix}\ (k_1,k_2\in R)\text{为 }\boldsymbol{AX}=\boldsymbol{b}\text{ 的全部解.}$$

注 一般选择非零行的首非零元所在列对应的未知量为非自由未知量；其余列对应的未知量为自由未知量.

例 2 求下列非齐次线性方程组 $\begin{cases}x_1+2x_2-x_3+3x_4+x_5=2\\2x_1+4x_2-2x_3+6x_4+3x_5=6\\-x_1-2x_2+x_3-x_4+3x_5=4\end{cases}$ 的通解.

解
$$(\boldsymbol{A}\mid\boldsymbol{b})=\begin{pmatrix}1&2&-1&3&1&2\\2&4&-2&6&3&6\\-1&-2&1&-1&3&4\end{pmatrix}\xrightarrow[r_1+r_3]{-2r_1+r_2}\begin{pmatrix}1&2&-1&3&1&2\\0&0&0&0&1&2\\0&0&0&2&4&6\end{pmatrix}$$

$$\xrightarrow[r_3\leftrightarrow r_2]{r_3\times\frac{1}{2}}\begin{pmatrix}1&2&-1&3&1&2\\0&0&0&1&2&3\\0&0&0&0&1&2\end{pmatrix}\xrightarrow[-2r_3+r_2]{-r_3+r_1}\begin{pmatrix}1&2&-1&3&0&0\\0&0&0&1&0&-1\\0&0&0&0&1&2\end{pmatrix}$$

$$\xrightarrow{-3r_2+r_1}\begin{pmatrix}1&2&-1&0&0&3\\0&0&0&1&0&-1\\0&0&0&0&1&2\end{pmatrix}.$$

行最简形矩阵对应的非齐次线性方程组为

$$\begin{cases}x_1+2x_2-x_3=3\\x_4=-1\\x_5=2\end{cases},$$

x_2，x_3 为自由未知量，取 $\begin{pmatrix}x_2\\x_3\end{pmatrix}=\begin{pmatrix}0\\0\end{pmatrix}$，得

$$\begin{pmatrix}x_1\\x_2\\x_3\\x_4\\x_5\end{pmatrix}=\begin{pmatrix}3\\0\\0\\-1\\2\end{pmatrix}$$

为 $\boldsymbol{AX}=\boldsymbol{b}$ 的一个特解.

对应的齐次线性方程组为

$$\begin{cases}x_1+2x_2-x_3=0\\x_4=0\\x_5=0\end{cases},$$

x_2，x_3 为自由未知量，取 $\begin{pmatrix}x_2\\x_3\end{pmatrix}=\begin{pmatrix}1\\0\end{pmatrix}$，$\begin{pmatrix}0\\1\end{pmatrix}$，得基础解系为

$$\boldsymbol{\eta}_1=\begin{pmatrix}-2\\1\\0\\0\\0\end{pmatrix},\boldsymbol{\eta}_2=\begin{pmatrix}1\\0\\1\\0\\0\end{pmatrix},$$

原方程通解为 $\begin{pmatrix}x_1\\x_2\\x_3\\x_4\\x_5\end{pmatrix}=\begin{pmatrix}3\\0\\0\\-1\\2\end{pmatrix}+k_1\begin{pmatrix}-2\\1\\0\\0\\0\end{pmatrix}+k_2\begin{pmatrix}1\\0\\1\\0\\0\end{pmatrix}$，$k_1$，$k_2$ 为任意常数.

例 3　已知 $\boldsymbol{\alpha}_0$，$\boldsymbol{\alpha}_1$，$\boldsymbol{\alpha}_2$，…，$\boldsymbol{\alpha}_{n-r}$ 是 $\boldsymbol{AX}=\boldsymbol{b}(\boldsymbol{b}\neq\boldsymbol{0})$ 的一组 $n-r+1$ 个线性无关的解向量，且 $r(\boldsymbol{A})=r$，证明：$\boldsymbol{\alpha}_1-\boldsymbol{\alpha}_0$，$\boldsymbol{\alpha}_2-\boldsymbol{\alpha}_0$，…，$\boldsymbol{\alpha}_{n-r}-\boldsymbol{\alpha}_0$ 为 $\boldsymbol{AX}=\boldsymbol{0}$ 的基础解系.

证　由解的性质立即知道，$\boldsymbol{\alpha}_1-\boldsymbol{\alpha}_0$，$\boldsymbol{\alpha}_2-\boldsymbol{\alpha}_0$，…，$\boldsymbol{\alpha}_{n-r}-\boldsymbol{\alpha}_0$ 为 $\boldsymbol{AX}=\boldsymbol{0}$ 的 $n-r$ 个解，现假设有一组数 k_1，k_2，…，k_{n-r}，使得

$$k_1(\boldsymbol{\alpha}_1-\boldsymbol{\alpha}_0)+k_2(\boldsymbol{\alpha}_2-\boldsymbol{\alpha}_0)+\cdots+k_{n-r}(\boldsymbol{\alpha}_{n-r}-\boldsymbol{\alpha}_0)=\boldsymbol{0},$$

则有

$$k_1\boldsymbol{\alpha}_1+k_2\boldsymbol{\alpha}_2+\cdots+k_{n-r}\boldsymbol{\alpha}_{n-r}-(k_1+k_2+\cdots+k_{n-r})\boldsymbol{\alpha}_0=\boldsymbol{0}.$$

由于 $\boldsymbol{\alpha}_0$，$\boldsymbol{\alpha}_1$，$\boldsymbol{\alpha}_2$，…，$\boldsymbol{\alpha}_{n-r}$ 线性无关，所以由上式可得 $k_1=k_2=k_3=\cdots=k_{n-r}=0$，所以 $\boldsymbol{\alpha}_1-\boldsymbol{\alpha}_0$，$\boldsymbol{\alpha}_2-\boldsymbol{\alpha}_0$，…，$\boldsymbol{\alpha}_{n-r}-\boldsymbol{\alpha}_0$ 线性无关且含有 $n-r$ 个向量，得证.

例 4　a，b 取何值时，$\begin{cases}ax_1+x_2+x_3=4\\x_1+bx_2+x_3=3\\x_1+2bx_2+x_3=4\end{cases}$ 有唯一解，无解，无穷多解？在有无穷多解时求出其全部解.

解　$$(\boldsymbol{A}\mid\boldsymbol{b})=\begin{pmatrix}a&1&1&4\\1&b&1&3\\1&2b&1&4\end{pmatrix}\xrightarrow{r_1\leftrightarrow r_2}\begin{pmatrix}1&b&1&3\\a&1&1&4\\1&2b&1&4\end{pmatrix}\xrightarrow[-r_1+r_3]{-ar_1+r_2}\begin{pmatrix}1&b&1&3\\0&1-ab&1-a&4-3a\\0&b&0&1\end{pmatrix}$$

$$\xrightarrow{ar_3+r_2}\begin{pmatrix}1&b&1&3\\0&1&1-a&4-2a\\0&b&0&1\end{pmatrix}\xrightarrow[-br_2+r_3]{-r_3+r_1}\begin{pmatrix}1&0&1&2\\0&1&1-a&4-2a\\0&0&-b(1-a)&1-4b+2ab\end{pmatrix},$$

(1) 当 $b\neq0$ 且 $a\neq1$ 时，$r(\boldsymbol{A})=r(\boldsymbol{A}\mid\boldsymbol{b})=3$，方程组有唯一解.

(2) 当 $b=0$ 时，$r(\boldsymbol{A})=2\neq r(\boldsymbol{A}\mid\boldsymbol{b})=3$，方程组无解；

或当 $a=1$ 时，$r(\boldsymbol{A})=2$，$\begin{cases}若\ 1-2b\neq0，即\ b\neq\dfrac{1}{2}，r(\boldsymbol{A}\mid\boldsymbol{b})=3，方程组无解\\若\ 1-2b=0，即\ b=\dfrac{1}{2}，r(\boldsymbol{A}\mid\boldsymbol{b})=2，方程组有无穷解\end{cases}$；

当 $a=1$，$b=\frac{1}{2}$ 时方程组为 $\begin{pmatrix}1&0&1&2\\0&1&0&2\\0&0&0&0\end{pmatrix}$.

此时方程组为

$$\begin{cases}x_1+x_3=2,\\x_2=2\end{cases}$$

x_3 为自由未知量，令 $x_3=0$，得特解为 $\begin{pmatrix}2\\2\\0\end{pmatrix}$，令 $x_3=1$，得导出组基础解系为 $\begin{pmatrix}-1\\0\\1\end{pmatrix}$，方程组全部解为 $\boldsymbol{x}=\begin{pmatrix}2\\2\\0\end{pmatrix}+c\begin{pmatrix}-1\\0\\1\end{pmatrix}$，$c$ 为任意常数.

例 5 设四元非齐次线性方程组的系数矩阵的秩为 3，已知它的三个解向量为 $\boldsymbol{\eta}_1$，$\boldsymbol{\eta}_2$，$\boldsymbol{\eta}_3$，其中 $\boldsymbol{\eta}_1=\begin{pmatrix}1\\2\\3\\4\end{pmatrix}$，$\boldsymbol{\eta}_2+\boldsymbol{\eta}_3=\begin{pmatrix}4\\6\\8\\8\end{pmatrix}$，求该方程组的通解.

解 根据题意，方程组 $\boldsymbol{Ax}=\boldsymbol{b}$ 的导出组的基础解系含有 $n-r=4-3=1$ 个向量，于是导出组的任何一个非零解都可作为其基础解系.

显然 $2\boldsymbol{\eta}_1-(\boldsymbol{\eta}_2+\boldsymbol{\eta}_3)=\begin{pmatrix}-2\\-2\\-2\\0\end{pmatrix}\neq\boldsymbol{0}$ 是导出组的非零解，可作为其基础解系. 故方程组 $\boldsymbol{Ax}=\boldsymbol{b}$ 的通解为 $\boldsymbol{x}=\boldsymbol{\eta}_1+c[2\boldsymbol{\eta}_1-(\boldsymbol{\eta}_2+\boldsymbol{\eta}_3)]=\begin{pmatrix}1\\2\\3\\4\end{pmatrix}+c\begin{pmatrix}-2\\-2\\-2\\0\end{pmatrix}$（$c$ 为任意常数）.

习题三

1. 选择题

(1) 设 $\boldsymbol{\alpha}_1=(-1, 0, 1)^{\mathrm{T}}$，$\boldsymbol{\alpha}_2=(2, 1, 3)^{\mathrm{T}}$，$\boldsymbol{\alpha}_3=(k, 1, 2)^{\mathrm{T}}$ 线性相关，则 $k=$（　　）.

(A) 3；　　(B) -2；　　(C) -1；　　(D) 0.

(2) 已知向量组 $\boldsymbol{\alpha}_1$，$\boldsymbol{\alpha}_2$，$\boldsymbol{\alpha}_3$，$\boldsymbol{\alpha}_4$ 线性无关，则向量组（　　）线性无关.

(A) $\boldsymbol{\alpha}_1+\boldsymbol{\alpha}_2$，$\boldsymbol{\alpha}_2+\boldsymbol{\alpha}_3$，$\boldsymbol{\alpha}_3+\boldsymbol{\alpha}_4$，$\boldsymbol{\alpha}_4+\boldsymbol{\alpha}_1$；　　(B) $\boldsymbol{\alpha}_1-\boldsymbol{\alpha}_2$，$\boldsymbol{\alpha}_2-\boldsymbol{\alpha}_3$，$\boldsymbol{\alpha}_3-\boldsymbol{\alpha}_4$，$\boldsymbol{\alpha}_4-\boldsymbol{\alpha}_1$；

(C) $\boldsymbol{\alpha}_1+\boldsymbol{\alpha}_2$，$\boldsymbol{\alpha}_2+\boldsymbol{\alpha}_3$，$\boldsymbol{\alpha}_3+\boldsymbol{\alpha}_4$，$\boldsymbol{\alpha}_4-\boldsymbol{\alpha}_1$；　　(D) $\boldsymbol{\alpha}_1+\boldsymbol{\alpha}_2$，$\boldsymbol{\alpha}_2+\boldsymbol{\alpha}_3$，$\boldsymbol{\alpha}_3-\boldsymbol{\alpha}_4$，$\boldsymbol{\alpha}_4-\boldsymbol{\alpha}_1$.

(3) n 维向量组 $\boldsymbol{\alpha}_1$，$\boldsymbol{\alpha}_2$，…，$\boldsymbol{\alpha}_m$($3\leqslant m\leqslant m$) 线性无关的充要条件是（　　）.

(A) 存在不全为零的数 k_1，k_2，…，k_m，使 $k_1\boldsymbol{\alpha}_1+k_2\boldsymbol{\alpha}_2+\cdots+k_m\boldsymbol{\alpha}_m\neq\boldsymbol{0}$；

(B) $\boldsymbol{\alpha}_1$，$\boldsymbol{\alpha}_2$，…，$\boldsymbol{\alpha}_m$ 中存在一个向量，它不能用其余的向量线性表示；

(C) $\boldsymbol{\alpha}_1$，$\boldsymbol{\alpha}_2$，…，$\boldsymbol{\alpha}_m$ 中任意一个向量都不能由其余的向量线性表示；

(D) $\boldsymbol{\alpha}_1$，$\boldsymbol{\alpha}_2$，…，$\boldsymbol{\alpha}_m$ 中任意两个向量都线性无关.

(4) 以下命题正确的是（　　）.

(A) 等价的向量组必有相同个数的向量；

(B) 任一向量组必含极大无关组；

(C) 向量组的极大无关组必不唯一；

(D)n 维向量空间中，$m(m>n)$ 个向量组 $\boldsymbol{\alpha}_1$，$\boldsymbol{\alpha}_2$，…，$\boldsymbol{\alpha}_m$ 的秩不可能大于 n.

(5) 设向量组 $\boldsymbol{\alpha}_1$，$\boldsymbol{\alpha}_2$，…，$\boldsymbol{\alpha}_m$ 的秩为 r，则正确的结论是（　　）.

(A) $r<m$；　　(B) 向量组中任意小于 r 个向量线性无关；

(C) 向量组中任意 r 个向量线性无关；　　(D) 向量组中任意 $r+1$ 个向量必线性相关.

(6) 齐次线性方程组 $\boldsymbol{AX}=\boldsymbol{0}$ 是线性方程组 $\boldsymbol{AX}=\boldsymbol{b}$ 的导出组，则（　　）.

(A) $\boldsymbol{AX}=\boldsymbol{0}$ 只有零解时，$\boldsymbol{AX}=\boldsymbol{b}$ 有唯一解；

(B) $\boldsymbol{AX}=\boldsymbol{0}$ 有非零解时，$\boldsymbol{AX}=\boldsymbol{b}$ 有无穷解；

(C) $\boldsymbol{\xi}$ 是 $\boldsymbol{AX}=\boldsymbol{0}$ 的通解，$\boldsymbol{\eta}_0$ 是 $\boldsymbol{AX}=\boldsymbol{b}$ 的特解时，$\boldsymbol{\eta}_0+\boldsymbol{\xi}$ 是 $\boldsymbol{AX}=\boldsymbol{b}$ 的通解；

(D) $\boldsymbol{\eta}_1$，$\boldsymbol{\eta}_2$ 是 $\boldsymbol{AX}=\boldsymbol{b}$ 的解时，$\boldsymbol{\eta}_1-\boldsymbol{\eta}_2$ 是 $\boldsymbol{AX}=\boldsymbol{0}$ 的解.

(7) 设 $\boldsymbol{A}$ 为 n 阶方阵，且 $r(\boldsymbol{A})=n-1$，$\boldsymbol{\alpha}_1$，$\boldsymbol{\alpha}_2$ 是 $\boldsymbol{AX}=\boldsymbol{b}$ 的两个不同的解，则 $\boldsymbol{AX}=\boldsymbol{0}$ 的通解为（　　）.

(A) $k\boldsymbol{\alpha}_1$；　　(B) $k\boldsymbol{\alpha}_2$；　　(C) $k(\boldsymbol{\alpha}_1-\boldsymbol{\alpha}_2)$；　　(D) $k(\boldsymbol{\alpha}_1+\boldsymbol{\alpha}_2)$.

(8) 设 $\boldsymbol{A}$ 为 $m\times n$ 矩阵，齐次线性方程组 $\boldsymbol{AX}=\boldsymbol{0}$ 仅有零解的充要条件是（　　）.

(A) 系数矩阵 $\boldsymbol{A}$ 的行向量组线性相关；　　(B) 系数矩阵 $\boldsymbol{A}$ 的列向量组线性相关；

(C) 系数矩阵 $\boldsymbol{A}$ 的行向量组线性无关；　　(D) 系数矩阵 $\boldsymbol{A}$ 的列向量组线性无关.

(9) 向量组线性相关的充要条件是（　　）.

(A) 此向量组中每个向量都可由其余向量线性表示；

(B) 此向量组中至少有一个向量可由其余向量线性表示；

(C) 此向量组中只有一个向量可由其余向量线性表示；

(D) 此向量组中不包含零向量.

(10) 设 $\boldsymbol{\alpha}_1$，$\boldsymbol{\alpha}_2$，$\boldsymbol{\alpha}_3$，$\boldsymbol{\alpha}_4$ 是一组 n 维向量，其中 $\boldsymbol{\alpha}_2$，$\boldsymbol{\alpha}_3$，$\boldsymbol{\alpha}_4$ 线性相关，则（　　）.

(A) $\boldsymbol{\alpha}_2$，$\boldsymbol{\alpha}_3$，$\boldsymbol{\alpha}_4$ 中必有零向量；　　(B) $\boldsymbol{\alpha}_2$，$\boldsymbol{\alpha}_3$ 必线性相关 ；

(C) $\boldsymbol{\alpha}_3$，$\boldsymbol{\alpha}_4$ 必线性无关；　　(D) $\boldsymbol{\alpha}_1$，$\boldsymbol{\alpha}_2$，$\boldsymbol{\alpha}_3$，$\boldsymbol{\alpha}_4$ 必线性相关.

(11) 设 $\boldsymbol{A}$ 为 $m\times n$ 矩阵，且 $m<n$，若 $\boldsymbol{A}$ 的行向量组线性无关，则有结论（　　）.

(A) $\boldsymbol{AX}=\boldsymbol{b}$ 有无穷解；　　(B) $\boldsymbol{AX}=\boldsymbol{b}$ 有唯一解；

(C) $\boldsymbol{AX}=\boldsymbol{b}$ 无解；　　(D) $\boldsymbol{AX}=\boldsymbol{b}$ 仅有零解.

(12) 已知 $\boldsymbol{\beta}_1$，$\boldsymbol{\beta}_2$ 是非齐次线性方程组 $\boldsymbol{AX}=\boldsymbol{b}$ 的两个不同的解，$\boldsymbol{\alpha}_1$，$\boldsymbol{\alpha}_2$ 是对应齐次方程组 $\boldsymbol{AX}=\boldsymbol{0}$ 的基础解系，k_1，k_2 为任意常数，则方程组 $\boldsymbol{AX}=\boldsymbol{b}$ 的通解是（　　）.

(A) $k_1\boldsymbol{\alpha}_1+k_2(\boldsymbol{\alpha}_1+\boldsymbol{\alpha}_2)+\dfrac{\boldsymbol{\beta}_1-\boldsymbol{\beta}_2}{2}$；　　(B) $k_1\boldsymbol{\alpha}_1+k_2(\boldsymbol{\alpha}_1-\boldsymbol{\alpha}_2)+\dfrac{\boldsymbol{\beta}_1+\boldsymbol{\beta}_2}{2}$；

(C) $k_1\boldsymbol{\alpha}_1+k_2(\boldsymbol{\beta}_1+\boldsymbol{\beta}_2)+\dfrac{\boldsymbol{\beta}_1-\boldsymbol{\beta}_2}{2}$；　　(D) $k_1\boldsymbol{\alpha}_1+k_2(\boldsymbol{\beta}_1-\boldsymbol{\beta}_2)+\dfrac{\boldsymbol{\beta}_1+\boldsymbol{\beta}_2}{2}$.

2. 填空题

(1) 已知 $\boldsymbol{\alpha}_1=(1, a, -1)^{\mathrm{T}}$，$\boldsymbol{\alpha}_2=(2, 6, b)^{\mathrm{T}}$ 线性相关，则 $a=$______，$b=$______.

(2) 已知向量 $\boldsymbol{\beta}=(9, -4, 4)^{\mathrm{T}}$，$\boldsymbol{\alpha}_1=(1, 0, 2)^{\mathrm{T}}$，$\boldsymbol{\alpha}_2=(-1, 1, 3)^{\mathrm{T}}$，$\boldsymbol{\beta}=2\alpha_1-\alpha_2+3\alpha_3$，则向量 $\boldsymbol{\alpha}_3=$______.

(3) 向量组 $\boldsymbol{\alpha}_1=(1, 0, 2)^{\mathrm{T}}$，$\boldsymbol{\alpha}_2=(2, 2, 4)^{\mathrm{T}}$，$\boldsymbol{\alpha}_3=(3, 2, 6)^{\mathrm{T}}$ 的秩为______.

(4) 若 $\boldsymbol{\alpha}_1$，$\boldsymbol{\alpha}_2$ 都是齐次线性方程组 $\boldsymbol{AX}=\boldsymbol{0}$ 的解向量，则 $\boldsymbol{A}(5\boldsymbol{\alpha}_1+3\boldsymbol{\alpha}_2)=$______.

(5) $\begin{pmatrix}1 & 1 & 1\\ 2 & 2 & 2\end{pmatrix}\begin{pmatrix}x_1\\ x_2\\ x_3\end{pmatrix}=\begin{pmatrix}0\\ 0\end{pmatrix}$的基础解系所含向量的个数为______.

(6) 若线性方程组$\begin{cases}x_1+x_2=-a_1\\ x_2+x_3=a_2\\ x_3+x_4=-a_3\\ x_4+x_1=a_4\end{cases}$有解，则常数 a_1，a_2，a_3，a_4 应满足条件______.

3. (1)设 $\boldsymbol{v}_1=(1, 1, 0)^{\mathrm{T}}$，$\boldsymbol{v}_2=(0, 1, 1)^{\mathrm{T}}$，$\boldsymbol{v}_3=(3, 4, 0)^{\mathrm{T}}$，求 $\boldsymbol{v}_1-\boldsymbol{v}_2$ 及 $3\boldsymbol{v}_1+2\boldsymbol{v}_2-\boldsymbol{v}_3$.

(2) 设 $3(\boldsymbol{a}_1-\boldsymbol{a})+2(\boldsymbol{a}_2+\boldsymbol{a})=5(\boldsymbol{a}_3+\boldsymbol{a})$，其中 $\boldsymbol{a}_1=(2, 5, 1, 3)^{\mathrm{T}}$，$\boldsymbol{a}_2=(10, 1, 5, 10)^{\mathrm{T}}$，$\boldsymbol{a}_3=(4, 1, -1, 1)^{\mathrm{T}}$，求 $\boldsymbol{a}$.

4. 判断下列向量组的线性相关性.

(1) $\boldsymbol{\alpha}_1=(3, 0, 2, 3)^{\mathrm{T}}$，$\boldsymbol{\alpha}_2=(4, 5, 6, 7)^{\mathrm{T}}$，$\boldsymbol{\alpha}_3=(-1, 2, 0, 1)^{\mathrm{T}}$；

(2) $\boldsymbol{\alpha}_1=(1, 2, 3)^{\mathrm{T}}$，$\boldsymbol{\alpha}_2=(0, 0, 0)^{\mathrm{T}}$，$\boldsymbol{\alpha}_3=(2, 3, 4)^{\mathrm{T}}$；

(3) $\boldsymbol{\alpha}_1=(1, 1, 0, 1)^{\mathrm{T}}$，$\boldsymbol{\alpha}_2=(2, 3, 2, 5)^{\mathrm{T}}$，$\boldsymbol{\alpha}_3=(2, 2, 0, 2)^{\mathrm{T}}$；

(4) $\boldsymbol{\alpha}_1=(1, 2, 3)^{\mathrm{T}}$，$\boldsymbol{\alpha}_2=(2, 1, 3)^{\mathrm{T}}$，$\boldsymbol{\alpha}_3=(3, 1, 2)^{\mathrm{T}}$；

(5) $\boldsymbol{\alpha}_1=(1, 2, 0)^{\mathrm{T}}$，$\boldsymbol{\alpha}_2=(3, 5, 3)^{\mathrm{T}}$，$\boldsymbol{\alpha}_3=(1, 2, 5)^{\mathrm{T}}$，$\boldsymbol{\alpha}_4=(2, 3, 4)^{\mathrm{T}}$.

5. 求向量组的秩及一个极大无关组，并将其余向量用极大无关组线性表示.

(1) $\boldsymbol{\alpha}_1=(1, 2, 0, 1)^{\mathrm{T}}$，$\boldsymbol{\alpha}_2=(1, 3, 2, 1)^{\mathrm{T}}$，$\boldsymbol{\alpha}_3=(0, 1, 5, 0)^{\mathrm{T}}$，$\boldsymbol{\alpha}_4=(2, 3, -5, 2)^{\mathrm{T}}$；

(2) $\boldsymbol{\alpha}_1=(1, 1, 2, 3)^{\mathrm{T}}$，$\boldsymbol{\alpha}_2=(1, -1, 1, 1)^{\mathrm{T}}$，$\boldsymbol{\alpha}_3=(1, 3, 3, 5)^{\mathrm{T}}$，$\boldsymbol{\alpha}_4=(4, -2, 5, 6)^{\mathrm{T}}$，$\boldsymbol{\alpha}_5=(3, 1, 5, 7)^{\mathrm{T}}$；

(3) $\boldsymbol{\alpha}_1=(1, 0, 0, 1)^{\mathrm{T}}$，$\boldsymbol{\alpha}_2=(1, 0, 1, 0)^{\mathrm{T}}$，$\boldsymbol{\alpha}_3=(3, 1, 1, 0)^{\mathrm{T}}$，$\boldsymbol{\alpha}_4=(1, 0, 1, 1)^{\mathrm{T}}$，$\boldsymbol{\alpha}_5=(2, 0, 3, 2)^{\mathrm{T}}$.

6. (1) 设向量组 $\boldsymbol{\alpha}_1$，$\boldsymbol{\alpha}_2$，$\boldsymbol{\alpha}_3$ 线性无关，令 $\boldsymbol{\beta}_1=\boldsymbol{\alpha}_2+\boldsymbol{\alpha}_3$，$\boldsymbol{\beta}_2=\boldsymbol{\alpha}_1+\boldsymbol{\alpha}_3$，$\boldsymbol{\beta}_3=\boldsymbol{\alpha}_1+\boldsymbol{\alpha}_2$，证明向量组 $\boldsymbol{\beta}_1$，$\boldsymbol{\beta}_2$，$\boldsymbol{\beta}_3$ 也线性无关.

(2) 设向量组 $\boldsymbol{\alpha}_1$，$\boldsymbol{\alpha}_2$，$\boldsymbol{\alpha}_3$ 线性无关，令 $\boldsymbol{\beta}_1=\boldsymbol{\alpha}_1$，$\boldsymbol{\beta}_2=\boldsymbol{\alpha}_2+\boldsymbol{\alpha}_3$，$\boldsymbol{\beta}_3=2\boldsymbol{\alpha}_1+\boldsymbol{\alpha}_2+\boldsymbol{\alpha}_3$，证明向量组 $\boldsymbol{\beta}_1$，$\boldsymbol{\beta}_2$，$\boldsymbol{\beta}_3$ 线性相关.

7. 求齐次线性方程组的通解.

(1) $\begin{cases}x_1-x_2-x_3-x_4=0\\ 2x_1-2x_2-x_3+x_4=0\\ 3x_1-3x_2-4x_3-6x_4=0\end{cases}$；　　(2) $\begin{cases}2x_1-4x_2+5x_3+3x_4=0\\ 3x_1-6x_2+4x_3+2x_4=0\\ 4x_1-8x_2+17x_3+11x_4=0\end{cases}$；

(3) $\begin{cases} x_1-2x_2+4x_3-7x_4=0 \\ 2x_1+x_2-2x_3+x_4=0 \\ 3x_1-x_2+2x_3-4x_4=0 \end{cases}$；

(4) $\begin{cases} x_1+x_2+x_3+4x_4-3x_5=0 \\ x_1-x_2+3x_3-2x_4-x_5=0 \\ 2x_1+x_2+3x_3+5x_4-5x_5=0 \\ 3x_1+x_2+5x_3+6x_4-7x_5=0 \end{cases}$.

8. 求非齐次线性方程组的通解.

(1) $\begin{cases} x_1+3x_2+2x_3=2 \\ x_1+5x_2+x_3=7 \\ 3x_1+5x_2+8x_3=4 \end{cases}$；

(2) $\begin{cases} 2x_1+x_2+x_3+2x_4=1 \\ x_1+x_2=5 \\ 5x_1+3x_2+2x_3+2x_4=3 \end{cases}$；

(3) $\begin{cases} x_1+3x_2+3x_3-2x_4+x_5=3 \\ 2x_1+6x_2+x_3-3x_4=2 \\ x_1+3x_2-2x_3-x_4-x_5=-1 \\ 3x_1+9x_2+4x_3-5x_4+x_5=5 \end{cases}$；

(4) $\begin{cases} x_1+x_2+x_3+x_4=0 \\ x_2+2x_3+2x_4=1 \\ -x_2-2x_3-2x_4=-1 \\ 3x_1+2x_2+x_3+x_4=-1 \end{cases}$；

(5) $\begin{cases} 2x_1+x_2-x_3-x_4=2 \\ x_1-x_3-3x_4=5 \\ 4x_1+x_2-3x_3-7x_4=12 \end{cases}$.

9. 已知三元非齐次线性方程组 $\boldsymbol{AX}=\boldsymbol{\beta}$ 的系数矩阵 $\boldsymbol{A}$ 的秩为 1，且 $\boldsymbol{X}_1=\begin{pmatrix}1\\1\\1\end{pmatrix}$，$\boldsymbol{X}_2=\begin{pmatrix}-1\\2\\-1\end{pmatrix}$，$\boldsymbol{X}_3=\begin{pmatrix}1\\0\\0\end{pmatrix}$为 $\boldsymbol{AX}=\boldsymbol{\beta}$ 的三个解向量，求（1）导出组 $\boldsymbol{AX}=\boldsymbol{0}$ 的一个基础解系；(2) $\boldsymbol{AX}=\boldsymbol{\beta}$ 的全部解.

10. 设四元非齐次线性方程组 $\boldsymbol{AX}=\boldsymbol{b}$ 的系数矩阵 $\boldsymbol{A}$ 的秩为 2，已知它的 3 个解向量为 $\boldsymbol{\eta}_1$，$\boldsymbol{\eta}_2$，$\boldsymbol{\eta}_3$，其中 $\boldsymbol{\eta}_1=\begin{pmatrix}4\\3\\2\\1\end{pmatrix}$，$\boldsymbol{\eta}_2=\begin{pmatrix}1\\3\\5\\1\end{pmatrix}$，$\boldsymbol{\eta}_3=\begin{pmatrix}-2\\6\\3\\2\end{pmatrix}$，求该方程组的通解.

11. 判断下列命题是否正确.

(1) 若当数 $k_1=k_2=\cdots=k_m=0$ 时有 $k_1\boldsymbol{\alpha}_1+k_2\boldsymbol{\alpha}_2+\cdots+k_m\boldsymbol{\alpha}_m=\boldsymbol{0}$，则向量组 $\boldsymbol{\alpha}_1$，$\boldsymbol{\alpha}_2$，…，$\boldsymbol{\alpha}_m$ 线性无关.

(2) 若有 m 个不全为零的数 k_1，k_2，…，k_m 使得 $k_1\boldsymbol{\alpha}_1+k_2\boldsymbol{\alpha}_2+\cdots+k_m\boldsymbol{\alpha}_m\neq\boldsymbol{0}$，则向量组 $\boldsymbol{\alpha}_1$，$\boldsymbol{\alpha}_2$，…，$\boldsymbol{\alpha}_m$ 线性无关.

(3) 若向量组 $\boldsymbol{\alpha}_1$，$\boldsymbol{\alpha}_2$，…，$\boldsymbol{\alpha}_m$ 线性相关，则 $\boldsymbol{\alpha}_1$ 一定可由其余向量线性表示.

(4) 设向量组（Ⅰ）$\boldsymbol{\alpha}_1$，$\boldsymbol{\alpha}_2$，…，$\boldsymbol{\alpha}_r$；（Ⅱ）$\boldsymbol{\alpha}_1$，$\boldsymbol{\alpha}_2$，…，$\boldsymbol{\alpha}_r$，$\boldsymbol{\alpha}_{r+1}$，…，$\boldsymbol{\alpha}_m$。若向量组（Ⅰ）线性无关，则向量组（Ⅱ）也线性无关.

(5) 若向量组 $\boldsymbol{\alpha}_1$，$\boldsymbol{\alpha}_2$，…，$\boldsymbol{\alpha}_m$，$\boldsymbol{\beta}$ 线性无关，则 $\boldsymbol{\beta}$ 不能由 $\boldsymbol{\alpha}_1$，$\boldsymbol{\alpha}_2$，…，$\boldsymbol{\alpha}_m$ 线性表示.

(6) 若向量组 $\boldsymbol{\alpha}_1$，$\boldsymbol{\alpha}_2$，…，$\boldsymbol{\alpha}_m$ 线性无关，且 $\boldsymbol{\alpha}_{m+1}$ 不能由 $\boldsymbol{\alpha}_1$，$\boldsymbol{\alpha}_2$，…，$\boldsymbol{\alpha}_m$ 线性表示，则向量组 $\boldsymbol{\alpha}_1$，$\boldsymbol{\alpha}_2$，…，$\boldsymbol{\alpha}_m$，$\boldsymbol{\alpha}_{m+1}$ 线性无关.

(7) 若 $\boldsymbol{\beta}$ 不能由 $\boldsymbol{\alpha}_1$，$\boldsymbol{\alpha}_2$，…，$\boldsymbol{\alpha}_m$ 线性表示，则向量组 $\boldsymbol{\alpha}_1$，$\boldsymbol{\alpha}_2$，…，$\boldsymbol{\alpha}_m$，$\boldsymbol{\beta}$ 线性无关.

(8) 若 $m<n$，则 n 维向量组 $\boldsymbol{\alpha}_1$，$\boldsymbol{\alpha}_2$，…，$\boldsymbol{\alpha}_m$ 线性相关.

(9) 若向量组线性相关，则它的任何一个向量都可由其余向量线性表示.

(10) 若向量组 $\boldsymbol{\alpha}_1$，$\boldsymbol{\alpha}_2$，…，$\boldsymbol{\alpha}_m$ 线性相关，则它的秩小于 m，反之也对.

(11) 设齐次线性方程组 $\boldsymbol{AX}=\boldsymbol{0}$ 的系数矩阵为 $m\times n$ 矩阵，若 $\boldsymbol{AX}=\boldsymbol{0}$ 有非零解，则 $r(\boldsymbol{A})<m$.

(12) 若 n 阶方阵 $\boldsymbol{A}$ 的行列式等于零，则 $\boldsymbol{A}$ 的列向量组线性无关.

(13) 若 $\boldsymbol{\alpha}_1$，$\boldsymbol{\alpha}_2$，…，$\boldsymbol{\alpha}_r$ 线性无关，$\boldsymbol{\beta}_1$，$\boldsymbol{\beta}_2$，…，$\boldsymbol{\beta}_s$ 线性无关，则 $\boldsymbol{\alpha}_1$，$\boldsymbol{\alpha}_2$，…，$\boldsymbol{\alpha}_r$，$\boldsymbol{\beta}_1$，$\boldsymbol{\beta}_2$，…，$\boldsymbol{\beta}_s$ 线性无关.

(14) 若 $\boldsymbol{\alpha}_1$，$\boldsymbol{\alpha}_2$，…，$\boldsymbol{\alpha}_r$ 线性无关，则其中每一个向量都不是其余向量的线性组合.

12. 设 $\boldsymbol{A}=\begin{pmatrix}1 & 2 & 1\\ 2 & 3 & a+2\\ 1 & a & -2\end{pmatrix}$，$\boldsymbol{b}=\begin{pmatrix}1\\3\\0\end{pmatrix}$，$\boldsymbol{X}=\begin{pmatrix}x_1\\x_2\\x_3\end{pmatrix}$.

(1) 齐次方程组 $\boldsymbol{AX}=\boldsymbol{0}$ 只有零解，求 a 的取值范围.

(2) 线性方程组 $\boldsymbol{AX}=\boldsymbol{b}$ 无解，则 $a=$__________.

13. 讨论 λ 取何值时，线性方程组 $\begin{cases}\lambda x_1+x_2+x_3=\lambda-3\\ x_1+\lambda x_2+x_3=-2\\ x_1+x_2+\lambda x_3=-2\end{cases}$ 有唯一解，无解，无穷解. 当有无穷解时求其全部解.

14. 把向量 $\boldsymbol{\beta}$ 表示成向量组 $\boldsymbol{\alpha}_1$，$\boldsymbol{\alpha}_2$，$\boldsymbol{\alpha}_3$，$\boldsymbol{\alpha}_4$ 的线性组合.

(1) $\boldsymbol{\beta}=(1,2,1,1)^{\mathrm{T}}$，$\boldsymbol{\alpha}_1=(1,1,1,1)^{\mathrm{T}}$，$\boldsymbol{\alpha}_2=(1,1,-1,-1)^{\mathrm{T}}$，$\boldsymbol{\alpha}_3=(1,-1,1,-1)^{\mathrm{T}}$，$\boldsymbol{\alpha}_4=(1,-1,-1,1)^{\mathrm{T}}$.

(2) $\boldsymbol{\beta}=(0,0,0,1)^{\mathrm{T}}$，$\boldsymbol{\alpha}_1=(1,1,0,1)^{\mathrm{T}}$，$\boldsymbol{\alpha}_2=(2,1,3,1)^{\mathrm{T}}$，$\boldsymbol{\alpha}_3=(1,1,0,0)^{\mathrm{T}}$，$\boldsymbol{\alpha}_4=(0,1,-1,-1)^{\mathrm{T}}$.

15. 设 $\boldsymbol{\eta}_1$，$\boldsymbol{\eta}_2$，$\boldsymbol{\eta}_3$ 为 $\boldsymbol{AX}=\boldsymbol{0}$ 的一个基础解系，试证 $\boldsymbol{\eta}_1+2\boldsymbol{\eta}_2$，$\boldsymbol{\eta}_2+2\boldsymbol{\eta}_3$，$\boldsymbol{\eta}_3+2\boldsymbol{\eta}_1$ 也是 $\boldsymbol{AX}=\boldsymbol{0}$ 的一个基础解系.

第四章

矩阵的特征值与特征向量

本章可以看成是应用行列式、向量和线性方程组来研究矩阵问题.矩阵的特征值和特征向量无论在一些经济管理问题中，还是在物理、化学及工程技术中都有着广泛的应用.本章介绍矩阵的特征值及特征向量的概念、计算方法以及它们的性质，并讨论矩阵特别是实对称矩阵与对角矩阵的问题.

§4.1　矩阵的特征值与特征向量

一、矩阵的特征值

定义 4.1　设 $\boldsymbol{A}$ 为 n 阶方阵，$\boldsymbol{\alpha}$ 为 n 维非零列向量，λ 为一个数，若 $\boldsymbol{A\alpha}=\lambda\boldsymbol{\alpha}$，则称数 λ 为矩阵 $\boldsymbol{A}$ 的一个**特征值**，非零向量 $\boldsymbol{\alpha}$ 称为 $\boldsymbol{A}$ 对应于特征值 λ 的**特征向量**.

例如：$\begin{pmatrix}2&0&0\\0&2&0\\0&0&2\end{pmatrix}\begin{pmatrix}1\\2\\3\end{pmatrix}=2\begin{pmatrix}1\\2\\3\end{pmatrix}$，此时 $\lambda=2$ 称为 $\boldsymbol{A}=\begin{pmatrix}2&0&0\\0&2&0\\0&0&2\end{pmatrix}$ 的特征值，而 $\begin{pmatrix}1\\2\\3\end{pmatrix}$ 称为对应于 $\lambda=2$ 的特征向量.

注 1　特征值和特征向量是成对出现的，但它们之间不是一一对应关系，一个特征值可能对应多个特征向量.

注 2　特征向量必须是非零向量，即 $\boldsymbol{\alpha}\neq\boldsymbol{0}$.

注 3　λ 可以是实数也可以是复数.

注 4　若 $\boldsymbol{\alpha}$ 是矩阵 $\boldsymbol{A}$ 的属于特征值 λ 的特征向量，也可以说 $\boldsymbol{\alpha}$ 是矩阵 $\boldsymbol{A}$ 的对应于特征值 λ 的特征向量.

1. 特征值和特征向量的求法

由定义知 $\boldsymbol{A\alpha}=\lambda\boldsymbol{\alpha}$，即 $\lambda\boldsymbol{\alpha}-\boldsymbol{A\alpha}=\boldsymbol{0}$，也就是说 $(\lambda\boldsymbol{E}-\boldsymbol{A})\boldsymbol{\alpha}=\boldsymbol{0}$，若设

$$\boldsymbol{A}=\begin{pmatrix}a_{11}&a_{12}&\cdots&a_{1n}\\a_{21}&a_{22}&\cdots&a_{2n}\\\vdots&\vdots&\cdots&\vdots\\a_{n1}&a_{n2}&\cdots&a_{nn}\end{pmatrix},\ \boldsymbol{\alpha}=\begin{pmatrix}x_1\\x_2\\\vdots\\x_n\end{pmatrix},$$

则有 $\begin{pmatrix} \lambda-a_{11} & -a_{12} & \cdots & -a_{1n} \\ -a_{21} & \lambda-a_{22} & \cdots & -a_{2n} \\ \vdots & \vdots & \cdots & \vdots \\ -a_{n1} & -a_{n2} & \cdots & \lambda-a_{nn} \end{pmatrix}\begin{pmatrix} x_1 \\ x_2 \\ \vdots \\ x_n \end{pmatrix}=\begin{pmatrix} 0 \\ 0 \\ \vdots \\ 0 \end{pmatrix}$，此等式为一个齐次线性方程组 $\boldsymbol{AX}=\boldsymbol{0}$，于是，要使特征值 λ 与特征向量 $\boldsymbol{\alpha}$ 存在，就是要使上述方程组有非零解（$\boldsymbol{\alpha}\neq\boldsymbol{0}$），而齐次线性方程组有非零解的条件为 $r(\boldsymbol{A})<n$，由于此处的 $\boldsymbol{A}$ 为方阵，也可以用克莱姆法则，即 $|\lambda\boldsymbol{E}-\boldsymbol{A}|=0$ 时，方程组有非零解.

此处，我们将 $\lambda\boldsymbol{E}-\boldsymbol{A}$ 称为矩阵 $\boldsymbol{A}$ 的**特征矩阵**，其对应的行列式 $|\lambda\boldsymbol{E}-\boldsymbol{A}|$ 称为**特征多项式**，记为 $f(\lambda)$，$|\lambda\boldsymbol{E}-\boldsymbol{A}|=0$ 称为**特征方程**.

由此可见，求矩阵特征值和特征向量的步骤为：

(1) 求特征方程 $f(\lambda)=|\lambda\boldsymbol{E}-\boldsymbol{A}|=0$ 的所有相异实根 $\lambda_1, \lambda_2, \cdots, \lambda_m$，这些相异实根就是矩阵 $\boldsymbol{A}$ 的特征值；

(2) 求方程组 $(\lambda_i\boldsymbol{E}-\boldsymbol{A})\boldsymbol{\alpha}=\boldsymbol{0}$ $(i=1, 2, \cdots, m)$ 的所有非零解向量，这些向量就是对应于 λ_i 的特征向量.

例 1 求下列矩阵的特征值和特征向量.

(1) $\boldsymbol{A}=\begin{pmatrix} 1 & 2 \\ 6 & 2 \end{pmatrix}$；(2) $\boldsymbol{A}=\begin{pmatrix} 2 & 0 & 1 \\ 1 & 2 & 1 \\ 0 & 0 & 1 \end{pmatrix}$；(3) $\boldsymbol{A}=\begin{pmatrix} 5 & 6 & -3 \\ -1 & 0 & 1 \\ 1 & 2 & 1 \end{pmatrix}$；

(4) $\boldsymbol{A}=\begin{pmatrix} -1 & 2 & 2 \\ 2 & -1 & -2 \\ 2 & -2 & -1 \end{pmatrix}$；　(5) $\boldsymbol{A}=\begin{pmatrix} 0 & 0 & 1 \\ 0 & 1 & 0 \\ 1 & 0 & 0 \end{pmatrix}$.

解 (1) 特征方程为 $|\lambda\boldsymbol{E}-\boldsymbol{A}|=\begin{vmatrix} \lambda-1 & -2 \\ -6 & \lambda-2 \end{vmatrix}=\lambda^2-3\lambda-10=0$，得 $\lambda_1=-2$，$\lambda_2=5$ 为特征值.

$\lambda_1=-2$ 时，解以 $-2\boldsymbol{E}-\boldsymbol{A}$ 为系数矩阵的齐次线性方程组

$$\begin{cases} -3x_1-2x_2=0 \\ -6x_1-4x_2=0 \end{cases},$$

$\begin{pmatrix} -3 & -2 \\ -6 & -4 \end{pmatrix}\to\begin{pmatrix} 1 & 2/3 \\ 0 & 0 \end{pmatrix}$，所以，方程组的基础解系为 $\boldsymbol{\alpha}=\begin{pmatrix} -\frac{2}{3} \\ 1 \end{pmatrix}$，从而 $\lambda_1=-2$ 所对应的全部特征向量为 $c\begin{pmatrix} -\frac{2}{3} \\ 1 \end{pmatrix}$，$c\neq0$.

$\lambda_2=5$ 时，解以 $5\boldsymbol{E}-\boldsymbol{A}$ 为系数矩阵的齐次线性方程组

$$\begin{cases} 4x_1-2x_2=0 \\ -6x_1+3x_2=0 \end{cases},$$

$\begin{pmatrix} 4 & -2 \\ -6 & 3 \end{pmatrix}\to\begin{pmatrix} 1 & -1/2 \\ 0 & 0 \end{pmatrix}$，所以，方程组的基础解系为 $\boldsymbol{\alpha}=\begin{pmatrix} \frac{1}{2} \\ 1 \end{pmatrix}$，从而 $\lambda_2=5$ 所对应的全

部特征向量为 $c\begin{pmatrix}\frac{1}{2}\\1\end{pmatrix}$，$c\neq0$.

（2）特征方程为 $|\lambda\boldsymbol{E}-\boldsymbol{A}|=\begin{vmatrix}\lambda-2&0&-1\\-1&\lambda-2&-1\\0&0&\lambda-1\end{vmatrix}=(\lambda-1)(\lambda-2)^2=0$，得特征值为 $\lambda_1=1$，$\lambda_2=\lambda_3=2$.

当 $\lambda_1=1$ 时，解以 $\boldsymbol{E}-\boldsymbol{A}$ 为系数矩阵的齐次线性方程组 $\begin{pmatrix}-1&0&-1\\-1&-1&-1\\0&0&0\end{pmatrix}\begin{pmatrix}x_1\\x_2\\x_3\end{pmatrix}=\begin{pmatrix}0\\0\\0\end{pmatrix}$，得到

$$\begin{cases}x_1=-x_3,\\x_2=0\end{cases}$$

令 $x_3=1$ 得到基础解系 $\begin{pmatrix}-1\\0\\1\end{pmatrix}$，所以 $\boldsymbol{A}$ 的对应于 $\lambda_1=1$ 的全部特征向量为 $c\begin{pmatrix}-1\\0\\1\end{pmatrix}$，$c\neq0$.

当 $\lambda_2=\lambda_3=2$ 时，解以 $2\boldsymbol{E}-\boldsymbol{A}$ 为系数矩阵的齐次线性方程组 $\begin{pmatrix}0&0&-1\\-1&0&-1\\0&0&1\end{pmatrix}\begin{pmatrix}x_1\\x_2\\x_3\end{pmatrix}=\begin{pmatrix}0\\0\\0\end{pmatrix}$,得到

$$\begin{cases}x_1=0\\x_3=0\end{cases},$$

令 $x_2=1$ 得到基础解系 $\begin{pmatrix}0\\1\\0\end{pmatrix}$，所以 $\boldsymbol{A}$ 的对应于 $\lambda_2=\lambda_3=2$ 的全部特征向量为 $c\begin{pmatrix}0\\1\\0\end{pmatrix}$，$c\neq0$.

（3）特征方程为

$$\begin{vmatrix}\lambda-5&-6&3\\1&\lambda&-1\\-1&-2&\lambda-1\end{vmatrix}\xlongequal{r_2+r_3}\begin{vmatrix}\lambda-5&-6&3\\1&\lambda&-1\\0&\lambda-2&\lambda-2\end{vmatrix}\xlongequal{-c_2+c_3}\begin{vmatrix}\lambda-5&-6&9\\1&\lambda&-1-\lambda\\0&\lambda-2&0\end{vmatrix}$$
$$=(\lambda-2)^3=0,$$

解得 $\lambda_1=\lambda_2=\lambda_3=2$.

当 $\lambda=2$ 时，解以 $2\boldsymbol{E}-\boldsymbol{A}$ 为系数矩阵的齐次线性方程组 $\begin{pmatrix}-3&-6&3\\1&2&-1\\0&0&0\end{pmatrix}\begin{pmatrix}x_1\\x_2\\x_3\end{pmatrix}=\begin{pmatrix}0\\0\\0\end{pmatrix}$，得到

$$x_1=-2x_2+x_3,$$

令 $\begin{pmatrix}x_2\\x_3\end{pmatrix}=\begin{pmatrix}1\\0\end{pmatrix}$，$\begin{pmatrix}0\\1\end{pmatrix}$，得基础解系 $\begin{pmatrix}-2\\1\\0\end{pmatrix}$，$\begin{pmatrix}1\\0\\1\end{pmatrix}$，$\boldsymbol{A}$ 的对应于 $\lambda_1=\lambda_2=\lambda_3=2$ 的全部特征向量

为$c_1\begin{pmatrix}-2\\1\\0\end{pmatrix}+c_2\begin{pmatrix}1\\0\\1\end{pmatrix}$($c_1$, c_2 不全为零).

(4) 特征方程为

$$\begin{vmatrix}\lambda+1 & -2 & -2\\ -2 & \lambda+1 & 2\\ -2 & 2 & \lambda+1\end{vmatrix}\xlongequal{-r_2+r_3}\begin{vmatrix}\lambda+1 & -2 & -2\\ -2 & \lambda+1 & 2\\ 0 & 1-\lambda & \lambda-1\end{vmatrix}\xlongequal{c_2+c_3}\begin{vmatrix}\lambda+1 & -2 & -4\\ -2 & \lambda+1 & \lambda+3\\ 0 & 1-\lambda & 0\end{vmatrix}$$

$=(\lambda-1)^2(\lambda+5)=0$,

解得 $\lambda_1=-5$, $\lambda_2=\lambda_3=1$.

$\lambda_1=-5$ 时，特征向量为 $c\begin{pmatrix}-1\\1\\1\end{pmatrix}$($c$ 为非零常数).

$\lambda_2=\lambda_3=1$ 时，特征向量为 $c_1\begin{pmatrix}1\\1\\0\end{pmatrix}+c_2\begin{pmatrix}1\\0\\1\end{pmatrix}$($c_1$, c_2 不全为零).

(5) 特征方程为 $\begin{vmatrix}\lambda & 0 & -1\\ 0 & \lambda-1 & 0\\ -1 & 0 & \lambda\end{vmatrix}=(\lambda+1)(\lambda-1)^2=0$，得 $\lambda_1=-1$, $\lambda_2=\lambda_3=1$.

当 $\lambda_1=-1$ 时，特征向量为 $c\begin{pmatrix}-1\\0\\1\end{pmatrix}$ (c 为非零常数).

当 $\lambda_2=\lambda_3=1$ 时，特征向量为 $c_1\begin{pmatrix}0\\1\\0\end{pmatrix}+c_2\begin{pmatrix}1\\0\\1\end{pmatrix}$($c_1$, c_2 不全为零).

例 2 证明：$\boldsymbol{E}$ 的特征值为 1.

证 设 $\boldsymbol{\alpha}\neq\boldsymbol{0}$, $\boldsymbol{\alpha}=\boldsymbol{\alpha}$, $\boldsymbol{E\alpha}=1\boldsymbol{\alpha}$，所以 $\boldsymbol{E}$ 的特征值为 1.

例 3 证明：若 λ 是 $\boldsymbol{A}$ 的特征值，则 λ^2 为 $\boldsymbol{A}^2$ 的特征值.

证 设非零向量 $\boldsymbol{\beta}$ 是矩阵 $\boldsymbol{A}$ 对应于特征值 λ 的特征向量，由题意 $\boldsymbol{A}^2\boldsymbol{\beta}=\boldsymbol{A}(\boldsymbol{A\beta})=\boldsymbol{A}(\lambda\boldsymbol{\beta})=\lambda(\boldsymbol{A\beta})=\lambda^2\boldsymbol{\beta}$，所以 λ^2 为 $\boldsymbol{A}^2$ 的特征值.

例 4 证明：$\boldsymbol{A}$ 为 n 阶奇异阵的充分必要条件是 $\boldsymbol{A}$ 至少有一个特征值为 0.

证 充分性. 因为 $\boldsymbol{A}$ 为奇异阵，则 $|\boldsymbol{A}|=0$，所以 $|0\boldsymbol{E}-\boldsymbol{A}|=|-\boldsymbol{A}|=(-1)^n|\boldsymbol{A}|=0$，故 0 为特征值.

必要性. 设 0 为 $\boldsymbol{A}$ 的特征值，对应的特征向量为 $\boldsymbol{x}$, $\boldsymbol{Ax}=0\cdot\boldsymbol{x}=\boldsymbol{0}$，所以存在 $\boldsymbol{x}\neq\boldsymbol{0}$ 为 $\boldsymbol{Ax}=\boldsymbol{0}$ 的非零解，故 $|\boldsymbol{A}|=0$，即 $\boldsymbol{A}$ 为 n 阶奇异阵.

例 5 设 $\boldsymbol{A}$ 为 n 阶方阵，且 $\boldsymbol{A}^2=\boldsymbol{A}$，试证 $\boldsymbol{A}$ 的特征值只能是 1 或 0.

证 设 λ_0 为矩阵 $\boldsymbol{A}$ 的特征值，$\boldsymbol{\alpha}$ 为 $\boldsymbol{A}$ 的属于 λ_0 的特征向量，故 $\boldsymbol{A\alpha}=\lambda_0\boldsymbol{\alpha}$，等式两端同时左乘 $\boldsymbol{A}$，得 $\boldsymbol{A}^2\boldsymbol{\alpha}=\boldsymbol{A}(\lambda_0\boldsymbol{\alpha})=\lambda_0(\boldsymbol{A\alpha})=\lambda_0^2\boldsymbol{\alpha}$. 依题意 $\boldsymbol{A}^2=\boldsymbol{A}$，于是 $\boldsymbol{A}^2\boldsymbol{\alpha}=\boldsymbol{A\alpha}=\lambda_0\boldsymbol{\alpha}$，所以 $\lambda_0^2\boldsymbol{\alpha}=$

$\lambda_0\boldsymbol{\alpha}$，即 $(\lambda_0^2-\lambda_0)\boldsymbol{\alpha}=\mathbf{0}$，而 $\boldsymbol{\alpha}\neq\mathbf{0}$，故 $\lambda_0^2-\lambda_0=0$，即 $\lambda_0(\lambda_0-1)=0$，得 $\lambda_0=0$ 或 $\lambda_0=1$.

二、特征值与特征向量的性质

1. 特征值的性质

性质 1　$\boldsymbol{A}$ 与 $\boldsymbol{A}^{\mathrm{T}}$ 有相同的特征值.

证　因为 $|\lambda\boldsymbol{E}-\boldsymbol{A}^{\mathrm{T}}|=|(\lambda\boldsymbol{E})^{\mathrm{T}}-\boldsymbol{A}^{\mathrm{T}}|=|(\lambda\boldsymbol{E}-\boldsymbol{A})^{\mathrm{T}}|=|\lambda\boldsymbol{E}-\boldsymbol{A}|$，所以 $\boldsymbol{A}$ 与 $\boldsymbol{A}^{\mathrm{T}}$ 有相同的特征值.

性质 2　设 λ 是 n 阶可逆矩阵 $\boldsymbol{A}$ 的一个特征值，则

(1) $\frac{1}{\lambda}$是 $\boldsymbol{A}^{-1}$的一个特征值.

证　因为 λ 是 $\boldsymbol{A}$ 的特征值，故有 $\boldsymbol{\alpha}\neq\mathbf{0}$，使 $\boldsymbol{A\alpha}=\lambda\boldsymbol{\alpha}$，又因 $\boldsymbol{A}$ 可逆，即 $\boldsymbol{A}^{-1}$存在，所以 $\boldsymbol{A}^{-1}(\boldsymbol{A\alpha})=\boldsymbol{A}^{-1}(\lambda\boldsymbol{\alpha})\Rightarrow\boldsymbol{\alpha}=\lambda\boldsymbol{A}^{-1}\boldsymbol{\alpha}$，故 $\boldsymbol{A}^{-1}\boldsymbol{\alpha}=\frac{1}{\lambda}\boldsymbol{\alpha}$，从而$\frac{1}{\lambda}$是 $\boldsymbol{A}^{-1}$的特征值，$\boldsymbol{\alpha}$ 是 $\boldsymbol{A}^{-1}$对应于$\frac{1}{\lambda}$的特征向量.

(2) $\frac{|\boldsymbol{A}|}{\lambda}$是 $\boldsymbol{A}$ 的伴随矩阵 $\boldsymbol{A}^*$ 的特征值.

证　因为 $\boldsymbol{A}^{-1}=\frac{1}{|\boldsymbol{A}|}\boldsymbol{A}^*\Rightarrow\boldsymbol{A}^*=|\boldsymbol{A}|\boldsymbol{A}^{-1}$，所以 $\boldsymbol{A}^*\boldsymbol{\alpha}=|\boldsymbol{A}|\boldsymbol{A}^{-1}\boldsymbol{\alpha}=\frac{1}{\lambda}|\boldsymbol{A}|\boldsymbol{\alpha}$，故$\frac{|\boldsymbol{A}|}{\lambda}$是 $\boldsymbol{A}^*$ 的特征值.

(3) $k\lambda$ 是 $k\boldsymbol{A}$ 的特征值.

(4) λ^k 是 $\boldsymbol{A}^k$ 的特征值.

(5) $f(\lambda)$ 是 $f(\boldsymbol{A})$ 的特征值.

例 6　已知三阶矩阵 $\boldsymbol{A}$ 的特征值为 1，2，3，求：

(1) 矩阵 $3\boldsymbol{A}$ 的特征值；

(2) 矩阵 $\boldsymbol{A}^{-1}$的特征值；

(3) 矩阵 $\boldsymbol{A}^2-2\boldsymbol{A}+3\boldsymbol{E}$ 的特征值.

解　设 λ 是 $\boldsymbol{A}$ 的特征值.

(1) 根据性质 2(3)，$3\boldsymbol{A}$ 的特征值为 3λ，即 3，6，9.

(2) 根据性质 2(1)，$\boldsymbol{A}^{-1}$的特征值为$\frac{1}{\lambda}$，即 1，$\frac{1}{2}$，$\frac{1}{3}$.

(3) 根据性质 2(5)，$\boldsymbol{A}^2-2\boldsymbol{A}+3\boldsymbol{E}$ 的特征值为 $\lambda^2-2\lambda+3$，即 2，3，6.

性质 3　设 $\boldsymbol{A}=(a_{ij})$ 是 n 阶矩阵，λ_1，λ_2，…，λ_n 是 $\boldsymbol{A}$ 的 n 个特征值，

$$f(\lambda)=|\lambda\boldsymbol{E}-\boldsymbol{A}|=\begin{vmatrix}\lambda-a_{11} & -a_{12} & \cdots & -a_{1n}\\ -a_{21} & \lambda-a_{22} & \cdots & -a_{2n}\\ \vdots & \vdots & \cdots & \vdots\\ -a_{n1} & -a_{n2} & \cdots & \lambda-a_{nn}\end{vmatrix},$$

则由代数方程的根与系数的关系知：

(1) $\lambda_1+\lambda_2+\cdots+\lambda_n=a_{11}+a_{22}+\cdots+a_{nn}$；

(2) $\lambda_1\lambda_2\cdots\lambda_n=|\boldsymbol{A}|$.

其中 $\boldsymbol{A}$ 的主对角线上元素之和 $a_{11}+a_{22}+\cdots+a_{nn}$ 称为矩阵 $\boldsymbol{A}$ 的迹，记为 $tr(\boldsymbol{A})$.

例 7　设三阶矩阵 $\boldsymbol{A}$ 的特征值为 1，2，3，求 $|\boldsymbol{A}^3-5\boldsymbol{A}^2+3\boldsymbol{A}|$.

解 已知$\boldsymbol{A}$的特征值为1，2，3，根据性质2(5)知$\boldsymbol{A}^3-5\boldsymbol{A}^2+3\boldsymbol{A}$的特征值为$-1$，$-6$，$-9$，根据性质3 (2)知，$|\boldsymbol{A}^3-5\boldsymbol{A}^2+3\boldsymbol{A}|=(-1)(-6)(-9)=-54$.

2. 特征向量的性质

定理4.1 设λ_1，λ_2，…，λ_m为n阶矩阵$\boldsymbol{A}$的互不相同的特征值，$\boldsymbol{\alpha}_1$，$\boldsymbol{\alpha}_2$，…，$\boldsymbol{\alpha}_m$分别为$\boldsymbol{A}$的属于λ_1，λ_2，…，λ_m的特征向量，则$\boldsymbol{\alpha}_1$，$\boldsymbol{\alpha}_2$，…，$\boldsymbol{\alpha}_m$线性无关.

证 用数学归纳法，对不同的特征值个数m进行归纳.

当$m=1$时，$\boldsymbol{A}$的属于特征值λ_1的特征向量$\boldsymbol{\alpha}_1$是非零向量，所以$\boldsymbol{\alpha}_1$线性无关.故定理成立.

设$\boldsymbol{A}$的$m-1$个互不相同的特征值λ_1，λ_2，…，λ_{m-1}所对应的特征向量$\boldsymbol{\alpha}_1$，$\boldsymbol{\alpha}_2$，…，$\boldsymbol{\alpha}_{m-1}$线性无关，只需证明$m$个互不相同的特征值$\lambda_1$，$\lambda_2$，…，$\lambda_m$所对应的特征向量$\boldsymbol{\alpha}_1$，$\boldsymbol{\alpha}_2$，…，$\boldsymbol{\alpha}_m$线性无关. 设数$k_1$，$k_2$，…，$k_m$使等式

$$k_1\boldsymbol{\alpha}_1+k_2\boldsymbol{\alpha}_2+\cdots+k_m\boldsymbol{\alpha}_m=\boldsymbol{0} \tag{1}$$

成立，将式 (1) 两端左乘矩阵$\boldsymbol{A}$，得

$$k_1\boldsymbol{A}\boldsymbol{\alpha}_1+k_2\boldsymbol{A}\boldsymbol{\alpha}_2+\cdots+k_m\boldsymbol{A}\boldsymbol{\alpha}_m=\boldsymbol{0}.$$

由于$\boldsymbol{A}\boldsymbol{\alpha}_i=\lambda_i\boldsymbol{\alpha}_i$，$i=1, 2, \cdots, m$，则有

$$k_1\lambda_1\boldsymbol{\alpha}_1+k_2\lambda_2\boldsymbol{\alpha}_2+\cdots+k_m\lambda_m\boldsymbol{\alpha}_m=\boldsymbol{0}, \tag{2}$$

再用λ_m乘式 (1)，得

$$k_1\lambda_m\boldsymbol{\alpha}_1+k_2\lambda_m\boldsymbol{\alpha}_2+\cdots+k_m\lambda_m\boldsymbol{\alpha}_m=\boldsymbol{0}. \tag{3}$$

用式 (2) 减式 (3) 得

$$k_1(\lambda_1-\lambda_m)\boldsymbol{\alpha}_1+k_2(\lambda_2-\lambda_m)\boldsymbol{\alpha}_2+\cdots+k_{m-1}(\lambda_{m-1}-\lambda_m)\boldsymbol{\alpha}_{m-1}=\boldsymbol{0}.$$

由归纳假设$\boldsymbol{\alpha}_1$，$\boldsymbol{\alpha}_2$，…，$\boldsymbol{\alpha}_{m-1}$线性无关，故

$$k_i(\lambda_i-\lambda_m)=0 \quad (i=1, 2, \cdots, m-1).$$

由于$\lambda_i-\lambda_m\neq 0$ $(i=1, 2, \cdots, m-1)$，故$k_1=k_2=\cdots=k_{m-1}=0$，于是式 (1) 化为

$$k_m\boldsymbol{\alpha}_m=\boldsymbol{0}.$$

而$\boldsymbol{\alpha}_m\neq\boldsymbol{0}$，所以$k_m=0$，因而$\boldsymbol{\alpha}_1$，$\boldsymbol{\alpha}_2$，…，$\boldsymbol{\alpha}_m$线性无关. 由归纳法原理，定理得证.

由定理很容易得到下列推论：

推论 如果n阶矩阵$\boldsymbol{A}$有n个互不相同的特征值，则$\boldsymbol{A}$有n个线性无关的特征向量.

另外，定理4.1还可推广为如下定理.

定理4.2 若λ_1，λ_2，…，λ_m是n阶矩阵$\boldsymbol{A}$的互不相同的特征值，而$\boldsymbol{\alpha}_{i1}$，$\boldsymbol{\alpha}_{i2}$，…，$\boldsymbol{\alpha}_{ir_i}$是$\boldsymbol{A}$属于特征值$\lambda_i$$(i=1, 2, \cdots, m)$的线性无关的特征向量，那么$\boldsymbol{\alpha}_{11}$，$\boldsymbol{\alpha}_{12}$，…，$\boldsymbol{\alpha}_{1r_1}$，$\boldsymbol{\alpha}_{21}$，$\boldsymbol{\alpha}_{22}$，…，$\boldsymbol{\alpha}_{2r_2}$，…，$\boldsymbol{\alpha}_{m1}$，$\boldsymbol{\alpha}_{m2}$，…，$\boldsymbol{\alpha}_{mr_m}$线性无关.

证明略.

例8 设$\boldsymbol{A}$为2阶矩阵，$\boldsymbol{\alpha}_1$，$\boldsymbol{\alpha}_2$为线性无关的2维列向量，$\boldsymbol{A}\boldsymbol{\alpha}_1=\boldsymbol{0}$，$\boldsymbol{A}\boldsymbol{\alpha}_2=2\boldsymbol{\alpha}_1+\boldsymbol{\alpha}_2$，求$\boldsymbol{A}$的非零特征值.

解 由于$\boldsymbol{\alpha}_1$，$\boldsymbol{\alpha}_2$线性无关，故$\boldsymbol{\alpha}_1$，$\boldsymbol{\alpha}_2$均为非零向量. 又由$\boldsymbol{A}\boldsymbol{\alpha}_1=\boldsymbol{0}$，即$\boldsymbol{A}\boldsymbol{\alpha}_1=0\cdot\boldsymbol{\alpha}_1$，可见矩阵$\boldsymbol{A}$有零特征值，$\boldsymbol{\alpha}_1$为$\boldsymbol{A}$的属于特征值$\lambda=0$的特征向量.

由于 $\boldsymbol{A}\boldsymbol{\alpha}_2=2\boldsymbol{\alpha}_1+\boldsymbol{\alpha}_2$，等式两边左乘 $\boldsymbol{A}$，得

$$\boldsymbol{A}^2\boldsymbol{\alpha}_2=2\boldsymbol{A}\boldsymbol{\alpha}_1+\boldsymbol{A}\boldsymbol{\alpha}_2=\boldsymbol{A}\boldsymbol{\alpha}_2,$$

即

$$\boldsymbol{A}(\boldsymbol{A}\boldsymbol{\alpha}_2)=1\cdot\boldsymbol{A}\boldsymbol{\alpha}_2.$$

因为 $\boldsymbol{\alpha}_1$，$\boldsymbol{\alpha}_2$ 线性无关，故 $\boldsymbol{A}\boldsymbol{\alpha}_2=2\boldsymbol{\alpha}_1+\boldsymbol{\alpha}_2\neq 0$，则由上式知矩阵 $\boldsymbol{A}$ 的非零特征值为 1，$\boldsymbol{A}\boldsymbol{\alpha}_2$ 为 $\boldsymbol{A}$ 的属于特征值 1 的特征向量.

例 9　已知矩阵 $\boldsymbol{B}=\begin{pmatrix}3 & 2 & -1\\ a & -2 & 2\\ 3 & b & -1\end{pmatrix}$ 有一个特征向量 $\boldsymbol{\alpha}=(1,-2,3)^{\mathrm{T}}$，试确定参数 a，b 及 $\boldsymbol{\alpha}$ 所对应的特征值.

解　设 $\boldsymbol{\alpha}$ 所对应的特征值为 λ，则有 $(\lambda\boldsymbol{E}-\boldsymbol{B})\boldsymbol{\alpha}=\boldsymbol{0}$，即

$$\begin{cases}(\lambda-3)+4+3=0\\ -a-2(\lambda+2)-6=0\\ -3+2b+3(\lambda+1)=0\end{cases},$$

可解得 $\lambda=-4$，$a=-2$，$b=6$.

例 10　设 n 阶矩阵 $\boldsymbol{A}$ 满足关系式 $\boldsymbol{A}^2+k\boldsymbol{A}+6\boldsymbol{E}=\boldsymbol{0}$，且 $\boldsymbol{A}$ 有特征值 2，求 k 的值.

解　设 2 对应的特征向量为 $\boldsymbol{\xi}$，则 $\boldsymbol{A}^2+k\boldsymbol{A}+6\boldsymbol{E}$ 有一特征值 $2^2+2k+6=2k+10$，对应的特征向量为 $\boldsymbol{\xi}$，于是有

$$(\boldsymbol{A}^2+k\boldsymbol{A}+6\boldsymbol{E})\boldsymbol{\xi}=(2k+10)\boldsymbol{\xi}=\boldsymbol{0},$$

由题设知 $\boldsymbol{\xi}\neq\boldsymbol{0}$，有 $2k+10=0$，解得 $k=-5$.

§4.2　相似矩阵

相似矩阵在很多地方都具有相同的性质，如果 $\boldsymbol{A}$ 比较复杂而它的相似矩阵 $\boldsymbol{B}$ 却比较简单，则可通过研究 $\boldsymbol{B}$ 的性质去了解 $\boldsymbol{A}$ 的性质，与之前的初等变换类似，相似矩阵之间一定等价，但反过来，等价的矩阵不一定都相似. 一般来讲，对角矩阵无论形式还是性质都比较简单，比如求特征值时，对角矩阵可以一目了然地看出，利用相似矩阵的性质，如果能找到和 $\boldsymbol{A}$ 相似的对角矩阵，就可以很容易地研究矩阵 $\boldsymbol{A}$ 的性质.

一、相似矩阵

定义 4.2　对于 n 阶矩阵 $\boldsymbol{A}$，$\boldsymbol{B}$，若存在可逆矩阵 $\boldsymbol{P}$（或称非奇异矩阵 $\boldsymbol{P}$），使 $\boldsymbol{P}^{-1}\boldsymbol{A}\boldsymbol{P}=\boldsymbol{B}$，则称 $\boldsymbol{A}$ 与 $\boldsymbol{B}$ 相似，记为 $\boldsymbol{A}\sim\boldsymbol{B}$.

例如：$\boldsymbol{A}=\begin{pmatrix}3 & 1\\ 5 & -1\end{pmatrix}$，$\boldsymbol{B}=\begin{pmatrix}4 & 0\\ 0 & -2\end{pmatrix}$，$\boldsymbol{P}=\begin{pmatrix}1 & 1\\ 1 & -5\end{pmatrix}$，$\boldsymbol{P}^{-1}=\dfrac{1}{6}\begin{pmatrix}5 & 1\\ 1 & -1\end{pmatrix}$，有 $\boldsymbol{P}^{-1}\boldsymbol{A}\boldsymbol{P}=\boldsymbol{B}$，则 $\boldsymbol{A}\sim\boldsymbol{B}$.

相似矩阵之间有什么关系呢？我们看下例：

$$A=\begin{pmatrix}3 & 1\\ 5 & -1\end{pmatrix}，有|\lambda E-A|=\begin{vmatrix}\lambda-3 & -1\\ -5 & \lambda+1\end{vmatrix}=0\Rightarrow\lambda_1=4,\ \lambda_2=-2,$$

$$B=\begin{pmatrix}4 & 0\\ 0 & -2\end{pmatrix}，有|\lambda E-B|=\begin{vmatrix}\lambda-4 & 0\\ 0 & \lambda+2\end{vmatrix}=0\Rightarrow\lambda_1=4,\ \lambda_2=-2,$$

可见，相似矩阵具有相同的特征值.

容易证明，矩阵的相似关系有下列性质：

性质 1 $A\sim A$（自反性）.

证 由于 $A=E^{-1}AE$，故 $A\sim A$，其中 E 为 n 阶单位矩阵.

性质 2 若 $A\sim B$，则 $B\sim A$（对称性）.

证 因为 $A\sim B$，由定义知存在 n 阶可逆矩阵 P，使得 $B=P^{-1}AP$，所以 $A=PBP^{-1}=(P^{-1})^{-1}BP^{-1}$，取 $Q=P^{-1}$，故 $A=Q^{-1}BQ$，即 $B\sim A$.

性质 3 若 $A\sim B$，$B\sim C$，则 $A\sim C$（传递性）.

证 因为 $A\sim B$，所以存在可逆矩阵 P_1，使得 $B=P_1^{-1}AP_1$；因为 $B\sim C$，所以存在可逆矩阵 P_2，使得 $C=P_2^{-1}BP_2$. 于是 $C=P_2^{-1}BP_2=P_2^{-1}(P_1^{-1}AP_1)P_2=(P_1P_2)^{-1}A(P_1P_2)$，因为 P_1，P_2 可逆，故 P_1P_2 可逆，且 $(P_1P_2)^{-1}=P_2^{-1}P_1^{-1}$，于是由 $C=(P_1P_2)^{-1}A(P_1P_2)$ 知 $A\sim C$.

二、相似矩阵的性质

性质 1 相似矩阵有相同的特征值.

证 设 A，B 为 n 阶矩阵，且 $A\sim B$. 由相似矩阵定义知，存在 n 阶矩阵 P，使得 $B=P^{-1}AP$. 因此 $|\lambda E-B|=|\lambda E-P^{-1}AP|=|P^{-1}(\lambda E-A)P|=|P^{-1}||\lambda E-A||P|=|\lambda E-A|$.

性质 2 相似矩阵有相同的秩.

证 因为 $A\sim B$，所以 $B=P^{-1}AP$，由于 P 与 P^{-1} 都是可逆矩阵，故它们都可写为一系列初等矩阵的乘积，即 $B=P_t\cdots P_1AQ_1\cdots Q_s$，$P_i$，$Q_j$ 为初等矩阵（$i=1, \cdots, t$；$j=1, \cdots, s$），即 A 经初等变换得到 B，而初等变换不改变矩阵的秩，故 A 与 B 有相同的秩.

性质 3 相似矩阵一定等价.

证 由性质 2 证明知 A 经初等变换得到 B，则 A 与 B 等价.

注 等价的矩阵不一定相似.

性质 4 相似矩阵的行列式相等.

证 由 $A\sim B$ 知，存在可逆矩阵 P，使得 $B=P^{-1}AP$.

于是 $|B|=|P^{-1}AP|=|P^{-1}||A||P|=|A||P^{-1}||P|=|A|$.

性质 5 相似矩阵同时可逆或不可逆，并且当它们可逆时，它们的逆矩阵也相似.

证 因为 $A\sim B$，由性质 4 知 $|A|=|B|$，于是 A 与 B 中的任何一个可逆，则另一个必可逆，所以存在可逆矩阵 P，使得 $B=P^{-1}AP$.

于是 $B^{-1}=(P^{-1}AP)^{-1}=P^{-1}A^{-1}(P^{-1})^{-1}=P^{-1}A^{-1}P$，故 $B^{-1}\sim A^{-1}$.

性质 6 相似矩阵具有相同的迹.

性质 7 若 $A\sim B$，则 $A^m\sim B^m$.

证 因为 $A\sim B$，所以存在可逆矩阵 P，使得 $B=P^{-1}AP$，于是

$$\begin{aligned}B^m&=(P^{-1}AP)^m=\overbrace{(P^{-1}AP)(P^{-1}AP)\cdots(P^{-1}AP)}^{m}\\&=P^{-1}A(PP^{-1})A(PP^{-1})\cdots(PP^{-1})AP=P^{-1}A^mP,\end{aligned}$$

故 $A^m \sim B^m$.

例 1　已知三阶矩阵 A 与 B 相似，且 A 的特征值为$\frac{1}{2}$，$\frac{1}{3}$，$\frac{1}{4}$，求$|B^{-1}-E|$.

解　因为矩阵 A 与 B 相似，由性质 1 知，B 的特征值为$\frac{1}{2}$，$\frac{1}{3}$，$\frac{1}{4}$，$B^{-1}-E$ 的特征值为 1，2，3，则$|B^{-1}-E|=6$.

例 2　已知矩阵 A 与 B 相似，其中 $A=\begin{pmatrix}2&0&0\\0&a&2\\0&2&3\end{pmatrix}$，$B=\begin{pmatrix}1&0&0\\0&2&0\\0&0&b\end{pmatrix}$，试确定 a，b.

解　因为矩阵 A 与 B 相似，由性质 6 知，$5+a=3+b$；再由性质 4 知，$6a-8=2b$；解得 $a=3$，$b=5$.

接下来，我们来讨论是否任何矩阵都可以找到与之相似的对角矩阵.

三、矩阵 A 与对角矩阵相似的条件(对角化的条件)

对角矩阵是最简单的矩阵之一，如果一个矩阵 A 能与一个对角矩阵相似，则利用它们之间的这种相似关系，可以使对矩阵 A 的性质的讨论及有关计算更加简明. 如果 A 能与一个对角矩阵相似，则称 A **可相似对角化**，简称**可对角化**，否则称矩阵 A 不能对角化. 下面讨论矩阵 A 可对角化的条件.

定理 4.3　n 阶矩阵 A 可对角化的充分必要条件是 A 有 n 个线性无关的特征向量.

证　必要性. 设矩阵 A 相似于对角矩阵 $\Lambda=\begin{pmatrix}\lambda_1&&&\\&\lambda_2&&\\&&\ddots&\\&&&\lambda_n\end{pmatrix}$.

由相似矩阵的定义知，存在 n 阶可逆矩阵 P，使得 $P^{-1}AP=\begin{pmatrix}\lambda_1&&&\\&\lambda_2&&\\&&\ddots&\\&&&\lambda_n\end{pmatrix}$，

即 $AP=P\begin{pmatrix}\lambda_1&&&\\&\lambda_2&&\\&&\ddots&\\&&&\lambda_n\end{pmatrix}$.

令 $P=(\alpha_1, \alpha_2, \cdots, \alpha_n)$，其中 $\alpha_j\ (j=1, 2, \cdots, n)$ 为 P 的列向量. 于是

$$A(\alpha_1, \alpha_2, \cdots, \alpha_n)=(\alpha_1, \alpha_2, \cdots, \alpha_n)\begin{pmatrix}\lambda_1&&&\\&\lambda_2&&\\&&\ddots&\\&&&\lambda_n\end{pmatrix},$$

即 $(A\boldsymbol{\alpha}_1, A\boldsymbol{\alpha}_2, \cdots, A\boldsymbol{\alpha}_n)=(\lambda_1\boldsymbol{\alpha}_1, \lambda_2\boldsymbol{\alpha}_2, \cdots, \lambda_n\boldsymbol{\alpha}_n)$，故 $A\boldsymbol{\alpha}_j=\lambda_j\boldsymbol{\alpha}_j (j=1, 2, \cdots, n)$.

由于 P 是可逆矩阵，所以它的列向量 $\boldsymbol{\alpha}_1, \boldsymbol{\alpha}_2, \cdots, \boldsymbol{\alpha}_n$ 线性无关. 再由上式知 λ_j 是 A 的特征值，而 $\boldsymbol{\alpha}_j$ 是 A 的属于特征值 λ_j 的特征向量. 可见 A 有 n 个线性无关的特征向量 $\boldsymbol{\alpha}_1, \boldsymbol{\alpha}_2, \cdots, \boldsymbol{\alpha}_n$.

充分性. 设 A 有 n 个线性无关的特征向量 $\boldsymbol{\alpha}_1, \boldsymbol{\alpha}_2, \cdots, \boldsymbol{\alpha}_n$，它们分别属于特征值 $\lambda_1, \lambda_2, \cdots, \lambda_n$. 即 $A\boldsymbol{\alpha}_j=\lambda_j\boldsymbol{\alpha}_j (j=1, 2, \cdots, n)$. 以 $\boldsymbol{\alpha}_1, \boldsymbol{\alpha}_2, \cdots, \boldsymbol{\alpha}_n$ 为列向量作矩阵 $P=(\boldsymbol{\alpha}_1, \boldsymbol{\alpha}_2, \cdots, \boldsymbol{\alpha}_n)$.

由于 $\boldsymbol{\alpha}_1, \boldsymbol{\alpha}_2, \cdots, \boldsymbol{\alpha}_n$ 线性无关，故 P 为可逆矩阵，而

$$\begin{aligned} AP &= A(\boldsymbol{\alpha}_1, \boldsymbol{\alpha}_2, \cdots, \boldsymbol{\alpha}_n)=(A\boldsymbol{\alpha}_1, A\boldsymbol{\alpha}_2, \cdots, A\boldsymbol{\alpha}_n)=(\lambda_1\boldsymbol{\alpha}_1, \lambda_2\boldsymbol{\alpha}_2, \cdots, \lambda_n\boldsymbol{\alpha}_n) \\ &= (\boldsymbol{\alpha}_1, \boldsymbol{\alpha}_2, \cdots, \boldsymbol{\alpha}_n)\begin{pmatrix} \lambda_1 & & & \\ & \lambda_2 & & \\ & & \ddots & \\ & & & \lambda_n \end{pmatrix} = P\begin{pmatrix} \lambda_1 & & & \\ & \lambda_2 & & \\ & & \ddots & \\ & & & \lambda_n \end{pmatrix}. \end{aligned}$$

令 $\begin{pmatrix} \lambda_1 & & & \\ & \lambda_2 & & \\ & & \ddots & \\ & & & \lambda_n \end{pmatrix}=\boldsymbol{\Lambda}$，上式即为 $AP=P\boldsymbol{\Lambda}$，等式两端左乘 P^{-1}，得 $P^{-1}AP=\boldsymbol{\Lambda}$，所以 $A\sim\boldsymbol{\Lambda}$.

注 若 $A\sim\boldsymbol{\Lambda}$，则 $\boldsymbol{\Lambda}=\begin{pmatrix} \lambda_1 & & & \\ & \lambda_2 & & \\ & & \ddots & \\ & & & \lambda_n \end{pmatrix}$，$P=(\boldsymbol{\alpha}_1, \boldsymbol{\alpha}_2, \cdots, \boldsymbol{\alpha}_n)$，其中 $A\boldsymbol{\alpha}_i=\lambda_i\boldsymbol{\alpha}_i$，$i=1, 2, \cdots, n$，使 $P^{-1}AP=\boldsymbol{\Lambda}$.

推论 如果 n 阶矩阵 A 有 n 个互异的特征值 $\lambda_1, \lambda_2, \cdots, \lambda_n$，则 A 与对角矩阵 $\boldsymbol{\Lambda}=\mathrm{diag}(\lambda_1, \lambda_2, \cdots, \lambda_n)$ 相似.

利用这些条件，可以很容易地判定矩阵能否对角化.

例 3 判断下列矩阵 A 能否与对角矩阵相似. 如果能，试求出可逆矩阵 P，使 $P^{-1}AP$ 为对角矩阵.

$$(1)\ A=\begin{pmatrix} 1 & 2 \\ 6 & 2 \end{pmatrix};\ (2)\ A=\begin{pmatrix} 5 & 6 & -3 \\ -1 & 0 & 1 \\ 1 & 2 & 1 \end{pmatrix};\ (3)\ A=\begin{pmatrix} 1 & 1 & 1 & 1 \\ 1 & 1 & -1 & -1 \\ 1 & -1 & 1 & -1 \\ 1 & -1 & -1 & 1 \end{pmatrix}.$$

解 (1) $\lambda_1=-2$，$\lambda_2=5$ 为两个相异的特征值，一定可以对角化，$\lambda_1=-2$ 时，对应的特征向量为 $c_1\begin{pmatrix} -2 \\ 3 \end{pmatrix}$；$\lambda_2=5$ 时，对应的特征向量为 $c_2\begin{pmatrix} 1 \\ 2 \end{pmatrix}$. 于是，可以设 $P=\begin{pmatrix} -2 & 1 \\ 3 & 2 \end{pmatrix}$，可求得 $P^{-1}=-\frac{1}{7}\begin{pmatrix} 2 & -1 \\ -3 & -2 \end{pmatrix}$，则有

$$P^{-1}AP=-\frac{1}{7}\begin{pmatrix}2&-1\\-3&-2\end{pmatrix}\begin{pmatrix}1&2\\6&2\end{pmatrix}\begin{pmatrix}-2&1\\3&2\end{pmatrix}=\begin{pmatrix}-2&\\&5\end{pmatrix}.$$

可以看到，与矩阵 $\boldsymbol{A}$ 相似的对角矩阵可以写成$\boldsymbol{\Lambda}$ 的形式，此时 $\boldsymbol{P}=(\boldsymbol{\alpha}_1,\boldsymbol{\alpha}_2,\cdots,\boldsymbol{\alpha}_n)$，其中 $\boldsymbol{\alpha}_i$ 为对应于λ_i 的特征向量.

(2) 可以求出 $\lambda_1=\lambda_2=\lambda_3=2$，是三重特征值，而 $\boldsymbol{\alpha}_1=\begin{pmatrix}-2\\1\\0\end{pmatrix}$，$\boldsymbol{\alpha}_2=\begin{pmatrix}1\\0\\1\end{pmatrix}$为对应方程组的基础解系，显然只有两个线性无关的特征向量（根据充要条件需要三个线性无关的特征向量），由定理 4.3 可知，无法对角化（也无法通过 $\boldsymbol{\alpha}_1$，$\boldsymbol{\alpha}_2$ 的线性组合来表示）.

注　若 n 阶矩阵 $\boldsymbol{A}$ 有 n 重特征值，则 $\boldsymbol{A}$ 一定不可对角化（最多能找到 $n-1$ 个线性无关的特征向量）.

(3) 可求得 $\lambda_1=\lambda_2=\lambda_3=2$，$\lambda_4=-2$，$\lambda=2$ 所对应的方程组的基础解系为$\boldsymbol{\alpha}_1=\begin{pmatrix}1\\1\\0\\0\end{pmatrix}$，$\boldsymbol{\alpha}_2=\begin{pmatrix}1\\0\\1\\0\end{pmatrix}$，$\boldsymbol{\alpha}_3=\begin{pmatrix}1\\0\\0\\1\end{pmatrix}$（也就是对应于 2 的三个线性无关的特征向量），$\lambda=-2$ 所对应的方程组的基础解系为 $\boldsymbol{\alpha}_4=\begin{pmatrix}-1\\1\\1\\1\end{pmatrix}$，从而 $\boldsymbol{\alpha}_1$，$\boldsymbol{\alpha}_2$，$\boldsymbol{\alpha}_3$，$\boldsymbol{\alpha}_4$ 是 4 个线性无关的特征向量.

此时，设 $\boldsymbol{B}=\begin{pmatrix}-2&&&\\&2&&\\&&2&\\&&&2\end{pmatrix}$，$\boldsymbol{P}=\begin{pmatrix}-1&1&1&1\\1&1&0&0\\1&0&1&0\\1&0&0&1\end{pmatrix}$，则一定有 $\boldsymbol{P}^{-1}\boldsymbol{AP}=\boldsymbol{B}$.

通过以上的例子，可以得到将矩阵对角化的步骤.

矩阵对角化的步骤：

(1) 求矩阵 $\boldsymbol{A}$ 的全部特征值$\lambda_1,\lambda_2,\cdots,\lambda_n$(重根写重数)；

(2) 对不同的λ_i，求 $(\lambda_i\boldsymbol{E}-\boldsymbol{A})\boldsymbol{X}=\boldsymbol{0}$ 的基础解系（基础解系的每个特征向量都可作为相应的属于 λ_i 的特征向量)；

(3) 若能求出 n 个线性无关的特征向量，则以这些特征向量为列向量，构成可逆矩阵，

$$\boldsymbol{P}=(\boldsymbol{\alpha}_1,\boldsymbol{\alpha}_2,\cdots,\boldsymbol{\alpha}_n),$$

则有 $\boldsymbol{P}^{-1}\boldsymbol{AP}=\begin{pmatrix}\lambda_1&&&\\&\lambda_2&&\\&&\ddots&\\&&&\lambda_n\end{pmatrix}$，其中 $\lambda_1,\lambda_2,\cdots,\lambda_n$ 要和$\boldsymbol{\alpha}_1,\boldsymbol{\alpha}_2,\cdots,\boldsymbol{\alpha}_n$ 对应.

例 4 判定下列矩阵是否可以对角化，若能，写出相应的 $\boldsymbol{P}, \boldsymbol{\Lambda}$.

(1) $\boldsymbol{A}=\begin{pmatrix}4 & 6 & 0\\ -3 & -5 & 0\\ -3 & -6 & 1\end{pmatrix}$；　(2) $\boldsymbol{B}=\begin{pmatrix}-1 & 1 & 0\\ -4 & 3 & 0\\ 1 & 0 & 2\end{pmatrix}$.

解 (1) $|\lambda\boldsymbol{E}-\boldsymbol{A}|=\begin{vmatrix}\lambda-4 & -6 & 0\\ 3 & \lambda+5 & 0\\ 3 & 6 & \lambda-1\end{vmatrix}=(\lambda-1)\begin{vmatrix}\lambda-4 & -6\\ 3 & \lambda+5\end{vmatrix}=(\lambda-1)^2(\lambda+2)=0$,

则 $\boldsymbol{A}$ 的特征值为 $\lambda_1=-2, \lambda_2=\lambda_3=1$. $(-2\boldsymbol{E}-\boldsymbol{A})\boldsymbol{X}=\boldsymbol{0}$ 的基础解系为 $\boldsymbol{\alpha}_1=\begin{pmatrix}-1\\ 1\\ 1\end{pmatrix}$；

$(\boldsymbol{E}-\boldsymbol{A})\boldsymbol{X}=\boldsymbol{0}$ 的基础解系为 $\boldsymbol{\alpha}_2=\begin{pmatrix}-2\\ 1\\ 0\end{pmatrix}, \boldsymbol{\alpha}_3=\begin{pmatrix}0\\ 0\\ 1\end{pmatrix}$.

令 $\boldsymbol{P}=\begin{pmatrix}-1 & -2 & 0\\ 1 & 1 & 0\\ 1 & 0 & 1\end{pmatrix}, \boldsymbol{\Lambda}=\begin{pmatrix}-2 & & \\ & 1 & \\ & & 1\end{pmatrix}$，则 $\boldsymbol{P}^{-1}\boldsymbol{A}\boldsymbol{P}=\begin{pmatrix}-2 & & \\ & 1 & \\ & & 1\end{pmatrix}$.

(2) $|\lambda\boldsymbol{E}-\boldsymbol{B}|=\begin{vmatrix}\lambda+1 & -1 & 0\\ 4 & \lambda-3 & 0\\ -1 & 0 & \lambda-2\end{vmatrix}=(\lambda-1)^2(\lambda-2)=0$，则 $\boldsymbol{B}$ 的特征值为 $\lambda_1=\lambda_2=1$, $\lambda_3=2$. $\lambda_1=\lambda_2=1$ 时，$r(\boldsymbol{E}-\boldsymbol{B})=2\neq 3-2$，可求得基础解系包含一个向量；$\lambda_3=2$ 时，$r(2\boldsymbol{E}-\boldsymbol{B})=2$，也可求得基础解系包含一个向量，故 $\boldsymbol{B}$ 共有两个特征向量，则 $\boldsymbol{B}$ 不可对角化.

例 5 设 $\boldsymbol{A}$ 为 3 阶矩阵，$\boldsymbol{\alpha}_1, \boldsymbol{\alpha}_2$ 为 $\boldsymbol{A}$ 的分别属于特征值 $-1, 1$ 的特征向量，向量 $\boldsymbol{\alpha}_3$ 满足 $\boldsymbol{A}\boldsymbol{\alpha}_3=\boldsymbol{\alpha}_2+\boldsymbol{\alpha}_3$. (1) 证明 $\boldsymbol{\alpha}_1, \boldsymbol{\alpha}_2, \boldsymbol{\alpha}_3$ 线性无关；(2) 令 $\boldsymbol{P}=(\boldsymbol{\alpha}_1, \boldsymbol{\alpha}_2, \boldsymbol{\alpha}_3)$，求 $\boldsymbol{P}^{-1}\boldsymbol{A}\boldsymbol{P}$.

解 (1) 设存在数 k_1, k_2, k_3，使得

$$k_1\boldsymbol{\alpha}_1+k_2\boldsymbol{\alpha}_2+k_3\boldsymbol{\alpha}_3=\boldsymbol{0}, \quad ①$$

用 $\boldsymbol{A}$ 左乘式 ① 的两边，并由 $\boldsymbol{A}\boldsymbol{\alpha}_1=-\boldsymbol{\alpha}_1, \boldsymbol{A}\boldsymbol{\alpha}_2=\boldsymbol{\alpha}_2, \boldsymbol{A}\boldsymbol{\alpha}_3=\boldsymbol{\alpha}_2+\boldsymbol{\alpha}_3$ 得

$$-k_1\boldsymbol{\alpha}_1+(k_2+k_3)\boldsymbol{\alpha}_2+k_3\boldsymbol{\alpha}_3=\boldsymbol{0}. \quad ②$$

式①－式② 得

$$2k_1\boldsymbol{\alpha}_1-k_3\boldsymbol{\alpha}_2=\boldsymbol{0}. \quad ③$$

因为 $\boldsymbol{\alpha}_1, \boldsymbol{\alpha}_2$ 是 $\boldsymbol{A}$ 的属于不同特征值的特征向量，所以 $\boldsymbol{\alpha}_1, \boldsymbol{\alpha}_2$ 线性无关，从而 $k_1=k_3=0$.

代入式 ① 得，$k_2\boldsymbol{\alpha}_2=\boldsymbol{0}$，又由于 $\boldsymbol{\alpha}_2\neq\boldsymbol{0}$，所以 $k_2=0$，故 $\boldsymbol{\alpha}_1, \boldsymbol{\alpha}_2, \boldsymbol{\alpha}_3$ 线性无关.

(2) 由题设，可得

$$\boldsymbol{A}\boldsymbol{P}=\boldsymbol{A}(\boldsymbol{\alpha}_1, \boldsymbol{\alpha}_2, \boldsymbol{\alpha}_3)=(\boldsymbol{A}\boldsymbol{\alpha}_1, \boldsymbol{A}\boldsymbol{\alpha}_2, \boldsymbol{A}\boldsymbol{\alpha}_3)=(\boldsymbol{\alpha}_1, \boldsymbol{\alpha}_2, \boldsymbol{\alpha}_3)\begin{pmatrix}-1 & 0 & 0\\ 0 & 1 & 1\\ 0 & 0 & 1\end{pmatrix}=\boldsymbol{P}\begin{pmatrix}-1 & 0 & 0\\ 0 & 1 & 1\\ 0 & 0 & 1\end{pmatrix},$$

由（1），P 为可逆矩阵，从而 $P^{-1}AP=\begin{pmatrix}-1&0&0\\0&1&1\\0&0&1\end{pmatrix}$.

例 6　设 3 阶矩阵 A 有特征值 -1，1，2，证明 $B=(E+A^*)^2$ 可对角化，并求 B 的一个相似矩阵.

证　因为 $|A|=(-1)\times1\times2=-2$，所以由 §4.1 性质 2(2) 知 A^* 的特征值为 2，-2，-1，则 $B=(E+A^*)^2$ 的特征值为 9，1，0，因为 B 有 3 个不同的特征值，故 B 可对角化，且 $B\sim\Lambda=\begin{pmatrix}9&&\\&1&\\&&0\end{pmatrix}$.

四、相似矩阵的应用——求矩阵的高次幂

求一般矩阵的高次幂比较困难，而对角矩阵的高次幂却很简单，

$$\Lambda^n=\begin{pmatrix}\lambda_1&&&\\&\lambda_2&&\\&&\ddots&\\&&&\lambda_n\end{pmatrix}^n=\begin{pmatrix}\lambda_1^n&&&\\&\lambda_2^n&&\\&&\ddots&\\&&&\lambda_n^n\end{pmatrix}.$$

以后利用矩阵 A 的对角化，可以比较方便地计算矩阵 A 的高次幂，

$$P^{-1}AP=\Lambda\Rightarrow A=P\Lambda P^{-1}\Rightarrow A^n=\underbrace{(P\Lambda P^{-1})(P\Lambda P^{-1})(P\Lambda P^{-1})\cdots(P\Lambda P^{-1})}_{n}=P\Lambda^nP^{-1}.$$

例 7　$A=\begin{pmatrix}1&1\\1&1\end{pmatrix}$，求 A^n.

解　$\lambda_1=0$，$\lambda_2=2$，$P=\begin{pmatrix}-1&1\\1&1\end{pmatrix}$，$\Lambda=\begin{pmatrix}0&\\&2\end{pmatrix}$，$P^{-1}=\frac{1}{2}\begin{pmatrix}-1&1\\1&1\end{pmatrix}$，

$$A^n=P\Lambda^nP^{-1}=\begin{pmatrix}-1&1\\1&1\end{pmatrix}\begin{pmatrix}0&\\&2\end{pmatrix}^n\frac{1}{2}\begin{pmatrix}-1&1\\1&1\end{pmatrix}=\begin{pmatrix}2^{n-1}&2^{n-1}\\2^{n-1}&2^{n-1}\end{pmatrix}.$$

§4.3　实对称矩阵的特征值和特征向量

在上一节中，我们讨论了矩阵的对角化问题，从而看出 n 阶矩阵 A 不一定能对角化. 然而在本节，我们将限制矩阵 A 为实对称矩阵，并证明，如果 A 为实对称矩阵，那么 A 一定能对角化. 实对称矩阵的这一性质在二次型理论以及计量经济学中都有重要的应用.

一、向量的内积

定义 4.3　在 R^n 中，设向量 $\boldsymbol{\alpha}=\begin{pmatrix}a_1\\a_2\\\vdots\\a_n\end{pmatrix}$，$\boldsymbol{\beta}=\begin{pmatrix}b_1\\b_2\\\vdots\\b_n\end{pmatrix}$，则称 $\boldsymbol{\alpha}^{\mathrm T}\boldsymbol{\beta}=a_1b_1+a_2b_2+\cdots+a_nb_n=$

$\sum_{i=1}^{n} a_i b_i$ 为向量的内积，记作 $(\boldsymbol{\alpha}, \boldsymbol{\beta})$.

注 若按矩阵乘法的定义，内积应该是一个1阶矩阵，但作为向量内积时，看做实数，即 $\boldsymbol{\alpha}^{\mathrm{T}}\boldsymbol{\beta}$ 为一个实数.

要注意 $\boldsymbol{\alpha}^{\mathrm{T}}\boldsymbol{\beta}$ 和 $\boldsymbol{\alpha}\boldsymbol{\beta}^{\mathrm{T}}$ 的区别，如

$$\boldsymbol{\alpha}=\begin{pmatrix}1\\2\\3\end{pmatrix},\boldsymbol{\beta}=\begin{pmatrix}4\\5\\6\end{pmatrix}，则\ \boldsymbol{\alpha}^{\mathrm{T}}\boldsymbol{\beta}=(1\quad 2\quad 3)\begin{pmatrix}4\\5\\6\end{pmatrix}=32，\boldsymbol{\alpha}\boldsymbol{\beta}^{\mathrm{T}}=\begin{pmatrix}4&5&6\\8&10&12\\12&15&18\end{pmatrix}.$$

2. 内积的性质

性质1 $(\boldsymbol{\alpha}, \boldsymbol{\beta})=(\boldsymbol{\beta}, \boldsymbol{\alpha})$.

如：$(1\quad 2\quad 3)\begin{pmatrix}4\\5\\6\end{pmatrix}=32$，$(4\quad 5\quad 6)\begin{pmatrix}1\\2\\3\end{pmatrix}=32$.

性质2 $(k\boldsymbol{\alpha}, \boldsymbol{\beta})=k(\boldsymbol{\alpha}, \boldsymbol{\beta})$.

如：$(3\quad 6\quad 9)\begin{pmatrix}4\\5\\6\end{pmatrix}=3(1\quad 2\quad 3)\begin{pmatrix}4\\5\\6\end{pmatrix}=96=3\times 32$.

性质3 $(\boldsymbol{\alpha}+\boldsymbol{\beta}, \boldsymbol{\gamma})=(\boldsymbol{\alpha}, \boldsymbol{\gamma})+(\boldsymbol{\beta}, \boldsymbol{\gamma})$.

如：$(5\quad 7\quad 9)\begin{pmatrix}1\\0\\-1\end{pmatrix}=(1\quad 2\quad 3)\begin{pmatrix}1\\0\\-1\end{pmatrix}+(4\quad 5\quad 6)\begin{pmatrix}1\\0\\-1\end{pmatrix}=-4$.

性质4 $(\boldsymbol{\alpha}, \boldsymbol{\alpha})\geqslant 0$，当且仅当 $\boldsymbol{\alpha}=\mathbf{0}$ 时，$(\boldsymbol{\alpha}, \boldsymbol{\alpha})=0$.

3. 向量的长度

由于对任意 $\boldsymbol{\alpha}$，均有 $\boldsymbol{\alpha}^{\mathrm{T}}\boldsymbol{\alpha}\geqslant 0$，可引入向量长度的定义.

定义4.4 $\|\boldsymbol{\alpha}\|=\sqrt{a_1^2+a_2^2+\cdots+a_n^2}$ 称为向量 $\boldsymbol{\alpha}$ 的**长度**，也称为**向量范数**.

例如，$\boldsymbol{\alpha}=\begin{pmatrix}1\\2\\3\end{pmatrix}$，$\|\boldsymbol{\alpha}\|=\sqrt{1^2+2^2+3^2}=\sqrt{14}$.

(1) 性质：

性质1 $\|\boldsymbol{\alpha}\|\geqslant 0$，当且仅当 $\boldsymbol{\alpha}=\mathbf{0}$时，有 $\|\boldsymbol{\alpha}\|=0$；

性质2 $\|k\boldsymbol{\alpha}\|=|k|\cdot\|\boldsymbol{\alpha}\|$（$k$ 为实数）；

性质3 $|(\boldsymbol{\alpha}, \boldsymbol{\beta})|\leqslant\|\boldsymbol{\alpha}\|\cdot\|\boldsymbol{\beta}\|$（柯西-布尼亚科夫斯基不等式）.

(2) 单位向量：长度为1的向量称为单位向量.

例如，$\boldsymbol{\varepsilon}_1$，$\boldsymbol{\varepsilon}_2$，…，$\boldsymbol{\varepsilon}_n$ 的长度都是1.

将向量单位化的方法：由 $\|k\boldsymbol{\alpha}\|=|k|\cdot\|\boldsymbol{\alpha}\|$，有 $\left\|\frac{1}{\|\boldsymbol{\alpha}\|}\boldsymbol{\alpha}\right\|=\frac{1}{\|\boldsymbol{\alpha}\|}\cdot\|\boldsymbol{\alpha}\|=1$，故 $\frac{1}{\|\boldsymbol{\alpha}\|}\cdot\boldsymbol{\alpha}$ 为单位向量.

如：$\boldsymbol{\alpha}=(1,2,3)^T$，单位化得 $\bar{\boldsymbol{\alpha}}=\frac{1}{\sqrt{14}}(1,2,3)^T$.

二、正交向量组

1. 正交向量

定义 4.5　若 $(\boldsymbol{\alpha},\boldsymbol{\beta})=0$，则称 $\boldsymbol{\alpha}$ 与 $\boldsymbol{\beta}$ 相互正交（垂直），记作 $\boldsymbol{\alpha}\perp\boldsymbol{\beta}$.

如：$\boldsymbol{\alpha}=\begin{pmatrix}1\\2\\3\end{pmatrix}$，$\boldsymbol{\beta}=\begin{pmatrix}1\\1\\-1\end{pmatrix}$，则$(\boldsymbol{\alpha},\boldsymbol{\beta})=(1\quad 2\quad 3)\begin{pmatrix}1\\1\\-1\end{pmatrix}=0$，则 $\boldsymbol{\alpha}$ 与 $\boldsymbol{\beta}$ 垂直.

注　零向量与任意向量正交.

2. 正交向量组

定义 4.6　若 R^n 中的非零向量组 $\boldsymbol{\alpha}_1,\boldsymbol{\alpha}_2,\cdots,\boldsymbol{\alpha}_n$ 两两正交，即对任意 i，j，均有 $(\boldsymbol{\alpha}_i,\boldsymbol{\alpha}_j)=0$，则称该向量组为**正交向量组**。显然，$\boldsymbol{\varepsilon}_1,\boldsymbol{\varepsilon}_2,\cdots,\boldsymbol{\varepsilon}_n$ 两两正交.

定义 4.7　若正交向量组 $\boldsymbol{\alpha}_1,\boldsymbol{\alpha}_2,\cdots,\boldsymbol{\alpha}_s$ 的每个向量都是单位向量，则称该向量组为单位正交向量组.

定理 4.4　在 R^n 中正交向量组一定是线性无关的.

证　设 n 维向量组 $\boldsymbol{\alpha}_1,\boldsymbol{\alpha}_2,\cdots,\boldsymbol{\alpha}_s$ 为正交向量组，故 $\boldsymbol{\alpha}_1,\boldsymbol{\alpha}_2,\cdots,\boldsymbol{\alpha}_s$ 为两两正交非零向量. 令

$$k_1\boldsymbol{\alpha}_1+k_2\boldsymbol{\alpha}_2+\cdots+k_s\boldsymbol{\alpha}_s=\mathbf{0}, \tag{1}$$

等式两端分别与 $\boldsymbol{\alpha}_1$ 作内积，得

$$(\boldsymbol{\alpha}_1,k_1\boldsymbol{\alpha}_1+k_2\boldsymbol{\alpha}_2+\cdots+k_s\boldsymbol{\alpha}_s)=0. \tag{2}$$

由内积性质，有

$$(\boldsymbol{\alpha}_1,k_1\boldsymbol{\alpha}_1)+(\boldsymbol{\alpha}_1,k_2\boldsymbol{\alpha}_2)+\cdots+(\boldsymbol{\alpha}_1,k_s\boldsymbol{\alpha}_s)=0,$$

即

$$k_1(\boldsymbol{\alpha}_1,\boldsymbol{\alpha}_1)+k_2(\boldsymbol{\alpha}_1,\boldsymbol{\alpha}_2)+\cdots+k_s(\boldsymbol{\alpha}_1,\boldsymbol{\alpha}_s)=0. \tag{3}$$

因为 $(\boldsymbol{\alpha}_1,\boldsymbol{\alpha}_2)=0$，$(\boldsymbol{\alpha}_1,\boldsymbol{\alpha}_3)=0$，$\cdots$，$(\boldsymbol{\alpha}_1,\boldsymbol{\alpha}_s)=0$，故 $k_1(\boldsymbol{\alpha}_1,\boldsymbol{\alpha}_1)=0$.

而 $(\boldsymbol{\alpha}_1,\boldsymbol{\alpha}_1)=\|\boldsymbol{\alpha}_1\|^2\neq 0$，于是 $k_1=0$. 类似地，可以证明 $k_2=0$，$k_3=0$，$\cdots$，$k_s=0$，所以 $\boldsymbol{\alpha}_1,\boldsymbol{\alpha}_2,\cdots,\boldsymbol{\alpha}_s$ 线性无关.

从此定理知，正交向量组一定线性无关，但反之不一定成立，即线性无关的向量组未必是正交向量组. 虽然如此，我们可通过“正交化方法”得到一个等价的正交向量组.

定理 4.5　设 $\boldsymbol{\alpha}_1,\boldsymbol{\alpha}_2,\cdots,\boldsymbol{\alpha}_s$ 为线性无关的向量组. 若令：

$$\boldsymbol{\beta}_1=\boldsymbol{\alpha}_1,\ \boldsymbol{\beta}_2=\boldsymbol{\alpha}_2-\frac{(\boldsymbol{\alpha}_2,\boldsymbol{\beta}_1)}{(\boldsymbol{\beta}_1,\boldsymbol{\beta}_1)}\boldsymbol{\beta}_1,\ \boldsymbol{\beta}_3=\boldsymbol{\alpha}_3-\frac{(\boldsymbol{\alpha}_3,\boldsymbol{\beta}_1)}{(\boldsymbol{\beta}_1,\boldsymbol{\beta}_1)}\boldsymbol{\beta}_1-\frac{(\boldsymbol{\alpha}_3,\boldsymbol{\beta}_2)}{(\boldsymbol{\beta}_2,\boldsymbol{\beta}_2)}\boldsymbol{\beta}_2,\ \cdots$$

$$\boldsymbol{\beta}_s=\boldsymbol{\alpha}_s-\frac{(\boldsymbol{\alpha}_s,\boldsymbol{\beta}_1)}{(\boldsymbol{\beta}_1,\boldsymbol{\beta}_1)}\boldsymbol{\beta}_1-\frac{(\boldsymbol{\alpha}_s,\boldsymbol{\beta}_2)}{(\boldsymbol{\beta}_2,\boldsymbol{\beta}_2)}\boldsymbol{\beta}_2-\cdots-\frac{(\boldsymbol{\alpha}_s,\boldsymbol{\beta}_{s-1})}{(\boldsymbol{\beta}_{s-1},\boldsymbol{\beta}_{s-1})}\boldsymbol{\beta}_{s-1},$$

可以验证 $\boldsymbol{\beta}_1, \boldsymbol{\beta}_2, \cdots, \boldsymbol{\beta}_s$ 是正交向量组，并且与 $\boldsymbol{\alpha}_1, \boldsymbol{\alpha}_2, \cdots, \boldsymbol{\alpha}_s$ 可以相互线性表示.

注 此定理即施密特正交化方法.

例 1 试将 $\boldsymbol{\alpha}_1=\begin{pmatrix}-1\\1\\0\\0\end{pmatrix}, \boldsymbol{\alpha}_2=\begin{pmatrix}-1\\0\\1\\0\end{pmatrix}, \boldsymbol{\alpha}_3=\begin{pmatrix}-1\\0\\0\\1\end{pmatrix}$ 正交化.

解 $\boldsymbol{\beta}_1=\boldsymbol{\alpha}_1=\begin{pmatrix}-1\\1\\0\\0\end{pmatrix}, \boldsymbol{\beta}_2=\boldsymbol{\alpha}_2-\dfrac{(\boldsymbol{\alpha}_2, \boldsymbol{\beta}_1)}{(\boldsymbol{\beta}_1, \boldsymbol{\beta}_1)}\boldsymbol{\beta}_1=\begin{pmatrix}-1\\0\\1\\0\end{pmatrix}-\dfrac{1}{2}\begin{pmatrix}-1\\1\\0\\0\end{pmatrix}=\begin{pmatrix}-1/2\\-1/2\\1\\0\end{pmatrix}$,

$$\boldsymbol{\beta}_3=\boldsymbol{\alpha}_3-\frac{(\boldsymbol{\alpha}_3, \boldsymbol{\beta}_1)}{(\boldsymbol{\beta}_1, \boldsymbol{\beta}_1)}\boldsymbol{\beta}_1-\frac{(\boldsymbol{\alpha}_3, \boldsymbol{\beta}_2)}{(\boldsymbol{\beta}_2, \boldsymbol{\beta}_2)}\boldsymbol{\beta}_2=\begin{pmatrix}-1/3\\-1/3\\-1/3\\1\end{pmatrix}.$$

则 $\boldsymbol{\beta}_1, \boldsymbol{\beta}_2, \boldsymbol{\beta}_3$ 为正交向量组.

三、正交矩阵

定义 4.8 若 n 阶矩阵 $\boldsymbol{Q}$ 满足 $\boldsymbol{Q}^{\mathrm{T}}\boldsymbol{Q}=\boldsymbol{E}$，则称 $\boldsymbol{Q}$ 为正交矩阵.

如：$\boldsymbol{Q}=\begin{pmatrix}\frac{\sqrt{2}}{2} & -\frac{\sqrt{2}}{2}\\ \frac{\sqrt{2}}{2} & \frac{\sqrt{2}}{2}\end{pmatrix}, \boldsymbol{Q}^{\mathrm{T}}=\begin{pmatrix}\frac{\sqrt{2}}{2} & \frac{\sqrt{2}}{2}\\ -\frac{\sqrt{2}}{2} & \frac{\sqrt{2}}{2}\end{pmatrix}$，由于 $\boldsymbol{Q}^{\mathrm{T}}\boldsymbol{Q}=\boldsymbol{E}$，故为正交矩阵.

1. 正交矩阵的性质

性质 1 若 $\boldsymbol{Q}$ 为正交矩阵，则 $|\boldsymbol{Q}|=\pm 1$.

证 因为 $\boldsymbol{Q}^{\mathrm{T}}\boldsymbol{Q}=\boldsymbol{E} \Rightarrow |\boldsymbol{Q}^{\mathrm{T}}\boldsymbol{Q}|=|\boldsymbol{E}|=1 \Rightarrow |\boldsymbol{Q}^{\mathrm{T}}|\cdot|\boldsymbol{Q}|=1$.

又因为 $|\boldsymbol{Q}^{\mathrm{T}}|=|\boldsymbol{Q}| \Rightarrow |\boldsymbol{Q}|^2=1 \Rightarrow |\boldsymbol{Q}|=\pm 1$.

性质 2 若 $\boldsymbol{Q}$ 为正交矩阵，则 $\boldsymbol{Q}$ 可逆，且 $\boldsymbol{Q}^{-1}=\boldsymbol{Q}^{\mathrm{T}}$.

证 因为 $\boldsymbol{Q}$ 为正交矩阵，则 $|\boldsymbol{Q}|=\pm 1\neq 0$，所以 $\boldsymbol{Q}$ 可逆，又因为 $\boldsymbol{Q}^{\mathrm{T}}\boldsymbol{Q}=\boldsymbol{E}$，所以 $\boldsymbol{Q}^{\mathrm{T}}=\boldsymbol{Q}^{-1}$.

性质 3 若 $\boldsymbol{P}, \boldsymbol{Q}$ 均为正交矩阵，则 $\boldsymbol{PQ}$ 也为正交矩阵.

证 因为 $\boldsymbol{Q}^{\mathrm{T}}\boldsymbol{Q}=\boldsymbol{E}, \boldsymbol{P}^{\mathrm{T}}\boldsymbol{P}=\boldsymbol{E}$，所以 $(\boldsymbol{PQ})^{\mathrm{T}}\boldsymbol{PQ}=\boldsymbol{Q}^{\mathrm{T}}\boldsymbol{P}^{\mathrm{T}}\boldsymbol{PQ}=\boldsymbol{Q}^{\mathrm{T}}\boldsymbol{Q}=\boldsymbol{E}$，所以 $\boldsymbol{PQ}$ 也为正交矩阵.

性质 4 单位矩阵 $\boldsymbol{E}$ 是正交矩阵.

2. 正交矩阵的判定

定理 4.6 $\boldsymbol{Q}$ 为正交矩阵的充分必要条件是 $\boldsymbol{Q}$ 的行（列）向量是单位正交向量组.

比如，$\boldsymbol{Q}=\begin{pmatrix}\frac{\sqrt{2}}{2} & -\frac{\sqrt{2}}{2}\\ \frac{\sqrt{2}}{2} & \frac{\sqrt{2}}{2}\end{pmatrix}$ 为正交矩阵，而 $\boldsymbol{\alpha}=\begin{pmatrix}\frac{\sqrt{2}}{2}\\ \frac{\sqrt{2}}{2}\end{pmatrix}$ 与 $\boldsymbol{\beta}=\begin{pmatrix}-\frac{\sqrt{2}}{2}\\ \frac{\sqrt{2}}{2}\end{pmatrix}$ 是单位正交向量组.

四、实对称矩阵

定义 4.9　形如$\begin{pmatrix} a_{11} & a_{12} & \cdots & a_{1n} \\ a_{12} & a_{22} & \cdots & a_{2n} \\ \vdots & \vdots & \cdots & \vdots \\ a_{1n} & a_{2n} & \cdots & a_{nn} \end{pmatrix}$（其中 a_{ij} 均为实数）的矩阵称为**实对称矩阵**.

1. 实对称矩阵的性质

性质 1　实对称矩阵的特征值都是实数.

性质 2　实对称矩阵对应于不同特征值的特征向量是正交的.

性质 3　若 n 阶实对称矩阵有 m 个不同的特征值 λ_1，λ_2，…，λ_m，其重数为 k_1，k_2，…，k_m，则有 $k_1+k_2+\cdots+k_m=n$，即每一个 k_i 重特征值对应着 k_i 个线性无关的特征向量.

对于这 k_i 个对应于 λ_i 的线性无关的特征向量，可利用施密特正交化方法将该向量组正交化，所得的 k_i 个正交向量组也一定是对应于 λ_i 的特征向量，由此，对于实对称矩阵每一个不同的特征值，利用性质 2，可得 $k_1+k_2+\cdots+k_m=n$ 个正交向量构成的向量组，单位化后它们仍是正交向量组，并且是单位向量组，按照将矩阵对角化的方法，一定有正交阵 $\boldsymbol{Q}$，使得 $\boldsymbol{Q}^{\mathrm{T}}\boldsymbol{A}\boldsymbol{Q}=\boldsymbol{\Lambda}$.

于是我们有如下性质 .

性质 4　对任意实对称矩阵，一定存在正交矩阵 $\boldsymbol{Q}$，使 $\boldsymbol{Q}^{\mathrm{T}}\boldsymbol{A}\boldsymbol{Q}$ 为对角矩阵，且有

$$\boldsymbol{Q}^{\mathrm{T}}\boldsymbol{A}\boldsymbol{Q}=\begin{pmatrix} \lambda_1 & & & \\ & \lambda_2 & & \\ & & \ddots & \\ & & & \lambda_n \end{pmatrix},$$

其中 λ_i 为 $\boldsymbol{A}$ 的特征值（$i=1$，2，…，n）.

例 2　设实对称矩阵 $\boldsymbol{A}=\begin{pmatrix} 2 & 0 & 0 \\ 0 & 3 & 2 \\ 0 & 2 & 3 \end{pmatrix}$，求正交矩阵 $\boldsymbol{Q}$，使 $\boldsymbol{Q}^{\mathrm{T}}\boldsymbol{A}\boldsymbol{Q}=\boldsymbol{\Lambda}$.

解　令 $|\lambda\boldsymbol{E}-\boldsymbol{A}|=\begin{vmatrix} \lambda-2 & 0 & 0 \\ 0 & \lambda-3 & -2 \\ 0 & -2 & \lambda-3 \end{vmatrix}=(\lambda-1)(\lambda-2)(\lambda-5)=0$，得 $\lambda_1=1$，$\lambda_2=2$，$\lambda_3=5$.

求得对应于不同特征值的特征向量分别为

$$\lambda_1=1：\boldsymbol{\alpha}_1=\begin{pmatrix} 0 \\ 1 \\ -1 \end{pmatrix}；\lambda_2=2：\boldsymbol{\alpha}_2=\begin{pmatrix} 1 \\ 0 \\ 0 \end{pmatrix}；\lambda_3=5：\boldsymbol{\alpha}_3=\begin{pmatrix} 0 \\ 1 \\ 1 \end{pmatrix}.$$

所得向量已正交化，再将其单位化得：

$$\boldsymbol{\beta}_1=\begin{pmatrix}0\\1/\sqrt{2}\\-1/\sqrt{2}\end{pmatrix},\ \boldsymbol{\beta}_2=\begin{pmatrix}1\\0\\0\end{pmatrix},\ \boldsymbol{\beta}_3=\begin{pmatrix}0\\1/\sqrt{2}\\1/\sqrt{2}\end{pmatrix}.$$

令 $\boldsymbol{Q}=\begin{pmatrix}0&1&0\\\frac{1}{\sqrt{2}}&0&\frac{1}{\sqrt{2}}\\-\frac{1}{\sqrt{2}}&0&\frac{1}{\sqrt{2}}\end{pmatrix}$，则有 $\boldsymbol{Q}^{-1}\boldsymbol{A}\boldsymbol{Q}=\boldsymbol{Q}^{\mathrm{T}}\boldsymbol{A}\boldsymbol{Q}=\begin{pmatrix}1&&\\&2&\\&&5\end{pmatrix}$.

例 3 设 $\boldsymbol{A}=\begin{pmatrix}1&-2&2\\-2&4&-4\\2&-4&4\end{pmatrix}$，求正交阵 $\boldsymbol{Q}$，使得 $\boldsymbol{Q}^{\mathrm{T}}\boldsymbol{A}\boldsymbol{Q}=\boldsymbol{\Lambda}$.

解 $|\lambda\boldsymbol{E}-\boldsymbol{A}|=\begin{vmatrix}\lambda-1&2&-2\\2&\lambda-4&4\\-2&4&\lambda-4\end{vmatrix}=\lambda^2(\lambda-9)=0$，得 $\lambda_1=\lambda_2=0$，$\lambda_3=9$.

$\lambda_1=\lambda_2=0$ 时，对应矩阵的基础解系为 $\boldsymbol{\alpha}_1=(2\quad 1\quad 0)^{\mathrm{T}}$，$\boldsymbol{\alpha}_2=(-2\quad 0\quad 1)^{\mathrm{T}}$，

正交化：$\boldsymbol{\beta}_1=(2\quad 1\quad 0)^{\mathrm{T}}$，$\boldsymbol{\beta}_2=\left(-\frac{2}{5}\quad \frac{4}{5}\quad 1\right)^{\mathrm{T}}$；

单位化：$\bar{\boldsymbol{\beta}}_1=\left(\frac{2}{\sqrt{5}}\quad \frac{1}{\sqrt{5}}\quad 0\right)^{\mathrm{T}}$，$\bar{\boldsymbol{\beta}}_2=\left(-\frac{2}{3\sqrt{5}}\quad \frac{4}{3\sqrt{5}}\quad \frac{5}{3\sqrt{5}}\right)^{\mathrm{T}}$.

$\lambda_3=9$ 时，对应方程组的基础解系为 $\boldsymbol{\alpha}_3=(1\quad -2\quad 2)^{\mathrm{T}}$，$\bar{\boldsymbol{\beta}}_3=\left(\frac{1}{3}\quad -\frac{2}{3}\quad \frac{2}{3}\right)^{\mathrm{T}}$.

令 $\boldsymbol{Q}=\begin{pmatrix}\frac{2}{\sqrt{5}}&-\frac{2}{3\sqrt{5}}&\frac{1}{3}\\\frac{1}{\sqrt{5}}&\frac{4}{3\sqrt{5}}&-\frac{2}{3}\\0&\frac{5}{3\sqrt{5}}&\frac{2}{3}\end{pmatrix}$，则有 $\boldsymbol{Q}^{\mathrm{T}}\boldsymbol{A}\boldsymbol{Q}=\begin{pmatrix}0&&\\&0&\\&&9\end{pmatrix}$.

§4.4 二次型

在解析几何中，为了便于研究二次曲线

$$ax^2+bxy+cy^2=1$$

的几何性质，可以选择适当的坐标旋转变换

$$\begin{cases}x=x'\cos\theta-y'\sin\theta\\y=x'\sin\theta+y'\cos\theta\end{cases}$$

把方程化为标准型式

$$mx'^2+ny'^2=1.$$

这类问题具有普遍性，在许多理论问题和实际问题中经常会遇到，本章将把这类问题一般化，讨论 n 个变量的二次多项式的化简问题.

一、二次型的概念

定义 4.10　含有 n 个变量 $x_1, x_2, \cdots, x_n$ 的二次齐次函数

$$\begin{aligned}f(x_1, x_2, \cdots, x_n)=&a_{11}x_1^2+a_{22}x_2^2+\cdots+a_{nn}x_n^2+2a_{12}x_1x_2+\cdots+2a_{1n}x_1x_n\\&+2a_{23}x_2x_3+\cdots+2a_{2n}x_2x_n+\cdots+2a_{n-1,n}x_{n-1}x_n\end{aligned}$$

称为**二次型**. 当 a_{ij} 为复数时，f 称为**复二次型**；当 a_{ij} 为实数时，f 称为**实二次型**. 在本书中只讨论**实二次型**. 例如，

$$f(x_1, x_2, x_3)=2x_1^2+4x_2^2+5x_3^2-4x_1x_3.$$

注　只含有平方项的二次型 $f=k_1y_1^2+k_2y_2^2+\cdots+k_ny_n^2$ 称为二次型的**标准型（或法式）**.

二、二次型的矩阵

取 $a_{ji}=a_{ij}$，则 $2a_{ij}x_ix_j=a_{ij}x_ix_j+a_{ji}x_jx_i$，于是，

$$\begin{aligned}f(x_1, x_2, \cdots, x_n)&=a_{11}x_1^2+a_{12}x_1x_2+\cdots+a_{1n}x_1x_n+a_{21}x_2x_1+a_{22}x_2^2+\cdots\\&\quad+a_{2n}x_2x_n+\cdots+a_{n1}x_nx_1+a_{n2}x_nx_2+\cdots+a_{nn}x_n^2\\&=\sum_{i,j=1}^{n}a_{ij}x_ix_j=x_1(a_{11}x_1+a_{12}x_2+\cdots+a_{1n}x_n)\\&\quad+x_2(a_{21}x_1+a_{22}x_2+\cdots+a_{2n}x_n)+\cdots\\&\quad+x_n(a_{n1}x_1+a_{n2}x_2+\cdots+a_{nn}x_n)\\&=(x_1, x_2, \cdots, x_n)\begin{pmatrix}a_{11}x_1+a_{12}x_2+\cdots+a_{1n}x_n\\a_{21}x_1+a_{22}x_2+\cdots+a_{2n}x_n\\\cdots\cdots\cdots\cdots\\a_{n1}x_1+a_{n2}x_2+\cdots+a_{nn}x_n\end{pmatrix}\\&=(x_1, x_2, \cdots, x_n)\begin{pmatrix}a_{11}&a_{12}&\cdots&a_{1n}\\a_{21}&a_{22}&\cdots&a_{2n}\\\vdots&\vdots&\cdots&\vdots\\a_{n1}&a_{n2}&\cdots&a_{nn}\end{pmatrix}\begin{pmatrix}x_1\\x_2\\\vdots\\x_n\end{pmatrix}\\&=\boldsymbol{X}^{\mathrm{T}}\boldsymbol{A}\boldsymbol{X},\end{aligned}$$

其中 $\boldsymbol{X}=\begin{pmatrix}x_1\\x_2\\\vdots\\x_n\end{pmatrix}$，$\boldsymbol{A}=\begin{pmatrix}a_{11}&a_{12}&\cdots&a_{1n}\\a_{21}&a_{22}&\cdots&a_{2n}\\\vdots&\vdots&\cdots&\vdots\\a_{n1}&a_{n2}&\cdots&a_{nn}\end{pmatrix}$.

称 $f(x)=\boldsymbol{X}^{\mathrm{T}}\boldsymbol{A}\boldsymbol{X}$ 为二次型的矩阵形式. 其中实对称矩阵 $\boldsymbol{A}$ 称为该二次型的矩阵. 二次型 f 称为实对称矩阵 $\boldsymbol{A}$ 的二次型. 实对称矩阵 $\boldsymbol{A}$ 的秩称为二次型的秩. 于是，二次型 f 与其实对称矩阵 $\boldsymbol{A}$ 之间有一一对应关系.

例 1 写出下列二次型对应的对称阵.

(1) $f(x, y)=x^2+3xy+y^2$.

(2) $f(x_1, x_2, x_3)=x_1x_2+x_1x_3+2x_2^2-3x_2x_3$.

解 (1) 由 $f(x, y)=x^2+3xy+y^2=x^2+\frac{3}{2}xy+\frac{3}{2}xy+y^2$，故

$$\boldsymbol{A}=\begin{pmatrix}1 & \frac{3}{2}\\ \frac{3}{2} & 1\end{pmatrix}.$$

(2) 由 $f(x_1, x_2, x_3)=x_1x_2+x_1x_3+2x_2^2-3x_2x_3=0x_1^2+\frac{1}{2}x_1x_2+\frac{1}{2}x_1x_3+\frac{1}{2}x_2x_1$

$$+2x_2^2-\frac{3}{2}x_2x_3+\frac{1}{2}x_3x_1-\frac{3}{2}x_3x_2+0x_3^2,$$

故
$$\boldsymbol{A}=\begin{pmatrix}0 & \frac{1}{2} & \frac{1}{2}\\ \frac{1}{2} & 2 & -\frac{3}{2}\\ \frac{1}{2} & -\frac{3}{2} & 0\end{pmatrix}.$$

例 2 求二次型 $f(x_1, x_2, x_3)=x_1^2-4x_1x_2+2x_1x_3-2x_2^2+6x_3^2$ 的秩.

解 先求二次型的矩阵，由

$$\begin{aligned}f(x_1, x_2, x_3)&=x_1^2-4x_1x_2+2x_1x_3-2x_2^2+6x_3^2\\&=x_1^2-2x_1x_2+x_1x_3-2x_2x_1-2x_2^2+0x_2x_3+x_3x_1+0x_3x_2+6x_3^2,\end{aligned}$$

所以，$\boldsymbol{A}=\begin{pmatrix}1 & -2 & 1\\ -2 & -2 & 0\\ 1 & 0 & 6\end{pmatrix}$ 为二次型的矩阵，对 $\boldsymbol{A}$ 作初等变换，化为行阶梯形，

$$\boldsymbol{A}\xrightarrow[-r_1+r_3]{2r_1+r_2}\begin{pmatrix}1 & -2 & 1\\ 0 & -6 & 2\\ 0 & 2 & 5\end{pmatrix}\xrightarrow[3r_2+r_3]{r_2\leftrightarrow r_3}\begin{pmatrix}1 & -2 & 1\\ 0 & 2 & 5\\ 0 & 0 & 17\end{pmatrix},$$

故 $r(\boldsymbol{A})=3$，即二次型的秩为 3.

例 3 设有实对称矩阵 $\boldsymbol{A}=\begin{pmatrix}-1 & 1 & 0\\ 1 & 0 & -1/2\\ 0 & -1/2 & \sqrt{2}\end{pmatrix}$，求 $\boldsymbol{A}$ 对应的实二次型.

解 $\boldsymbol{A}$ 是三阶矩阵，故有 3 个变量，则实二次型为

$$f(x_1, x_2, x_3)=(x_1, x_2, x_3)\begin{pmatrix}-1 & 1 & 0\\ 1 & 0 & -1/2\\ 0 & -1/2 & \sqrt{2}\end{pmatrix}\begin{pmatrix}x_1\\ x_2\\ x_3\end{pmatrix}$$
$$=-x_1^2+2x_1x_2-x_2x_3+\sqrt{2}x_3^2.$$

三、线性变换

定义 4.11　关系式

$$\begin{cases}x_1=c_{11}y_1+c_{12}y_2+\cdots+c_{1n}y_n\\ x_2=c_{21}y_1+c_{22}y_2+\cdots+c_{2n}y_n\\ \cdots\cdots\\ x_n=c_{n1}y_1+c_{n2}y_2+\cdots+c_{nn}y_n\end{cases}$$

称为由变量 x_1，x_2，…，x_n 到 y_1，y_2，…，y_n 的**线性变换**. 矩阵

$$\boldsymbol{C}=\begin{pmatrix}c_{11} & c_{12} & \cdots & c_{1n}\\ c_{21} & c_{22} & \cdots & c_{2n}\\ \vdots & \vdots & \cdots & \vdots\\ c_{n1} & c_{n2} & \cdots & c_{nn}\end{pmatrix}$$

称为**线性变换矩阵**. 当 $|\boldsymbol{C}|\neq 0$ 时，称该线性变换为**可逆线性变换**.

对于一般二次型 $f(\boldsymbol{X})=\boldsymbol{X}^{\mathrm{T}}\boldsymbol{AX}$，我们的问题是：寻求可逆的线性变换 $\boldsymbol{X}=\boldsymbol{CY}$ 将二次型化为标准型，将其代入得

$$f(\boldsymbol{X})=\boldsymbol{X}^{\mathrm{T}}\boldsymbol{AX}=(\boldsymbol{CY})^{\mathrm{T}}\boldsymbol{A}(\boldsymbol{CY})=\boldsymbol{Y}^{\mathrm{T}}(\boldsymbol{C}^{\mathrm{T}}\boldsymbol{AC})\boldsymbol{Y},$$

这里，$\boldsymbol{Y}^{\mathrm{T}}(\boldsymbol{C}^{\mathrm{T}}\boldsymbol{AC})\boldsymbol{Y}$ 为关于 y_1，y_2，…，y_n 的二次型，对应的矩阵为 $\boldsymbol{C}^{\mathrm{T}}\boldsymbol{AC}$.

注　要使 $\boldsymbol{Y}^{\mathrm{T}}(\boldsymbol{C}^{\mathrm{T}}\boldsymbol{AC})\boldsymbol{Y}$ 为标准型，即要 $\boldsymbol{C}^{\mathrm{T}}\boldsymbol{AC}$ 为对角矩阵. 由上节实对称矩阵对角化的方法，可取 $\boldsymbol{C}$ 为正交变换矩阵 $\boldsymbol{P}$.

对于简单的二次型，也可以用配方法求解.

例 4　设二次型 $f(x_1, x_2, x_3)=2x_1x_2-4x_1x_3+10x_2x_3$，且有新型变换

$$\begin{cases}x_1=y_1-y_2-5y_3\\ x_2=y_1+y_2+2y_3,\\ x_3=y_3\end{cases}\tag{1}$$

求经过上述线性变换后新的二次型.

解　因 $f(x_1, x_2, x_3)=2x_1x_2-4x_1x_3+10x_2x_3=0x_1^2+x_1x_2-2x_1x_3+x_2x_1+0x_2^2$
$+5x_2x_3-2x_3x_1+5x_3x_2+0x_3^2$，

其对应的矩阵为 $\boldsymbol{A}=\begin{pmatrix}0 & 1 & -2\\ 1 & 0 & 5\\ -2 & 5 & 0\end{pmatrix}$，

而线性变换（1）所确定的变换矩阵 $C=\begin{pmatrix}1 & -1 & -5\\ 1 & 1 & 2\\ 0 & 0 & 1\end{pmatrix}$，

$$C^{T}AC=\begin{pmatrix}1 & 1 & 0\\ -1 & 1 & 0\\ -5 & 2 & 1\end{pmatrix}\begin{pmatrix}0 & 1 & -2\\ 1 & 0 & 5\\ -2 & 5 & 0\end{pmatrix}\begin{pmatrix}1 & -1 & -5\\ 1 & 1 & 2\\ 0 & 0 & 1\end{pmatrix}=\begin{pmatrix}2 & 0 & 0\\ 0 & -2 & 0\\ 0 & 0 & 20\end{pmatrix}.$$

于是新的二次型为 $f(y_1, y_2, y_3)=2y_1^2-2y_2^2+20y_3^2$.

四、矩阵的合同

定义 4.12 设 A, B 为两个 n 阶矩阵，如果存在 n 阶非奇异矩阵 C，使得 $C^{T}AC=B$，则称矩阵 A 合同于矩阵 B，或 A 与 B 合同，记为 $A\cong B$.

易见，二次型 $f(x_1, x_2, \cdots, x_n)=X^{T}AX$ 的矩阵 A 与经过非退化线性变换 $X=CY$ 得到的二次型的矩阵 $B=C^{T}AC$ 是合同的.

矩阵的合同关系的基本性质：

（1）**反身性** 对任意方阵 A，$A\cong A$.

因为 $E^{T}AE=A$.

（2）**对称性** 若 $A\cong B$，则 $B\cong A$.

因为若 $B=C^{T}AC$，则 $A=(C^{T})^{-1}BC^{-1}=(C^{-1})^{T}BC^{-1}$.

（3）**传递性** 若 $A\cong B$，$B\cong C$，则 $A\cong C$.

因为若 $B=C_1^{T}AC_1$，$C=C_2^{T}BC_2$，则 $C=(C_1C_2)^{T}A(C_1C_2)$.

五、化二次型为标准型

由例 4 知，二次型 $f(x_1, x_2, \cdots, x_n)$ 经可逆线性变换可化为只含平方项的标准型

$$b_1y_1^2+b_2y_2^2+\cdots+b_ny_n^2,$$

即二次型 $f(x_1, x_2, \cdots, x_n)=X^{T}AX$ 在线性变换 $X=CY$ 下，可化为 $Y^{T}(C^{T}AC)Y$. 如果 $C^{T}AC$ 为对角矩阵

$$B=\begin{pmatrix}b_1 & & & \\ & b_2 & & \\ & & \ddots & \\ & & & b_n\end{pmatrix},$$

则 $f(x_1, x_2, \cdots, x_n)$ 就可化为标准型 $b_1y_1^2+b_2y_2^2+\cdots+b_ny_n^2$，其标准型中的系数恰好为对角阵 B 的对角线上的元素，因此，对于一个给定的二次型能否化为标准型的问题，归结为 A 能否合同于一个对角矩阵.

1. 用配方法化二次型为标准型

定理 4.7 任一二次型都可以通过可逆线性变换化为标准型.

可通过拉格朗日配方法来变换，其说明如下：

(1) 若二次型含有 x_i 的平方项，则先把含有 x_i 的乘积项集中，然后配方，再对其余的变量进行同样过程直到所有变量都配成平方项为止，经过可逆线性变换，就得到标准型；

(2) 若二次型中不含有平方项，但是 $a_{ij}\neq 0(i\neq j)$，则先作可逆变换

$$\begin{cases}x_i=y_i-y_j\\ x_j=y_i+y_j \quad (k=1,2,\cdots,n \text{ 且 } k\neq i,j)\\ x_k=y_k\end{cases}$$

化二次型为含有平方项的二次型，然后再按 (1) 中方法配方.

注　配方法是一种可逆线性变换，但平方项的系数与 $\boldsymbol{A}$ 的特征值无关.

因为二次型 f 与它的对称矩阵 $\boldsymbol{A}$ 有一一对应的关系，由定理 4.7 即得如下定理.

定理 4.8　对任一实对称矩阵 $\boldsymbol{A}$，存在非奇异矩阵 $\boldsymbol{C}$，使 $\boldsymbol{B}=\boldsymbol{C}^{\mathrm{T}}\boldsymbol{AC}$ 为对角矩阵. 即任一实对称矩阵都与一个对角矩阵合同.

2. 用初等变换化二次型为标准型

设有可逆线性变换 $\boldsymbol{X}=\boldsymbol{CY}$，它把二次型 $\boldsymbol{X}^{\mathrm{T}}\boldsymbol{AX}$ 化为标准型 $\boldsymbol{Y}^{\mathrm{T}}\boldsymbol{BY}$，则 $\boldsymbol{C}^{\mathrm{T}}\boldsymbol{AC}=\boldsymbol{B}$. 已知任一非奇异矩阵均可表示为若干个初等矩阵的乘积，故存在初等矩阵 $\boldsymbol{P}_1,\boldsymbol{P}_2,\cdots,\boldsymbol{P}_s$，使 $\boldsymbol{C}=\boldsymbol{P}_1\boldsymbol{P}_2\cdots\boldsymbol{P}_s$，于是，

$$\boldsymbol{C}=\boldsymbol{E}\boldsymbol{P}_1\boldsymbol{P}_2\cdots\boldsymbol{P}_s,$$
$$\boldsymbol{C}^{\mathrm{T}}\boldsymbol{AC}=\boldsymbol{P}_s^{\mathrm{T}}\cdots\boldsymbol{P}_2^{\mathrm{T}}\boldsymbol{P}_1^{\mathrm{T}}\boldsymbol{A}\boldsymbol{P}_1\boldsymbol{P}_2\cdots\boldsymbol{P}_s=\boldsymbol{\Lambda}\ .$$

由此可见，对 $2n\times n$ 矩阵 $\begin{pmatrix}\boldsymbol{A}\\ \boldsymbol{E}\end{pmatrix}$ 施以相应于右乘 $\boldsymbol{P}_1\boldsymbol{P}_2\cdots\boldsymbol{P}_s$ 的初等列变换，再对 $\boldsymbol{A}$ 施以相应于左乘 $\boldsymbol{P}_1^{\mathrm{T}},\boldsymbol{P}_2^{\mathrm{T}},\cdots,\boldsymbol{P}_s^{\mathrm{T}}$ 的初等行变换，则矩阵 $\boldsymbol{A}$ 变为对角矩阵 $\boldsymbol{\Lambda}$，而单位矩阵 $\boldsymbol{E}$ 就变为所求的可逆矩阵 $\boldsymbol{C}$.

3. 用正交变换化二次型为标准型

定理 4.9　若 $\boldsymbol{A}$ 为对称矩阵，$\boldsymbol{C}$ 为任一可逆矩阵，令 $\boldsymbol{B}=\boldsymbol{C}^{\mathrm{T}}\boldsymbol{AC}$，则 $\boldsymbol{B}$ 也为对称矩阵，且 $r(\boldsymbol{B})=r(\boldsymbol{A})$.

注 1　二次型经可逆变换 $\boldsymbol{X}=\boldsymbol{CY}$ 后，其秩不变，但 f 的矩阵由 $\boldsymbol{A}$ 变为 $\boldsymbol{B}=\boldsymbol{C}^{\mathrm{T}}\boldsymbol{AC}$.

注 2　要使二次型 f 经可逆变换 $\boldsymbol{X}=\boldsymbol{CY}$ 变成标准型，即要使 $\boldsymbol{C}^{\mathrm{T}}\boldsymbol{AC}$ 成为对角矩阵，即

$$\boldsymbol{Y}^{\mathrm{T}}\boldsymbol{C}^{\mathrm{T}}\boldsymbol{ACY}=(y_1,y_2,\cdots,y_n)\begin{pmatrix}b_1&&&\\&b_2&&\\&&\ddots&\\&&&b_n\end{pmatrix}\begin{pmatrix}y_1\\y_2\\ \vdots\\y_n\end{pmatrix}=b_1y_1^2+b_2y_2^2+\cdots+b_ny_n^2.$$

定理 4.10　任给二次型 $f=\sum\limits_{i,j=1}^{n}a_{ij}x_ix_j\,(a_{ji}=a_{ij})$，总有正交变换 $\boldsymbol{X}=\boldsymbol{PY}$ 使 f 化为标准型

$$f=\lambda_1y_1^2+\lambda_2y_2^2+\cdots+\lambda_ny_n^2,$$

其中 $\lambda_1,\lambda_2,\cdots,\lambda_n$ 是 f 的矩阵 $\boldsymbol{A}=(a_{ij})$ 的特征值.

用正交变换化二次型为标准型的步骤：

(1) 将二次型表示成矩阵形式 $f=\boldsymbol{X}^{\mathrm{T}}\boldsymbol{A}\boldsymbol{X}$，求出 $\boldsymbol{A}$；

(2) 求出 $\boldsymbol{A}$ 的所有特征值 $\lambda_1, \lambda_2, \cdots, \lambda_n$；

(3) 求出对应于特征值的特征向量 $\boldsymbol{\xi}_1, \boldsymbol{\xi}_2, \cdots, \boldsymbol{\xi}_n$；

(4) 将特征向量 $\boldsymbol{\xi}_1, \boldsymbol{\xi}_2, \cdots, \boldsymbol{\xi}_n$ 正交化并单位化，得 $\boldsymbol{\eta}_1, \boldsymbol{\eta}_2, \cdots, \boldsymbol{\eta}_n$，记 $\boldsymbol{C}=(\boldsymbol{\eta}_1, \boldsymbol{\eta}_2, \cdots, \boldsymbol{\eta}_n)$；

(5) 作正交变换 $\boldsymbol{X}=\boldsymbol{C}\boldsymbol{Y}$，则得 f 的标准型：

$$f=\lambda_1 y_1^2+\lambda_2 y_2^2+\cdots+\lambda_n y_n^2.$$

例 5　用配方法化二次型为标准型.

(1) $f(x_1, x_2, x_3)=x_1^2+2x_1x_2+2x_1x_3+2x_2^2+4x_2x_3+x_3^2$.

(2) $f(x_1, x_2, x_3)=x_1^2+2x_2^2+5x_3^2+2x_1x_2+2x_1x_3+6x_2x_3$.

(3) $f(x_1, x_2, x_3)=2x_1x_2+2x_1x_3-6x_2x_3$.

解　(1) 因标准型是平方项的代数和，可利用配方法求解.

$$\begin{aligned}f(x_1, x_2, x_3)&=x_1^2+2x_1x_2+2x_1x_3+2x_2^2+4x_2x_3+x_3^2\\&=x_1^2+2x_1(x_2+x_3)+(x_2+x_3)^2-(x_2+x_3)^2+2x_2^2+4x_2x_3+x_3^2\\&=(x_1+x_2+x_3)^2+x_2^2+2x_2x_3\\&=(x_1+x_2+x_3)^2+(x_2+x_3)^2-x_3^2.\end{aligned}\tag{1}$$

令 $\begin{cases}y_1=x_1+x_2+x_3\\y_2=x_2+x_3\\y_3=x_3\end{cases}$，即 $\begin{cases}x_1=y_1-y_2\\x_2=y_2-y_3\\x_3=y_3\end{cases}$，其线性变换矩阵的行列式 $|\boldsymbol{C}|=\begin{vmatrix}1&-1&0\\0&1&-1\\0&0&1\end{vmatrix}=1\neq0$，代入式 (1) 得二次型的标准型为 $y_1^2+y_2^2-y_3^2$，该二次型的矩阵为 $\boldsymbol{B}=\begin{pmatrix}1&0&0\\0&1&0\\0&0&-1\end{pmatrix}$，而原二次型的矩阵为

$$\boldsymbol{A}=\begin{pmatrix}1&1&1\\1&2&2\\1&2&1\end{pmatrix},$$

线性替换的矩阵为 $\boldsymbol{C}=\begin{pmatrix}1&-1&0\\0&1&-1\\0&0&1\end{pmatrix}$，

易验证 $\boldsymbol{C}^{\mathrm{T}}\boldsymbol{A}\boldsymbol{C}=\boldsymbol{B}=\begin{pmatrix}1&0&0\\0&1&0\\0&0&-1\end{pmatrix}$ 是对角矩阵，且 $\boldsymbol{y}^{\mathrm{T}}\boldsymbol{B}\boldsymbol{y}=y_1^2+y_2^2-y_3^2$.

可见，要把二次型化为标准型，关键在于求出一个可逆矩阵 $\boldsymbol{C}$，使得 $\boldsymbol{C}^{\mathrm{T}}\boldsymbol{A}\boldsymbol{C}$ 是对角矩阵.

(2)
$$\begin{aligned}f(x_1, x_2, x_3)&=x_1^2+2x_2^2+5x_3^2+2x_1x_2+2x_1x_3+6x_2x_3\\&=x_1^2+2x_1x_2+2x_1x_3+2x_2^2+5x_3^2+6x_2x_3\\&=(x_1+x_2+x_3)^2-x_2^2-x_3^2-2x_2x_3+2x_2^2+5x_3^2+6x_2x_3\\&=(x_1+x_2+x_3)^2+x_2^2+4x_3^2+4x_2x_3\end{aligned}$$

$$=(x_1+x_2+x_3)^2+(x_2+2x_3)^2.$$

令$\begin{cases}y_1=x_1+x_2+x_3\\y_2=x_2+2x_3\\y_3=x_3\end{cases}$，则$\begin{cases}x_1=y_1-y_2+y_3\\x_2=y_2-2y_3\\x_3=y_3\end{cases}$，即

$$\begin{pmatrix}x_1\\x_2\\x_3\end{pmatrix}=\begin{pmatrix}1&-1&1\\0&1&-2\\0&0&1\end{pmatrix}\begin{pmatrix}y_1\\y_2\\y_3\end{pmatrix}.$$

故　$f(x_1, x_2, x_3)=x_1^2+2x_2^2+5x_3^2+2x_1x_2+2x_1x_3+6x_2x_3=y_1^2+y_2^2.$

所用变换矩阵为$\boldsymbol{C}=\begin{pmatrix}1&-1&1\\0&1&-2\\0&0&1\end{pmatrix}$（$|\boldsymbol{C}|=1\neq0$）.

（3）由于所给二次型中无平方项，所以，令

$$\begin{cases}x_1=y_1+y_2\\x_2=y_1-y_2,\\x_3=y_3\end{cases}\quad 即\begin{pmatrix}x_1\\x_2\\x_3\end{pmatrix}=\begin{pmatrix}1&1&0\\1&-1&0\\0&0&1\end{pmatrix}\begin{pmatrix}y_1\\y_2\\y_3\end{pmatrix},$$

代入原二次型得 $f(y_1, y_2, y_3)=2y_1^2-2y_2^2-4y_1y_3+8y_2y_3$.

再配方得 $f(y_1, y_2, y_3)=2(y_1-y_3)^2-2(y_2-2y_3)^2+6y_3^2$.

令$\begin{cases}z_1=y_1-y_3\\z_2=y_2-2y_3\\z_3=y_3\end{cases}$，则$\begin{cases}y_1=z_1+z_3\\y_2=z_2+2z_3\\y_3=z_3\end{cases}$，即$\begin{pmatrix}y_1\\y_2\\y_3\end{pmatrix}=\begin{pmatrix}1&0&1\\0&1&2\\0&0&1\end{pmatrix}\begin{pmatrix}z_1\\z_2\\z_3\end{pmatrix}$，

代入原二次型得标准型 $f(z_1, z_2, z_3)=2z_1^2-2z_2^2+6z_3^2$，所用变换矩阵为

$$\boldsymbol{C}=\begin{pmatrix}1&1&0\\1&-1&0\\0&0&1\end{pmatrix}\begin{pmatrix}1&0&1\\0&1&2\\0&0&1\end{pmatrix}=\begin{pmatrix}1&1&3\\1&-1&-1\\0&0&1\end{pmatrix}（|\boldsymbol{C}|=-2\neq0）.$$

例 6　用初等变换化二次型为标准型.

（1）设$\boldsymbol{A}=\begin{pmatrix}1&1&1\\1&2&2\\1&2&1\end{pmatrix}$，求非奇异矩阵$\boldsymbol{C}$，使$\boldsymbol{C}^{\mathrm{T}}\boldsymbol{AC}$为对角矩阵.

（2）求一可逆线性变换，将

$$f(x_1, x_2, x_3)=x_1^2+2x_2^2+x_3^2+2x_1x_2+2x_1x_3+4x_2x_3$$

化为标准型.

解　(1) $\begin{pmatrix}\boldsymbol{A}\\\boldsymbol{E}\end{pmatrix}=\begin{pmatrix}1&1&1\\1&2&2\\1&2&1\\1&0&0\\0&1&0\\0&0&1\end{pmatrix}\xrightarrow[-c_1+c_3]{-c_1+c_2}\begin{pmatrix}1&0&0\\1&1&1\\1&1&0\\1&-1&-1\\0&1&0\\0&0&1\end{pmatrix}$

$$\xrightarrow[-r_1+r_3]{-r_1+r_2}\begin{pmatrix}1&0&0\\0&1&1\\0&1&0\\1&-1&-1\\0&1&0\\0&0&1\end{pmatrix}\xrightarrow[-c_2+c_3]{-r_2+r_3}\begin{pmatrix}1&0&0\\0&1&0\\0&0&-1\\1&-1&0\\0&1&-1\\0&0&1\end{pmatrix}$$

因此 $\boldsymbol{C}=\begin{pmatrix}1&-1&0\\0&1&-1\\0&0&1\end{pmatrix}$，$\boldsymbol{C}^{\mathrm{T}}\boldsymbol{AC}=\begin{pmatrix}1&0&0\\0&1&0\\0&0&-1\end{pmatrix}$.

(2) $f(x_1,x_2,x_3)$ 对应的矩阵为 $\boldsymbol{A}=\begin{pmatrix}1&1&1\\1&2&2\\1&2&1\end{pmatrix}$，根据 (1) 得

$$\boldsymbol{C}=\begin{pmatrix}1&-1&0\\0&1&-1\\0&0&1\end{pmatrix},\ |\boldsymbol{C}|=1\neq0.$$

令 $\begin{cases}x_1=z_1-z_2\\x_2=z_2-z_3\\x_3=z_3\end{cases}$，代入原二次型可得标准型　$f(z_1,z_2,z_3)=z_1^2+z_2^2-z_3^2$.

例 7　将二次型 $f(x_1,x_2,x_3)=17x_1^2+14x_2^2+14x_3^2-4x_1x_2-4x_1x_3-8x_2x_3$ 通过正交变换 $\boldsymbol{X}=\boldsymbol{PY}$ 化成标准型.

解　(1) 写出二次型矩阵：$\boldsymbol{A}=\begin{pmatrix}17&-2&-2\\-2&14&-4\\-2&-4&14\end{pmatrix}$.

(2) 求其特征值：由

$$|\lambda\boldsymbol{E}-\boldsymbol{A}|=\begin{vmatrix}\lambda-17&2&2\\2&\lambda-14&4\\2&4&\lambda-14\end{vmatrix}=(\lambda-18)^2(\lambda-9)=0，得\ \lambda_1=9,\ \lambda_2=\lambda_3=18.$$

(3) 求特征向量：

将 $\lambda_1=9$ 代入 $(\lambda\boldsymbol{E}-\boldsymbol{A})\boldsymbol{x}=\boldsymbol{0}$，得基础解系 $\boldsymbol{\xi}_1=(1/2,1,1)^{\mathrm{T}}$.

将 $\lambda_2=\lambda_3=18$ 代入 $(\lambda\boldsymbol{E}-\boldsymbol{A})\boldsymbol{x}=\boldsymbol{0}$，得基础解系 $\boldsymbol{\xi}_2=(-2,1,0)^{\mathrm{T}}$，$\boldsymbol{\xi}_3=(-2,0,1)^{\mathrm{T}}$.

(4) 将特征向量正交化：

取 $\boldsymbol{\alpha}_1=\boldsymbol{\xi}_1$，$\boldsymbol{\alpha}_2=\boldsymbol{\xi}_2$，$\boldsymbol{\alpha}_3=\boldsymbol{\xi}_3-\dfrac{(\boldsymbol{\alpha}_2,\boldsymbol{\xi}_3)}{(\boldsymbol{\alpha}_2,\boldsymbol{\alpha}_2)}\boldsymbol{\alpha}_2$，得正交向量组：

$\boldsymbol{\alpha}_1=(1/2,1,1)^{\mathrm{T}}$，$\boldsymbol{\alpha}_2=(-2,1,0)^{\mathrm{T}}$，$\boldsymbol{\alpha}_3=(-2/5,-4/5,1)^{\mathrm{T}}$. 将其单位化得：

$$\boldsymbol{\eta}_1=\begin{pmatrix}1/3\\2/3\\2/3\end{pmatrix},\ \boldsymbol{\eta}_2=\begin{pmatrix}-2/\sqrt{5}\\1/\sqrt{5}\\0\end{pmatrix},\ \boldsymbol{\eta}_3=\begin{pmatrix}-2/\sqrt{45}\\-4/\sqrt{45}\\5/\sqrt{45}\end{pmatrix}.$$

正交矩阵为 $P=\begin{pmatrix}1/3 & -2/\sqrt{5} & -2/\sqrt{45}\\ 2/3 & 1/\sqrt{5} & -4/\sqrt{45}\\ 2/3 & 0 & 5/\sqrt{45}\end{pmatrix}$.

（5）故所求正交变换为 $\begin{pmatrix}x_1\\ x_2\\ x_3\end{pmatrix}=\begin{pmatrix}1/3 & -2/\sqrt{5} & -2/\sqrt{45}\\ 2/3 & 1/\sqrt{5} & -4/\sqrt{45}\\ 2/3 & 0 & 5/\sqrt{45}\end{pmatrix}\begin{pmatrix}y_1\\ y_2\\ y_3\end{pmatrix}$，

在此变换下原二次型化为标准型：$f(y_1, y_2, y_3)=9y_1^2+18y_2^2+18y_3^2$.

六、二次型与对称矩阵的规范型

将二次型化为平方项的代数和的形式后，如有必要可重新安排量的次序（相当于作一次可逆线性变换），使这个标准型为

$$d_1x_1^2+\cdots+d_px_p^2-d_{p+1}x_{p+1}^2-\cdots-d_rx_r^2, \tag{$*$}$$

其中 $d_i>0(i=1, 2, \cdots, r)$.

通过如下可逆线性变换

$$\begin{cases}x_i=y_i/\sqrt{d_i} & (i=1, 2, \cdots, r)\\ x_j=y_j & (j=r+1, r+2, \cdots, n)\end{cases}$$

可将式(*)化为

$$y_1^2+\cdots+y_p^2-y_{p+1}^2-\cdots-y_r^2,$$

这种形式的二次型称为二次型的**规范型**.

定理 4.11　任何二次型都可通过可逆线性变换化为规范型．且规范型是由二次型本身决定的唯一形式，与所作的可逆线性变换无关.

注 1　把规范型中的正项个数 p 称为二次型的正惯性指数，负项个数 $r-p$ 称为二次型的负惯性指数，r 是二次型的秩.

注 2　任何合同的对称矩阵具有相同的规范型 $\begin{pmatrix}\boldsymbol{E}_p & 0 & 0\\ 0 & -\boldsymbol{E}_{r-p} & 0\\ 0 & 0 & 0\end{pmatrix}$.

定理 4.12　设 $\boldsymbol{A}$ 为任意对称矩阵，如果存在可逆矩阵 $\boldsymbol{C}$, $\boldsymbol{Q}$，且 $\boldsymbol{C}\neq\boldsymbol{Q}$，使得

$$\boldsymbol{C}^{\mathrm{T}}\boldsymbol{A}\boldsymbol{C}=\begin{pmatrix}\boldsymbol{E}_p & 0 & 0\\ 0 & -\boldsymbol{E}_{r-p} & 0\\ 0 & 0 & 0\end{pmatrix}, \boldsymbol{Q}^{\mathrm{T}}\boldsymbol{A}\boldsymbol{Q}=\begin{pmatrix}\boldsymbol{E}_q & 0 & 0\\ 0 & -\boldsymbol{E}_{r-q} & 0\\ 0 & 0 & 0\end{pmatrix},$$

则 $p=q$.

注　说明二次型的正惯性指数、负惯性指数是被二次型本身唯一确定的.

例 8　将标准型 $2y_1^2-2y_2^2-\dfrac{1}{2}y_2^2$ 规范化.

解 $2y_1^2-2y_2^2-\frac{1}{2}y_3^2=(\sqrt{2}y_1)^2-(\sqrt{2}y_2)^2-\left(\frac{1}{\sqrt{2}}y_3\right)^2$.

作如下变换：$\begin{cases}w_1=\sqrt{2}y_1\\w_2=\sqrt{2}y_2\\w_3=\frac{1}{\sqrt{2}}y_3\end{cases}$，则原二次型就成为 $w_1^2-w_2^2-w_3^2$，就是一个规范型.

例 9 化二次型 $f=2x_1x_2+2x_1x_3-6x_2x_3$ 为规范型，并求其正惯性指数.

解 由例 5(3) 知，f 经线性变换$\begin{cases}x_1=z_1+z_2+3z_3\\x_2=z_1-z_2-z_3\\x_3=y_3\end{cases}$，化为标准型 $f=2z_1^2-2z_2^2+6z_3^2$.

令$\begin{cases}w_1=\sqrt{2}z_1\\w_3=\sqrt{2}z_2\\w_2=\sqrt{6}z_3\end{cases}$，即$\begin{cases}z_1=\frac{1}{\sqrt{2}}w_1\\z_2=\frac{1}{\sqrt{2}}w_3\\z_3=\frac{1}{\sqrt{6}}w_2\end{cases}$，

就把 f 化成规范型 $f=w_1^2+w_2^2-w_3^2$，且 f 的正惯性指数为 2.

习题四

1. 选择题

(1) 设 $\boldsymbol{A}$ 为 n 阶矩阵，下述结论正确的是（　）.

(A) 矩阵 $\boldsymbol{A}$ 有 n 个不同的特征值；

(B) 矩阵 $\boldsymbol{A}$ 与 $\boldsymbol{A}^{\mathrm{T}}$ 有相同的特征值和特征向量；

(C) 矩阵 $\boldsymbol{A}$ 的特征向量 $\boldsymbol{\alpha}_1$，$\boldsymbol{\alpha}_2$ 的线性组合 $c_1\boldsymbol{\alpha}_1+c_2\boldsymbol{\alpha}_2$ 仍是 $\boldsymbol{A}$ 的特征向量；

(D) 矩阵 $\boldsymbol{A}$ 对应于不同特征值的特征向量线性无关.

(2) 设 $\boldsymbol{A}$ 为三阶矩阵，$\boldsymbol{A}$ 的特征值为 -2，$-\frac{1}{2}$，2，则下列矩阵可逆的是（　）.

(A) $\boldsymbol{E}+2\boldsymbol{A}$；　(B) $3\boldsymbol{E}+2\boldsymbol{A}$；　(C) $2\boldsymbol{E}+\boldsymbol{A}$；　(D) $\boldsymbol{A}-2\boldsymbol{E}$.

(3) 下列结论中不正确的是（　）.

(A) 单位矩阵 $\boldsymbol{E}$ 是正交矩阵；　(B) 两个正交矩阵的和为正交矩阵；

(C) 两个正交矩阵的积是正交矩阵；　(D) 正交矩阵的逆矩阵为正交矩阵.

(4) 设 $\boldsymbol{A}$、$\boldsymbol{B}$ 均为 3 阶方阵，且 $\boldsymbol{A}$ 与 $\boldsymbol{B}$ 相似，$\boldsymbol{A}$ 的特征值为 1，2，3，则 ($2\boldsymbol{B}$) 的特征值为（　）.

(A) 1，2，3；　(B) $\frac{1}{2}$，$\frac{1}{4}$，$\frac{1}{6}$；　(C) 2，4，6；　(D) 1，$\frac{1}{2}$，$\frac{1}{3}$.

(5) 下列各组向量正交的是（　）.

(A) $(1, 0)^T$, $(0, -3)^T$；　(B) $(1, -2, 2)^T$, $(2, 2, -1)^T$；

(C) $(1, -1, 0, 1)^T$, $(2, 3, 4, 5)^T$；　(D) $(1, 2, 3)^T$, $(-1, -2, -3)^T$.

(6) 已知 $\boldsymbol{A}$ 是可逆矩阵，它的一个特征值为 λ，则 $(2\boldsymbol{A})^{-1}$ 的特征值为（　　）.

(A) $\frac{1}{2\lambda}$；　(B) 2λ；　(C) $\frac{2}{\lambda}$；　(D) $\frac{\lambda}{2}$.

(7) 若 $\boldsymbol{A}\sim\boldsymbol{B}$，则（　　）.

(A) $\lambda\boldsymbol{E}-\boldsymbol{A}=\lambda\boldsymbol{E}-\boldsymbol{B}$；　(B) $|\boldsymbol{A}|=|\boldsymbol{B}|$；

(C) 对于相同的特征值 λ，$\boldsymbol{A}$，$\boldsymbol{B}$ 有相同的特征向量；

(D) $\boldsymbol{A}$，$\boldsymbol{B}$ 均与同一个对角阵相似.

(8) 对于 n 阶实对称矩阵 $\boldsymbol{A}$，结论（　　）正确.

(A) $\boldsymbol{A}$ 一定有 n 个不同的特征值；

(B) 存在正交矩阵 $\boldsymbol{Q}$，使 $\boldsymbol{Q}^T\boldsymbol{A}\boldsymbol{Q}$ 成为对角阵；

(C) 它的特征值一定是整数；

(D) 对应于不同特征值的特征向量必线性无关，但不一定正交.

(9) 如果满足条件（　　），则矩阵 $\boldsymbol{A}$ 与 $\boldsymbol{B}$ 相似.

(A) $|\boldsymbol{A}|=|\boldsymbol{B}|$；

(B) $r(\boldsymbol{A})=r(\boldsymbol{B})$；

(C) $\boldsymbol{A}$ 与 $\boldsymbol{B}$ 有相同的特征多项式；

(D) n 阶矩阵 $\boldsymbol{A}$ 与 $\boldsymbol{B}$ 有相同的特征值，且 n 个特征值互不相同.

(10) 设 $\boldsymbol{A}=(a_{ij})$ 为 n 阶矩阵，λ_1，λ_2，…，λ_n 为 $\boldsymbol{A}$ 的特征值，则下列结论不正确的是（　　）.

(A) $\lambda_1\lambda_2\cdots\lambda_n=|\boldsymbol{A}|$；

(B) $\lambda_1+\lambda_2+\cdots+\lambda_n=a_{11}+a_{22}+\cdots+a_{nn}$；

(C) 若 $\boldsymbol{A}$ 为可逆矩阵，则 λ_1，λ_2，…，λ_n 皆不为零；

(D) λ_1，λ_2，…，λ_n 为两两不相等的数.

2. 填空题

(1) 已知三阶矩阵 $\boldsymbol{A}$ 的特征值为 -1，3，-3，矩阵 $\boldsymbol{B}=\boldsymbol{A}^3-2\boldsymbol{A}^2$，则 $|\boldsymbol{B}|=$________.

(2) 已知 3 阶矩阵 $\boldsymbol{A}$ 的特征值为 1，2，3，则 $|\boldsymbol{A}^3-5\boldsymbol{A}^2+7\boldsymbol{A}|=$________.

(3) 若三阶矩阵 $\boldsymbol{A}$ 与 $\boldsymbol{B}$ 相似，$\boldsymbol{A}$ 的特征值为 1，0，-2，则 $|\boldsymbol{B}+\boldsymbol{E}|=$________.

(4) 设 $\boldsymbol{A}$ 为 5 阶正交阵，且 $|\boldsymbol{A}|\neq 1$，则 $|\boldsymbol{A}|=$________.

(5) 已知矩阵 $\boldsymbol{A}=\begin{pmatrix}2&0&0\\0&0&1\\0&1&x\end{pmatrix}$ 与 $\boldsymbol{B}=\begin{pmatrix}2&0&0\\0&y&0\\0&0&-1\end{pmatrix}$ 相似，则 $x=$________，$y=$________.

(6) 已知 $\boldsymbol{A}=\begin{pmatrix}1&4&-1\\4&2&-1\\-4&-4&x\end{pmatrix}$ 有特征值 $\lambda_1=\lambda_2=3$，$\lambda_3=12$，则 $x=$________.

(7) 设矩阵 $\boldsymbol{A}=\begin{pmatrix} a & 1 & c \\ 0 & b & 0 \\ -4 & c & 1-a \end{pmatrix}$ 有一个特征值 $\lambda_1=2$，相应的特征向量为 $\boldsymbol{\xi}=\begin{pmatrix} 1 \\ 2 \\ 2 \end{pmatrix}$，则 $a=$________；$b=$________；$c=$________.

(8) 矩阵 $\boldsymbol{A}=\begin{pmatrix} 1 & 2 \\ 2 & 1 \end{pmatrix}$ 的特征值为________.

(9) n 阶对角矩阵 $\boldsymbol{A}=\mathrm{diag}(a_1, a_2, \cdots, a_n)$ 的 n 个特征值为________.

(10) 若矩阵 $\boldsymbol{A}$ 相似于矩阵 $\boldsymbol{B}$，且 $\boldsymbol{A}^m=\boldsymbol{A}$，其中 m 为正整数，则 $\boldsymbol{B}^m=$________.

(11) 已知 $\boldsymbol{A}=\begin{pmatrix} 0 & 0 & 1 \\ x & 1 & 2x-3 \\ 1 & 0 & 0 \end{pmatrix}$ 能与对角矩阵相似，则 $x=$________.

(12) 若矩阵 $\boldsymbol{A}$ 相似于矩阵 $\boldsymbol{B}$，则 $\boldsymbol{A}^{\mathrm{T}}$ 相似于________.

(13) 若 $\boldsymbol{A}$，$\boldsymbol{B}$ 为 n 阶方阵，且 $\boldsymbol{A}$ 可逆，则 $\boldsymbol{AB}$ 相似于________.

3. 已知三阶矩阵 $\boldsymbol{A}$ 的特征值为 1，2，3，求 (1) $\boldsymbol{A}^2+2\boldsymbol{A}+\boldsymbol{E}$；(2) $\left(\frac{1}{3}\boldsymbol{A}^2\right)^{-1}$；(3) $\boldsymbol{E}+\boldsymbol{A}^{-1}$；(4) $\boldsymbol{A}^*$.

4. 已知 3 阶矩阵 $\boldsymbol{A}$ 的特征值为 1，2，3，求 (1) $|\boldsymbol{A}|$；(2) $2\boldsymbol{A}^{-1}$ 的特征值；(3) $\boldsymbol{A}^2-2\boldsymbol{A}+4\boldsymbol{E}$ 的特征值.

5. 求下列矩阵的特征值与特征向量.

(1) $\begin{pmatrix} 2 & 1 & 0 \\ 0 & 2 & 1 \\ 0 & 0 & 2 \end{pmatrix}$；(2) $\begin{pmatrix} 1 & -1 & 1 \\ 1 & 3 & -1 \\ 1 & 1 & 1 \end{pmatrix}$；(3) $\begin{pmatrix} 4 & 6 & 0 \\ -3 & -5 & 0 \\ -3 & -6 & 1 \end{pmatrix}$；(4) $\begin{pmatrix} 2 & -1 & 1 \\ 0 & 3 & -1 \\ 2 & 1 & 3 \end{pmatrix}$.

6. 已知 0 是 $\boldsymbol{A}=\begin{pmatrix} 1 & 0 & 1 \\ 0 & 2 & 0 \\ 1 & 0 & a \end{pmatrix}$ 的一个特征值，求 (1) a 的值；(2) $\boldsymbol{A}$ 的特征值和特征向量.

7. 设向量 $\boldsymbol{\alpha}=(1, 1, 1)^{\mathrm{T}}$ 是矩阵 $\boldsymbol{A}=\begin{pmatrix} a & 1 & 1 \\ 2 & 0 & 1 \\ -1 & 2 & 2 \end{pmatrix}$ 对应于特征值 λ_0 的特征向量，求 λ_0.

8. 已知三阶矩阵 $\boldsymbol{A}$ 的特征值为 2，1，-1，对应的特征向量为 $(1, 0, -1)^{\mathrm{T}}$，$(1, -1, 0)^{\mathrm{T}}$，$(1, 0, 1)^{\mathrm{T}}$，试求矩阵 $\boldsymbol{A}$.

9. 判断下列矩阵 $\boldsymbol{A}$ 是否可对角化，若对角化，试求可逆矩阵 $\boldsymbol{P}$，使 $\boldsymbol{P}^{-1}\boldsymbol{AP}$ 为对角矩阵.

(1) $\boldsymbol{A}=\begin{pmatrix} -4 & -10 & 0 \\ 1 & 3 & 0 \\ 3 & 6 & 1 \end{pmatrix}$；(2) $\boldsymbol{A}=\begin{pmatrix} 1 & -1 & 1 \\ 2 & 4 & -2 \\ -3 & -3 & 5 \end{pmatrix}$；(3) $\boldsymbol{A}=\begin{pmatrix} 4 & 2 & 3 \\ 2 & 1 & 2 \\ -1 & -2 & 0 \end{pmatrix}$；

(4) $\boldsymbol{A}=\begin{pmatrix} 1 & 2 \\ 6 & 2 \end{pmatrix}$；　(5) $\boldsymbol{A}=\begin{pmatrix} 1 & 1 & 0 \\ 0 & 1 & 0 \\ 0 & 0 & 2 \end{pmatrix}$；　(6) $\boldsymbol{A}=\begin{pmatrix} 1 & 0 & 0 \\ 0 & 1 & 1 \\ 0 & 0 & 2 \end{pmatrix}$.

10. 判断下列命题是否正确.

(1) n 阶矩阵 $\boldsymbol{A}$ 和 $\boldsymbol{B}$ 的特征值相同，则 $\boldsymbol{A}$ 与 $\boldsymbol{B}$ 相似.

(2) n 阶矩阵 $\boldsymbol{A}$ 与 $\boldsymbol{B}$ 相似，则 $\boldsymbol{A}$ 与 $\boldsymbol{B}$ 的行列式相等.

(3) 两个矩阵有相同的特征值，则它们对应的特征向量相同.

(4) 矩阵 $\boldsymbol{A}$ 的一个特征向量只能属于一个特征值.

(5) n 阶矩阵 $\boldsymbol{A}$，存在向量 $\boldsymbol{\alpha}\neq\boldsymbol{0}$，使 $\boldsymbol{A\alpha}=\boldsymbol{0}$，则 0 是 $\boldsymbol{A}$ 对应于 $\boldsymbol{\alpha}$ 的特征值.

11. 求 $\boldsymbol{\alpha}$ 与 $\boldsymbol{\beta}$ 的内积.

(1) $\boldsymbol{\alpha}=(-1, 3, 2)^{\mathrm{T}}$，$\boldsymbol{\beta}=(3, -1, 3)^{\mathrm{T}}$；

(2) $\boldsymbol{\alpha}=(1, -1, 1)^{\mathrm{T}}$，$\boldsymbol{\beta}=(-1, 2, -1)^{\mathrm{T}}$.

12. 证明下面矩阵是正交矩阵.

(1) $\boldsymbol{A}=\begin{pmatrix}1 & 0 & 0\\ 0 & 0 & -1\\ 0 & 1 & 0\end{pmatrix}$；　(2) $\boldsymbol{A}=\begin{pmatrix}\frac{1}{\sqrt{3}} & \frac{1}{\sqrt{3}} & \frac{1}{\sqrt{3}}\\ \frac{1}{\sqrt{2}} & \frac{-1}{\sqrt{2}} & 0\\ \frac{1}{\sqrt{6}} & \frac{1}{\sqrt{6}} & \frac{-2}{\sqrt{6}}\end{pmatrix}$.

13. 若 $\boldsymbol{A}$ 是正交矩阵，证明 $\boldsymbol{A}^{\mathrm{T}}$ 也是正交矩阵.

14. 若 $\boldsymbol{A}=\begin{pmatrix}1 & 4 & 2\\ 0 & -3 & 4\\ 0 & 4 & 3\end{pmatrix}$，求 $\boldsymbol{A}^{100}$.

15. 用施密特正交化方法将 $\boldsymbol{\alpha}_1=\begin{pmatrix}1\\ 2\\ 2\\ -1\end{pmatrix}$，$\boldsymbol{\alpha}_2=\begin{pmatrix}1\\ 1\\ -5\\ 3\end{pmatrix}$，$\boldsymbol{\alpha}_3=\begin{pmatrix}3\\ 2\\ 8\\ -7\end{pmatrix}$正交化.

16. 设 $\boldsymbol{A}=\begin{pmatrix}1 & 1 & 1\\ 1 & 1 & 1\\ 1 & 1 & 1\end{pmatrix}$，求正交阵 $\boldsymbol{Q}$，使得 $\boldsymbol{Q}^{\mathrm{T}}\boldsymbol{AQ}=\boldsymbol{\Lambda}$.

习题答案

习题一答案

一、

1. 8

2. 8、6

3. －2、4

4. 正

5. 0

6. 24、$a_{34}a_{12}a_{43}a_{21}$、正

7. 不变

8. (1) 1 000　(2) 0　(3) 2005　(4) 12

9. 2

10. 0

11. $\neq 0$

12. 1或2

二、

1. (B)

2. (B)

3. (A)

4. (D)

5. (D)

6. (B)

7. (D)

8. (D)

9. (A)

10. (A)

三、

1. (1) $\begin{cases}x=2\\y=3\end{cases}$　　(2) $\begin{cases}x=5\\y=-1\end{cases}$

2. (1) 2　(2) -4　(3) $3abc-a^3-b^3-c^3$

3. (1) $x=3$　(2) $k=-2$ 或 $k=3$

4. (1) 24　(2) $a_{14}a_{23}a_{32}a_{41}$　(3) $(-1)^{n-1}n!$　(4) $(-1)^{\frac{(n-2)(n-1)}{2}}n!$

5. (1) 0　(2) $b_1b_2b_3$　(3) x^2y^2　(4) 160

(5) $2n+1$　(6) $(-1)^n\cdot 2\cdot(n+1)!$

6. (1) $-1\,080$　(2) -34　(3) -10　(4) x^4-y^4

7. 0

8. 12、-9

9. 提示：$3A_{41}+3A_{42}+3A_{43}-6A_{44}=0$

10. (1) $\begin{cases}x=1\\y=2\\z=3\end{cases}$　(2) $\begin{cases}x_1=1\\x_2=-1\\x_3=-1\\x_4=1\end{cases}$

11. 只有零解

12. $\lambda=1$ 或 $\mu=0$

习题二答案

一、

1. $\begin{pmatrix}9 & 2\\1 & 11\end{pmatrix}$；$\begin{pmatrix}7 & 0\\3 & 5\end{pmatrix}$

2. $\begin{pmatrix}-1 & 1\\5 & 3\end{pmatrix}$；$\begin{pmatrix}3 & -2\\1 & 0\end{pmatrix}$

3. $\begin{bmatrix}8 & 6\\18 & 10\\3 & 10\end{bmatrix}$

4. $\begin{bmatrix}4 & 0 & 0\\0 & 9 & 0\\0 & 0 & 16\end{bmatrix}$；$\begin{bmatrix}2^n & 0 & 0\\0 & 3^n & 0\\0 & 0 & 4^n\end{bmatrix}$

5. 40；25

6. $\begin{bmatrix}15 & 0 & 0\\0 & 5 & 0\\0 & 0 & 3\end{bmatrix}$；$\begin{bmatrix}1 & 0 & 0\\0 & 1/3 & 0\\0 & 0 & 1/5\end{bmatrix}$

7. 125；80；1/5

8. 108

9. 32

10. 27/2

11. -16

12. $\begin{pmatrix} 1/10 & 0 & 0 \\ 1/5 & 1/5 & 0 \\ 3/10 & 2/5 & 1/2 \end{pmatrix}$

13. $\begin{pmatrix} 1 & 0 & 0 \\ -1/2 & 1/2 & 0 \\ 0 & 0 & 1 \end{pmatrix}$

14. 2

15. 1

16. $\begin{pmatrix} 0 & 1/2 \\ -1 & -1 \end{pmatrix}$

17. $3\boldsymbol{E}-\boldsymbol{A}$

18. $\frac{1}{2}(\boldsymbol{A}+2\boldsymbol{E})$

二、

1. (D)

2. (D)

3. (C)

4. (D)

5. (A)

6. (C)

7. (C)

8. (D)

9. (C)

10. (C)

三、

1. (1) $3\boldsymbol{A}-\boldsymbol{B}=\begin{pmatrix} -1 & 3 & 1 & 5 \\ 8 & 2 & 8 & 2 \\ 3 & 7 & 9 & 13 \end{pmatrix}$；$2\boldsymbol{A}+3\boldsymbol{B}=\begin{pmatrix} 14 & 13 & 8 & 7 \\ -2 & 5 & -2 & 5 \\ 2 & 1 & 6 & 5 \end{pmatrix}$

(2) $\boldsymbol{Y}=\begin{pmatrix} 10/3 & 10/3 & 2 & 2 \\ 0 & 4/3 & 0 & 4/3 \\ 2/3 & 2/3 & 2 & 2 \end{pmatrix}$

2. $x=4$；$y=-5$；$u=1$；$v=5$

3. (1) $\begin{pmatrix} 5 & 2 \\ 7 & 0 \end{pmatrix}$　(2) $\begin{pmatrix} 35 \\ 6 \\ 49 \end{pmatrix}$　(3) $\begin{pmatrix} 10 & 4 & -1 \\ 4 & -3 & -1 \end{pmatrix}$　(4) (10)

(5) $\begin{pmatrix} -2 & 4 & 2 \\ -1 & 2 & 1 \\ -3 & 6 & 3 \end{pmatrix}$

4. (1) $3\boldsymbol{AB}-2\boldsymbol{A}=\begin{pmatrix}28&0&3\\9&8&7\\9&0&1\end{pmatrix}$

(2) $\boldsymbol{AB}=\begin{pmatrix}10&0&3\\3&4&3\\3&0&1\end{pmatrix}$；$\boldsymbol{BA}=\begin{pmatrix}1&0&3\\0&4&3\\3&0&10\end{pmatrix}$

(3) $(\boldsymbol{A}+\boldsymbol{B})(\boldsymbol{A}-\boldsymbol{B})=\begin{pmatrix}-9&0&6\\-6&0&0\\-6&0&9\end{pmatrix}$；$\boldsymbol{A}^2-\boldsymbol{B}^2=\begin{pmatrix}0&0&6\\-3&0&0\\-6&0&0\end{pmatrix}$

(4) 矩阵乘法一般不满足交换律

5. (1) $\begin{pmatrix}-35&-30\\45&10\end{pmatrix}$　(2) $\begin{pmatrix}1&2&3\\0&1&2\\0&0&1\end{pmatrix}$　(3) $\begin{pmatrix}2^{n-1}&2^{n-1}\\2^{n-1}&2^{n-1}\end{pmatrix}$　(4) $\begin{pmatrix}a^n&0&0\\0&b^n&0\\0&0&c^n\end{pmatrix}$

6. (1) $\boldsymbol{A}^*=\begin{pmatrix}2&0\\5&11\end{pmatrix}$　(2) $\boldsymbol{A}^*=\begin{pmatrix}-6&0&0\\-5&2&1\\3&0&-3\end{pmatrix}$

(3) $\boldsymbol{A}^*=\begin{pmatrix}0&0&11\\-1&3&-1\\-4&1&-4\end{pmatrix}$　(4) $\boldsymbol{A}^*=\begin{pmatrix}-1&4&-1\\-3&-3&-6\\-2&1&2\end{pmatrix}$

7. (1) $\begin{pmatrix}1&0&1/2&3/2\\0&1&1/2&1/2\\0&0&0&0\end{pmatrix}$　(2) $\begin{pmatrix}1&0&-7/5&2/5\\0&1&-1/5&1/5\\0&0&0&0\end{pmatrix}$

(3) $\begin{pmatrix}1&0&0&0\\0&0&1&0\\0&0&0&1\end{pmatrix}$　(4) $\begin{pmatrix}1&0&0\\0&1&0\\0&0&1\end{pmatrix}$

8. (1) $\boldsymbol{A}^{-1}=\begin{pmatrix}4/5&-1/5\\-3/5&2/5\end{pmatrix}$　(2) $\boldsymbol{A}^{-1}=\begin{pmatrix}3&-1&-1\\-4&2&1\\-1&0&1\end{pmatrix}$

(3) $\boldsymbol{A}^{-1}=\begin{pmatrix}1&-4&-3\\1&-5&-3\\-1&6&4\end{pmatrix}$　(4) $\boldsymbol{A}^{-1}=\begin{pmatrix}-1&-1&-1\\1&1&0\\1&0&1\end{pmatrix}$

9. (1) $\boldsymbol{X}=\begin{pmatrix}2&-23\\0&8\end{pmatrix}$　(2) $\boldsymbol{X}=\begin{pmatrix}-1&8&3\\1&-6&-3\end{pmatrix}$

(3) $\boldsymbol{X}=\begin{pmatrix}1/3&2/3\\-1/3&1/3\end{pmatrix}$　(4) $\boldsymbol{X}=\begin{pmatrix}-3&-1\\0&-1/2\end{pmatrix}$

10. $\boldsymbol{B}=\begin{pmatrix}0&3&3\\-1&2&3\\1&1&0\end{pmatrix}$

11. $\boldsymbol{B}=\begin{pmatrix}2&0&1\\0&3&0\\1&0&2\end{pmatrix}$

12. $\boldsymbol{B}=\begin{pmatrix}2&0&0\\0&-4&0\\0&0&2\end{pmatrix}$

13. $\because\ (\boldsymbol{A}+2\boldsymbol{E})(\boldsymbol{A}^2-2\boldsymbol{A}+4\boldsymbol{E})=10\boldsymbol{E}$，$\therefore\ (\boldsymbol{A}+2\boldsymbol{E})^{-1}=\frac{1}{10}(\boldsymbol{A}^2-2\boldsymbol{A}+4\boldsymbol{E})$

14. (1) $\because\ \boldsymbol{A}(\boldsymbol{A}-3\boldsymbol{E})=10\boldsymbol{E}$，$\therefore\ \boldsymbol{A}^{-1}=\frac{1}{10}(\boldsymbol{A}-3\boldsymbol{E})=\frac{1}{10}\begin{pmatrix}1&6&7\\1&3&8\\8&5&6\end{pmatrix}$

(2) $\because\ (\boldsymbol{A}-4\boldsymbol{E})(\boldsymbol{A}+\boldsymbol{E})=6\boldsymbol{E}$，$\therefore\ (\boldsymbol{A}-4\boldsymbol{E})^{-1}=\frac{1}{6}(\boldsymbol{A}+\boldsymbol{E})=\frac{1}{6}\begin{pmatrix}5&6&7\\1&7&8\\8&5&10\end{pmatrix}$

15. $\because\ \boldsymbol{A}\boldsymbol{A}^*=|\boldsymbol{A}|\boldsymbol{E}$，$\therefore\ (\boldsymbol{A}^*)^{-1}=\frac{1}{|\boldsymbol{A}|}\boldsymbol{A}$；

$\because\ (\boldsymbol{A}^{-1})(\boldsymbol{A}^{-1})^*=|\boldsymbol{A}^{-1}|\boldsymbol{E}$，$\therefore\ (\boldsymbol{A}^{-1})^*=\boldsymbol{A}|\boldsymbol{A}^{-1}|\boldsymbol{E}=\frac{1}{|\boldsymbol{A}|}\boldsymbol{A}$，

$\therefore\ (\boldsymbol{A}^*)^{-1}=(\boldsymbol{A}^{-1})^*$

16. $\because\ \boldsymbol{A}\boldsymbol{A}^*=|\boldsymbol{A}|\boldsymbol{E}$，$\therefore\ |\boldsymbol{A}\boldsymbol{A}^*|=|\boldsymbol{A}|\cdot|\boldsymbol{A}^*|=|\boldsymbol{A}|^n$，

(1) $|\boldsymbol{A}|\neq0$，则$|\boldsymbol{A}^*|=|\boldsymbol{A}|^{n-1}$

(2) $|\boldsymbol{A}|=0$，则$|\boldsymbol{A}^*|=0$

17. (1) $\begin{pmatrix}4&-4\\-12&8\end{pmatrix}$　(2) $\begin{pmatrix}1&-2&0\\-1&0&-5\\-5&5&2\end{pmatrix}$

18. $\frac{1}{3}\begin{pmatrix}1+2^{13}&4+2^{13}\\-1-2^{11}&-4-2^{11}\end{pmatrix}$

19. (1) $\boldsymbol{A}^{-1}=\begin{pmatrix}2/3&2/9&-1/9\\-1/3&-1/6&1/6\\-1/3&1/9&1/9\end{pmatrix}$　(2) $\boldsymbol{A}^{-1}=\begin{pmatrix}-2&1&0\\-13/2&3&-1/2\\-16&7&-1\end{pmatrix}$

20. (1) 3，$D_3=\begin{vmatrix}1&0&1\\0&-1&1\\-1&1&1\end{vmatrix}$　(2) 3，$D_3=\begin{vmatrix}1&2&4\\0&1&2\\1&2&-1\end{vmatrix}$

(3) 3，$D_3=\begin{vmatrix}1&1&2\\0&2&1\\1&1&0\end{vmatrix}$　(4) 2，$D_2=\begin{vmatrix}1&2\\1&1\end{vmatrix}$

21. (1) $k=1$　(2) $k=-2$　(3) $k\neq-2$ 且 $k\neq1$

习题三答案

1. (1) (A)　(2) (C)　(3) (C)　(4) (D)　(5) (D)　(6) (D)　(7) (C)　(8) (D)

(9) (B)　(10) (D)　(11) (D)　(12) (A)　(13) (B)

2. (1) $a=3, b=-2$　(2) $(-2, -1, 1)^T$　(3) 2　(4) 0　(5) 2　(6) $a_1+a_2+a_3+a_4=0$　(7) $a=15$; $a\neq 15$

3. (1) $\boldsymbol{v}_1-\boldsymbol{v}_2=(1, 0, -1)^T$, $3\boldsymbol{v}_1+2\boldsymbol{v}_2-\boldsymbol{v}_3=(0, 1, 2)^T$　(2) $\boldsymbol{a}=(1, 2, 3, 4)^T$

4. (1) 无关　(2) 相关　(3) 相关　(4) 无关　(5) 相关

5. (1) 秩为 3, $\boldsymbol{\alpha}_4=2\boldsymbol{\alpha}_1-\boldsymbol{\alpha}_3$

(2) 秩为 2, $\boldsymbol{\alpha}_3=2\boldsymbol{\alpha}_1-\boldsymbol{\alpha}_2$, $\boldsymbol{\alpha}_4=\boldsymbol{\alpha}_1+3\boldsymbol{\alpha}_2$, $\boldsymbol{\alpha}_5=2\boldsymbol{\alpha}_1+\boldsymbol{\alpha}_2$

(3) 秩为 4, $\boldsymbol{\alpha}_5=-\boldsymbol{\alpha}_1+3\boldsymbol{\alpha}_4$

7. (1) $c_1\begin{pmatrix}1\\1\\0\\0\end{pmatrix}+c_2\begin{pmatrix}-2\\0\\-3\\1\end{pmatrix}$　(2) $c\begin{pmatrix}2\\1\\1\\0\end{pmatrix}$

(3) $c\begin{pmatrix}0\\2\\1\\0\end{pmatrix}$　(4) $c_1\begin{pmatrix}-2\\1\\1\\0\\0\end{pmatrix}+c_2\begin{pmatrix}-1\\-3\\0\\1\\0\end{pmatrix}+c_3\begin{pmatrix}2\\1\\0\\0\\1\end{pmatrix}$

8. (1) $c\begin{pmatrix}-\frac{7}{2}\\\frac{1}{2}\\1\end{pmatrix}+\begin{pmatrix}-\frac{11}{2}\\\frac{5}{2}\\0\end{pmatrix}$　(2) $c\begin{pmatrix}-1\\1\\1\\0\end{pmatrix}+\begin{pmatrix}-8\\13\\0\\2\end{pmatrix}$　(3) $\begin{pmatrix}\frac{3}{5}\\0\\\frac{4}{5}\\0\\0\end{pmatrix}+c_1\begin{pmatrix}-3\\1\\0\\0\\0\end{pmatrix}+c_2\begin{pmatrix}\frac{7}{5}\\0\\\frac{1}{5}\\1\\0\end{pmatrix}+c_3\begin{pmatrix}\frac{1}{5}\\0\\\frac{-2}{5}\\0\\1\end{pmatrix}$

(4) $c_1\begin{pmatrix}1\\-2\\1\\0\end{pmatrix}+c_2\begin{pmatrix}1\\-2\\0\\1\end{pmatrix}+\begin{pmatrix}-1\\1\\0\\0\end{pmatrix}$　(5) $c_1\begin{pmatrix}1\\-1\\1\\0\end{pmatrix}+c_2\begin{pmatrix}3\\-5\\0\\1\end{pmatrix}+\begin{pmatrix}5\\-8\\0\\0\end{pmatrix}$

9. $k_1(\boldsymbol{X}_1-\boldsymbol{X}_2)+k_2(\boldsymbol{X}_2-\boldsymbol{X}_3)+\boldsymbol{X}_1$

10. $k_1(\boldsymbol{\eta}_1-\boldsymbol{\eta}_2)+k_2(\boldsymbol{\eta}_2-\boldsymbol{\eta}_3)+\boldsymbol{\eta}_1$

11. (1) 错　(2) 错　(3) 错　(4) 错　(5) 对　(6) 对　(7) 错　(8) 错　(9) 错　(10) 对　(11) 错　(12) 错　(13) 错　(14) 对

12. (1) $a\neq 3$ 且 $a\neq -1$　(2) $a=-1$

13. (1) 当 $\lambda\neq 1$ 且 $\lambda\neq -2$ 时，方程组有唯一解；$\lambda=-2$ 时，方程组无解；$\lambda=1$ 时，方程组有无穷解，全部解为 $\boldsymbol{X}=\begin{pmatrix}-2\\0\\0\end{pmatrix}+k_1\begin{pmatrix}-1\\1\\0\end{pmatrix}+k_2\begin{pmatrix}-1\\0\\1\end{pmatrix}$，其中 k_1，k_2 为任意常数.

14. (1) $\boldsymbol{\beta}=\frac{5}{4}\boldsymbol{\alpha}_1+\frac{1}{4}\boldsymbol{\alpha}_2-\frac{1}{4}\boldsymbol{\alpha}_3-\frac{1}{4}\boldsymbol{\alpha}_4$　(2) $\boldsymbol{\beta}=\boldsymbol{\alpha}_1-\boldsymbol{\alpha}_3$.

习题四答案

1. (1) (D) (2) (B) (3) (B) (4) (C) (5) (A) (6) (A) (7) (B) (8) (B) (9) (C) (10) (D)

2. (1) 135 (2) 18 (3) -2 (4) -1 (5) $x=0$，$y=1$ (6) 15

(7) $a=-2$，$b=2$，$c=1$ (8) $\lambda_1=3$，$\lambda_2=-1$ (9) $a_1, a_2, \cdots, a_n$ (10) $\boldsymbol{B}$ (11) 1

(12) $\boldsymbol{B}^{\mathrm{T}}$ (13) $\boldsymbol{BA}$

3. (1) 4，9，16 (2) 3，$\frac{3}{4}$，$\frac{1}{3}$ (3) 2，$\frac{3}{2}$，$\frac{1}{3}$ (4) 6，12，18

4. (1) 6 (2) 2，1，$\frac{2}{3}$ (3) 3，4，7

5. (1) $\lambda_1=\lambda_2=\lambda_3=2$，$k\begin{pmatrix}1\\0\\0\end{pmatrix}$ $(k\neq 0)$

(2) $\lambda_1=1$，$k_1\begin{pmatrix}-1\\1\\1\end{pmatrix}$；$\lambda_2=\lambda_3=2$，$k_2\begin{pmatrix}-1\\1\\0\end{pmatrix}+k_3\begin{pmatrix}1\\0\\1\end{pmatrix}$ (k_1，k_2，k_3 非零)

(3) $\lambda_1=\lambda_2=1$，$k_1\begin{pmatrix}-2\\1\\0\end{pmatrix}+k_2\begin{pmatrix}0\\0\\1\end{pmatrix}$；$\lambda_3=-2$，$k_3\begin{pmatrix}-1\\1\\1\end{pmatrix}$ (k_1，k_2，k_3 非零)

(4) $\lambda_1=\lambda_2=2$，$k_1\begin{pmatrix}-1\\1\\1\end{pmatrix}$；$\lambda_3=4$，$k_2\begin{pmatrix}1\\-1\\1\end{pmatrix}$ (k_1，k_2 非零)

6. (1) $a=1$ (2) $\lambda_1=0$，$k\begin{pmatrix}-1\\0\\1\end{pmatrix}$；$\lambda_2=\lambda_3=2$，$k_1\begin{pmatrix}0\\1\\0\end{pmatrix}+k_2\begin{pmatrix}1\\0\\1\end{pmatrix}$ (k，k_1，k_2 非零)

7. $\lambda_0=3$

8. $\boldsymbol{A}=\begin{pmatrix}\frac{1}{2} & -\frac{1}{2} & -\frac{3}{2}\\ 0 & 1 & 0\\ -\frac{3}{2} & -\frac{3}{2} & \frac{1}{2}\end{pmatrix}$

9. (1) $\boldsymbol{P}=\begin{pmatrix}-5 & -2 & 0\\ 1 & 1 & 0\\ 3 & 0 & 1\end{pmatrix}$，$\boldsymbol{\Lambda}=\begin{pmatrix}-2 & & \\ & 1 & \\ & & 1\end{pmatrix}$

(2) $\boldsymbol{P}=\begin{pmatrix}1 & 1 & 1\\ -1 & 0 & -2\\ 0 & 1 & 3\end{pmatrix}$，$\boldsymbol{\Lambda}=\begin{pmatrix}2 & & \\ & 2 & \\ & & 6\end{pmatrix}$

(3) 不可对角化

(4) $\boldsymbol{P}=\begin{pmatrix} -\frac{2}{3} & \frac{1}{2} \\ 1 & 1 \end{pmatrix}$, $\boldsymbol{\Lambda}=\begin{pmatrix} -2 & \\ & 5 \end{pmatrix}$

(5) 不可对角化

(6) $\boldsymbol{P}=\begin{pmatrix} 1 & 0 & 0 \\ 0 & 1 & 0 \\ 0 & 0 & -1 \end{pmatrix}$, $\boldsymbol{\Lambda}=\begin{pmatrix} 1 & & \\ & 1 & \\ & & 2 \end{pmatrix}$

10. (1) 错 (2) 对 (3) 错 (4) 对 (5) 对

11. (1) 0 (2) -4

14. $\boldsymbol{A}^{100}=\begin{pmatrix} 1 & 0 & 5^{100}-1 \\ 0 & 5^{100} & 0 \\ 0 & 0 & 5^{100} \end{pmatrix}$

15. $\boldsymbol{\beta}_1=\boldsymbol{\alpha}_1=\begin{pmatrix} 1 \\ 2 \\ 2 \\ -1 \end{pmatrix}$, $\boldsymbol{\beta}_2=\boldsymbol{\alpha}_2-\frac{(\boldsymbol{\alpha}_2,\boldsymbol{\beta}_1)}{(\boldsymbol{\beta}_1,\boldsymbol{\beta}_1)}\boldsymbol{\beta}_1=\begin{pmatrix} 1 \\ 1 \\ -5 \\ 3 \end{pmatrix}-\frac{-10}{10}\begin{pmatrix} 1 \\ 2 \\ 2 \\ -1 \end{pmatrix}=\begin{pmatrix} 2 \\ 3 \\ -3 \\ 2 \end{pmatrix}$,

$$\boldsymbol{\beta}_3=\boldsymbol{\alpha}_3-\frac{(\boldsymbol{\alpha}_3,\boldsymbol{\beta}_1)}{(\boldsymbol{\beta}_1,\boldsymbol{\beta}_1)}\boldsymbol{\beta}_1-\frac{(\boldsymbol{\alpha}_3,\boldsymbol{\beta}_2)}{(\boldsymbol{\beta}_2,\boldsymbol{\beta}_2)}\boldsymbol{\beta}_2=\begin{pmatrix} 3 \\ 2 \\ 8 \\ -7 \end{pmatrix}-\frac{30}{10}\begin{pmatrix} 1 \\ 2 \\ 2 \\ -1 \end{pmatrix}-\frac{-26}{26}\begin{pmatrix} 2 \\ 3 \\ -3 \\ 2 \end{pmatrix}=\begin{pmatrix} 2 \\ -1 \\ -1 \\ -2 \end{pmatrix}$$

16. $\boldsymbol{Q}=\begin{pmatrix} \frac{\sqrt{3}}{3} & -\frac{\sqrt{2}}{2} & -\frac{\sqrt{6}}{6} \\ \frac{\sqrt{3}}{3} & \frac{\sqrt{2}}{2} & -\frac{\sqrt{6}}{6} \\ \frac{\sqrt{3}}{3} & 0 & \frac{\sqrt{6}}{3} \end{pmatrix}$

图书在版编目（CIP）数据

线性代数/王娟，李秋颖编著. —北京：中国人民大学出版社，2014.11
21世纪高等院校创新教材
ISBN 978-7-300-20216-7

Ⅰ.①线… Ⅱ.①王…②李… Ⅲ.①线性代数-高等学校-教材 Ⅳ.①O151.2

中国版本图书馆CIP数据核字（2014）第243120号

21世纪高等院校创新教材
线性代数
王娟　李秋颖　编著
Xianxing Daishu

出版发行	中国人民大学出版社		
社　　址	北京中关村大街31号	邮政编码	100080
电　　话	010－62511242（总编室）		010－62511770（质管部）
	010－82501766（邮购部）		010－62514148（门市部）
	010－62515195（发行公司）		010－62515275（盗版举报）
网　　址	http://www.crup.com.cn		
经　　销	新华书店		
印　　刷	北京宏伟双华印刷有限公司		
规　　格	185 mm×260 mm　16开本	版　　次	2015年1月第1版
印　　张	8.25 插页1	印　　次	2019年7月第2次印刷
字　　数	190 000	定　　价	18.00元